新一代 信息技术
“十三五”系列规划教材

Node.js 开发实战教程 慕课版

钟小平 主编

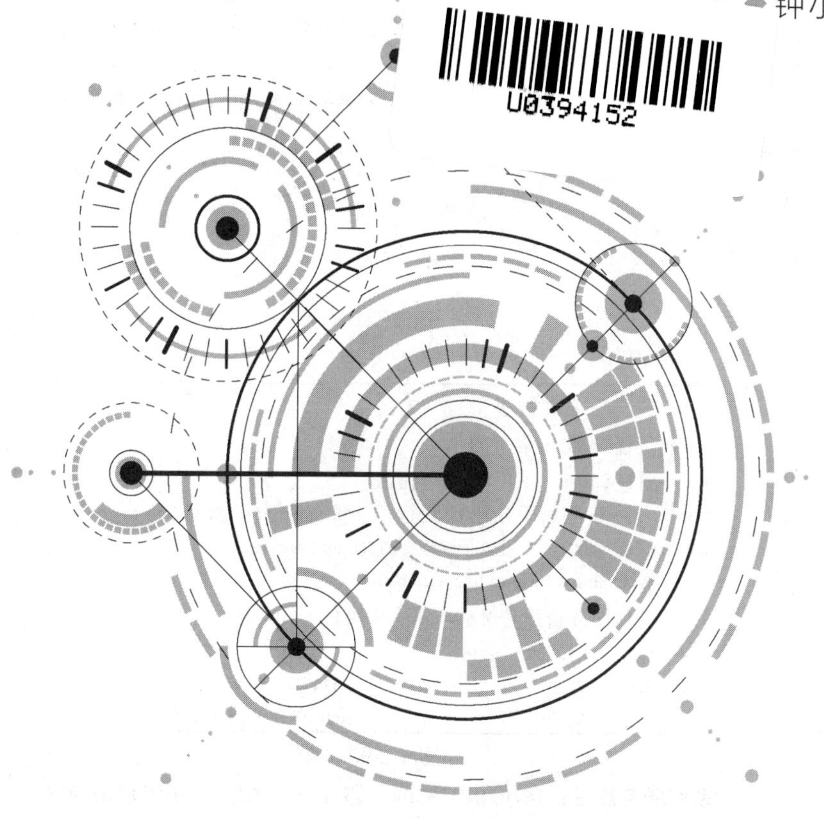

人民邮电出版社
北京

图书在版编目（CIP）数据

Node.js开发实战教程 ：慕课版 / 钟小平主编. --
北京 ：人民邮电出版社，2020.8
新一代信息技术“十三五”系列规划教材
ISBN 978-7-115-53724-9

Ⅰ. ①N… Ⅱ. ①钟… Ⅲ. ①JAVA语言－程序设计－
教材 Ⅳ. ①TP312.8

中国版本图书馆CIP数据核字(2020)第049491号

内 容 提 要

本书以 Node.js 知识和框架为主线，详细介绍 Node.js 开发的基础知识。全书分为 10 章，内容包括 Node.js 入门、Node.js 编程基础、模块与包的管理与使用、文件系统操作、网络编程、SQL 数据库操作、MongoDB 数据库操作、Node.js 框架与 Express、应用程序测试与部署、综合实例——构建博客网站。本书从编程基础讲起，突出实战操作，通过典型案例详细讲解 Node.js 开发中最常用的原生模块与第三方框架和模块。

本书适合作为高等院校、高职高专院校软件技术类专业 Node.js 相关课程的教材，也可供 Node.js 学习者自学参考。

◆ 主　　编　钟小平
　责任编辑　桑　珊
　责任印制　王　郁　马振武
◆ 人民邮电出版社出版发行　　北京市丰台区成寿寺路 11 号
　邮编　100164　　电子邮件　315@ptpress.com.cn
　网址　https://www.ptpress.com.cn
　大厂回族自治县聚鑫印刷有限责任公司印刷
◆ 开本：787×1092　1/16
　印张：17.75　　　　　2020 年 8 月第 1 版
　字数：532 千字　　　　2024 年12月河北第10次印刷

定价：59.80 元

读者服务热线：(010) 81055256　印装质量热线：(010) 81055316
反盗版热线：(010) 81055315
广告经营许可证：京东市监广登字 20170147 号

前言 FOREWORD

JavaScript 是非常流行的 Web 前端语言，Node.js 能够使 JavaScript 运行在服务端，开发人员因此可以凭借一门编程语言打通前后端，实现 JavaScript 全栈式开发。Node.js 基于性能卓著的 Chrome 的 V8 引擎，拥有完整的开源库生态系统和数量众多的第三方模块和框架，能大大提高应用程序开发效率，加之 JavaScript 语言的学习门槛较低，使得 Node.js 受到前后端开发人员的青睐。

Node.js 采用高效、轻量级的事件驱动，非阻塞 I/O，单线程的模型，特别适合高并发、I/O 密集、业务逻辑少的应用场合。Node.js 发展迅速，市场占有率不断提高，已成为高等院校软件技术专业必修的课程之一。

党的二十大报告提出：必须坚持科技是第一生产力、人才是第一资源、创新是第一动力，深入实施科教兴国战略、人才强国战略、创新驱动发展战略，开辟发展新领域新赛道，不断塑造发展新动能新优势。本书全面贯彻党的二十大精神，落实推动产教融合、科教融汇，优化职业教育类型定位的要求，培养 Node.js 编程高技能人才。

本书采用“教、学、做”一体化的教学方法，为培养高端应用型人才提供适合的教学与训练教材。本书系统全面，结构清晰，参考官方文档，重视基础，兼顾前沿技术，从编程基础讲起，突出实战操作，每个知识点都有示例及其解析，大多数章都有实验演练，提供 Node.js 开发中最常用的原生模块与第三方框架和模块的典型案例。

全书共 10 章，按照从基础到应用、开发的逻辑进行组织，第一部分（第 1～3 章）讲解的是 Node.js 编程的基础，第二部分（第 4～7 章）是文件系统、网络和数据库等基本编程方法，第三部分（第 8～10 章）主要是应用开发，涉及 Web 应用开发框架 Express、单元测试和应用部署，以及一个博客网站综合实例。

Node.js 需要进行大量的异步编程，回调函数较多，本书对涉及的回调函数进行了详细解析。但过多地使用回调函数不利于代码的阅读和维护，为此本书穿插介绍了主流的异步编程方法，让读者更优雅地以“同步”方式编写异步代码。由于 JavaScript 正在不断发展，本书在兼顾传统的 JavaScript 语法的同时，也使用了 JavaScript 的新特性。

本书的参考学时为 48～64 学时，建议采用理论实践一体化的教学模式。

为方便读者使用，书中全部实例的源代码及电子教案均免费赠送给读者，读者可登录人邮教育社区（http://www.ryjiaoyu.com/）下载。

由于编者水平有限，书中难免存在不妥之处，敬请广大读者批评指正。编者 E-mail：zxp169@163.com。

编　者

2023 年 5 月

目录 CONTENTS

第3章

第4章

第5章

第6章

第 9 章

第10章 综合实例——构建博客网站

第1章
Node.js入门

01

学习目标

① 了解什么是 Node.js，熟悉 Node.js 的特点和应用场合。
② 掌握在 Windows 和 Linux 平台上安装 Node.js 的方法。
③ 会安装开发工具 Visual Studio Code，熟悉其基本用法。
④ 掌握 Node.js 应用程序的开发、运行和调试的基本方法。

加快发展数字经济，促进数字经济和实体经济深度融合，打造具有国际竞争力的数字产业集群，离不开软件开发。Node.js 非常适合互联网应用软件的开发。Node.js 是一个基于 Chrome V8 引擎的 JavaScript 运行环境，它使用高效、轻量级的事件驱动和非阻塞 I/O（输入/输出）模型。其语法与 JavaScript 基本相同，因此开发人员只需要学习 JavaScript 语言就可以实现应用程序的前后端开发。如果需要部署一些高性能的服务，或者在分布式系统上运行数据密集型的实时应用，Node.js 是一个非常好的选择。本章介绍的是 Node.js 的基础知识，还讲解了 Node.js 应用程序的开发、运行和调试的基本方法。

Node.js 入门

1.1 Node.js 简介

瑞安·达尔（Ryan Dahl）开发 Node.js 的初衷是要做一个单纯的 Web 服务器，但是项目的发展超出了他的预期。Node.js 现在已发展成为一个可行且高效的 Web 应用程序开发平台，同时也是一个可用于编写高性能网络服务器的 JavaScript 工具包。

Node.js 简介

1.1.1 什么是 Node.js

Node.js（简称 Node）是一个可以使 JavaScript 运行在服务器端的开发平台，它让 JavaScript 成为与 PHP、Python、Perl、Ruby 等服务器端语言相当的脚本语言。

JavaScript 本是一种 Web 前端语言，主要用于 Web 开发中，由浏览器解析执行。Node.js 之所以选择 JavaScript 作为实现语言，不仅因为 JavaScript 满足 CommonJS 标准，符合事件驱动，用户较多且门槛较低，还因为 Chrome 的 V8 引擎具有出色的性能。V8 是一个 JavaScript 引擎，其执行 JavaScript 的速度非常快，性能高。V8 引擎最初是用作 Google Chrome 浏览器的解释器的，Node.js 将 V8 引擎封装起来，作为服务器运行平台，以执行 JavaScript 编写的后端脚本程序。当然，Node.js 并不是对 V8 引擎进行简单的封装，而是对其进行优化，并提供了替代的 API（应用程序接口），使得 V8 在非浏览器环境下能更好地运行。

Node.js 运行时环境包含执行 JavaScript 程序所需的一切条件。该引擎会将 JavaScript 代码转换为更快的机器码，机器码是计算机无须先解释，即可运行的低级别代码。图 1-1 将 Node.js 与 Java 的运行时环境进行了对比，有助于我们更好地理解 Node.js。

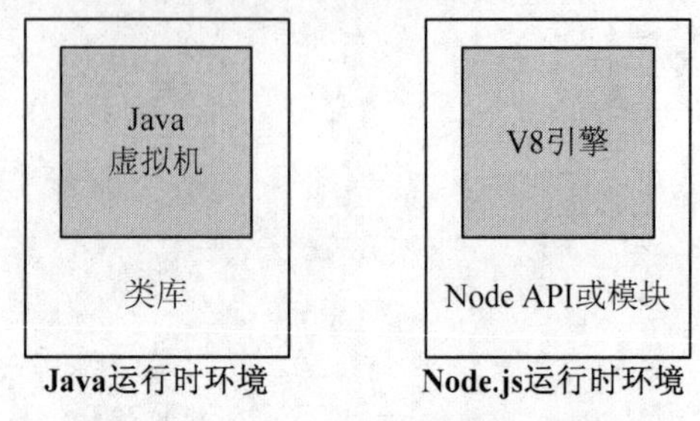

图 1-1　Node.js 与 Java 运行时环境对比

Node.js 进一步提升了 JavaScript 的能力，使 JavaScript 可以访问文件、读取数据库、访问进程，从而胜任后端任务。使用 Node.js 的最大优点是开发人员可以在客户端和服务器端编写 JavaScript，打通了前后端。正因为如此，Node.js 成为了一种全栈式开发语言，受到前后端开发人员的青睐。Node.js 推出的许多优秀的全栈开发框架，进一步提升了 Web 应用程序的开发效率和开发能力。Node.js 发展迅速，目前已成为 JavaScript 服务器端运行平台的事实标准。

Node.js 是跨平台的，也就是说它能运行在 Windows、mac OS 和 Linux 平台上。

Node.js 除了自己的标准类库（主要由二进制类库和核心模块组成）之外，还可使用大量的第三方模块系统来实现代码的分享和重用，从而提高开发效率。另外，Node.js 的社区能提供强有力的技术支持。

与其他后端脚本语言不同的是，Node.js 内置了处理网络请求和响应的函数库，也就是自备了 HTTP 服务器，即 Web 服务器，所以不需要额外部署 HTTP 服务器（如 Apache、Nginx、IIS 等）。以 PHP 为例，它处理 HTTP 请求的模型与 Node.js 不同，需要额外提供 HTTP 服务器，如图 1-2 所示。

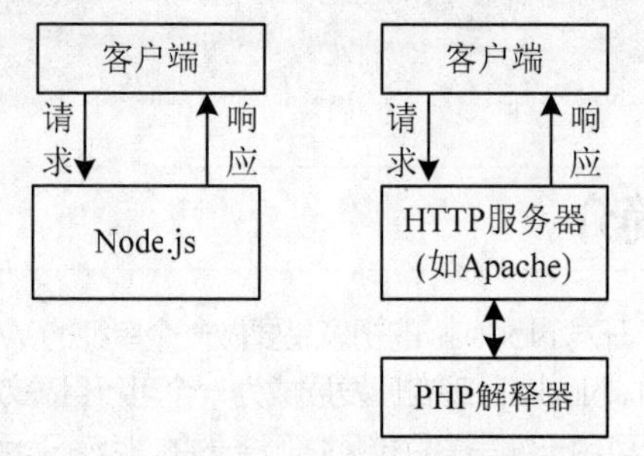

图 1-2　Node.js 与 PHP 对 HTTP 请求的处理

1.1.2　Node.js 的特点

Node.js 采用事件驱动和非阻塞 I/O 的方式，实现了一个单线程、高并发的 JavaScript 运行环境。它最主要的特点有 3 个，这 3 个特点也代表了其实现机制。

1. 非阻塞 I/O

磁盘读写或网络通信统称为 I/O 操作，通常要耗费较长的时间。非阻塞 I/O 又称异步式 I/O，是 Node.js 的重要特点。要了解非阻塞 I/O，需要先了解什么是阻塞 I/O。

线程在执行的过程中遇到 I/O 操作时，由于该操作比较耗时，操作系统会撤销该线程的 CPU 控制权，使其暂停执行，处于等待状态，同时将资源转让给其他线程。这种线程调度的方式就是所谓的阻塞（Block）。当 I/O 操作完成之后，操作系统解除该线程的阻塞状态，将它唤醒，恢复它对 CPU 的控制权，使它继续执行。这样，一个线程同一时刻就只能“接一单”，当前操作处理完毕之后才能“接下一单”。采用这种策略的 I/O 模式就是阻塞 I/O，也就是传统的同步 I/O。

非阻塞 I/O 采用的是另一种策略。当线程遇到 I/O 操作时，不会以阻塞方式等待 I/O 操作完成或数据返回，而只是将 I/O 请求转发给操作系统，继续执行下一条指令。当操作系统完成 I/O 操作时，使用事件通知该线程，由该线程处理此事件。这样线程就可以不停地“接单”，处理很多 I/O 请求。图 1-3 展示的是文件读取的非阻塞 I/O 操作过程。

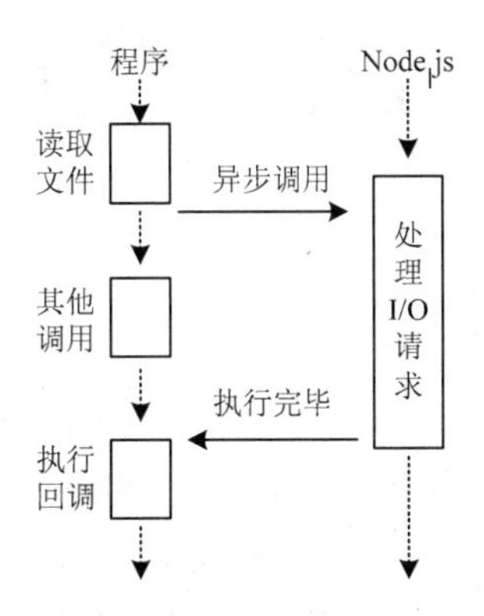

图 1-3　Node.js 的非阻塞 I/O

以上解释比较专业，但是很抽象，再通过一个办证的例子进行说明。如果每个人都跑到现场去办理，由于窗口有限，大家需要排队，可能等待的时间会很长，这就好比同时开启多个线程进行同步处理，从而遇到阻塞。如果大家将办证一事委托给第三方，由第三方替大家到现场办证，办好之后再将证发给大家，这样就将大家从办证的事务中解放出来，节省了路上来回和排队等待的时间，就好比将费时的 I/O 请求交给操作系统进行异步处理。而一个第三方就可以满足大家的办证需求，相当于单个线程就可以处理所有的 I/O 请求。

2. 事件驱动

上述的非阻塞 I/O 也是一种异步方式的 I/O，其与事件驱动是密不可分的。事件驱动最简单的例子就是单击某个按钮（产生一个事件），系统执行某项操作，也就是调用函数，如单击“帮助”按钮弹出帮助信息窗口。事件并不仅限于用户的操作，如文件读取完毕也可以产生一个通知事件。

事件驱动以事件为中心，Node.js 将每一个任务都当成事件来处理。Node.js 中几乎每一个 API 都支持回调函数。Node.js 在执行的过程中会维护一个事件队列，需执行的每个任务都会加入事件队列并提供一个包含处理结果的回调函数。

回调函数有时简称回调，专业地讲，是指一个以参数形式传递给另一个函数（作为回调函数的主函数，或称父函数）的函数，而且回调函数必须在它的主函数执行完才会被调用。例如，a(b)表示函数 a 有一个参数，这个参数是函数 b，当执行完函数 a 以后再执行函数 b，这个过程就叫回调。这样还是有点抽象，到底什么是回调？回调有点回头调用的意思，举个形象的例子。一个男生与一个女生约会结束后送女生回家，离别时让她到家后发条信息。女生到家后依约给男生发了条信息，男生收到后很高兴。这就是一个回调的过程，女生回家可看作是主函数，男生给她留了个回调函数（要求发条信息），女生回到家之后，主函数执行完毕，再执行回调函数，最后男生收到一条信息。

在事件驱动模型中，会生成一个事件循环（Event Loop）线程来监听事件，不断地检查是否有未处理的事件。从事件循环开始到事件循环结束，Node.js 应用程序所有的逻辑都是事件的回调函数，每个异步事件都生成一个事件观察者，如果有事件发生就调用该回调函数。Node.js 事件循环机制如图 1-4 所示。Node.js 始终在事件循环中，程序入口就是事件循环线程中第一个事件的回调函数。事件的回调函数在执行过程中，可能会发出 I/O 请求或直接发送事件，执行完毕后再返回事件循环，事件循环线程会检查事件队列中有没有未处理的事件，当检测到未处理的事件时会触发回调函数来执行任务，直到检测不到任何事件时才退出事件循环，进程结束。Node.js 的异步机制是基于事件的，所有磁盘 I/O、网络通信、数据库查询事件都以非阻塞的方式请求，返回的结果由事件循环线程来处理。

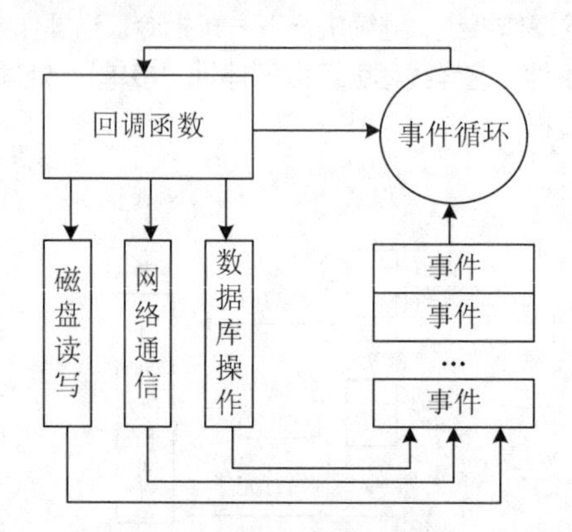

图 1-4　Node.js 事件循环机制

3. 单线程

单线程就意味着同一时间只能做一件事，Node.js 的应用程序是单进程、单线程的，但是通过事件和回调支持并发，性能变得非常高。假设有一项任务，I/O 部分占用的时间比 CPU 计算要多得多，如果使用传统的同步 I/O，要实现高并发就必须开许多线程来处理；而改用异步方式，则单个线程即可胜任该任务。

在阻塞模式下，一个线程只能处理一项任务，要想提高吞吐量必须使用多线程。服务器为每个客户端请求分配一个线程，使用同步 I/O，系统通过线程切换来弥补同步 I/O 调用的时间开销。多线程往往能提高并发能力，因为一个线程阻塞时还有其他线程在工作，多线程可让 CPU 资源不被阻塞中的线程浪费。多线程的好处是在多核 CPU 的情况下，可以利用更多的 CPU 核心（内核）。由于 I/O 操作一般都是耗时操作，所以这种方案很难实现高性能，但因其非常简单，因此可实现复杂的交互逻辑。

而在非阻塞模式下，线程不会被 I/O 操作阻塞，该线程所使用的 CPU 核心利用率永远是 100%，I/O 操作以事件的方式通知操作系统。多数 Web 服务器不需要进行太多的计算，它们接收到请求以后，将请求交给其他服务来处理（比如读取数据库），然后等待结果返回，最后将结果发送给客户端。针对 Web 应用的这种特点，Node.js 采用了单线程模型，没有每个接入请求分配一个线程，而是使用一个主线程处理所有的请求，然后对 I/O 操作进行异步处理，这样就避免使用多线程，从而降低了创建、销毁线程，以及线程间切换所需的开销和复杂性。

Node.js 在主线程中维护一个事件队列，当接收到请求后，就将该请求作为一个事件放入该队列中，然后继续接收其他请求。当主线程空闲时，就开始循环事件队列，检查队列中是否存在要处理的事件，如果是非 I/O 任务，则直接处理该事件，并通过回调函数将事件返回到上层调用；如果是 I/O 任务，就从线程池调用一个线程来处理这个事件，并指定回调函数，然后继续循环队列中的其他事件。

值得一提的是，Node.js 内部都是通过线程池来完成非阻塞 I/O 操作的，Node.js 的单线程仅指对 JavaScript 层面的任务处理是单线程的，而 Node.js 本身是一个多线程平台。

提 示　**Node.js 采用非阻塞 I/O 与事件驱动相结合的编程模式，这与传统同步 I/O 线性编程思维有很大的不同，Node.js 程序的控制很大程度要依靠事件和回调函数，这不符合开发人员的常规线性思路，因此需要将一个完整的逻辑拆分为若干单元（事件），从而增加了开发和调试的难度。**

1.1.3 Node.js 的应用场合

Node.js 的单线程模型通过事件驱动实现了高并发和非阻塞 I/O。该模型不会阻塞新用户的连接，能够并发处理数万个连接，特别适合高并发、I/O 密集、少量业务逻辑的应用场合。

1. 适合用 Node.js 的场合

- REST API：REST API 是一种前后端分离的应用程序架构，其本质是使用 URI 对外提供资源和服务，一般是将数据库操作通过 HTTP 提供给其他应用程序。这是 Node.js 最适合的应用场景：只需要处理 API 请求，组织数据并返回给请求端。它不需要大量业务逻辑，本质上只是从某个数据库中查找一些值并将它们组成一个响应。请求和响应都是少量的文本，流量少，Node.js 可以充分发挥其非阻塞 I/O 的优势，一台服务器就可以处理整个企业的 API 需求。
- 单页 Web 应用：加载单个页面，并在用户与应用程序交互时，动态更新该页面的 Web 应用程序。浏览器一开始会加载必需的 HTML、CSS 和 JavaScript，所有的操作都在一个页面上完成，并由 JavaScript 来控制。JavaScript 非常注重前端，业务逻辑全部在本地操作，数据都需要通过 Ajax 提交和刷新。面对前端大量的异步请求，服务器后端需要有极高的响应速度，这正是 Node.js 所擅长的。
- 统一 Web 应用的 UI 层：Node.js 是面向服务的架构，其能够更好地实现前后端的依赖分离，可以将所有的关键业务逻辑都封装成 REST API，UI 层只需要考虑如何用这些 API 构建具体的应用，后端程序员无须关心前端的具体实现方法。
- 准实时系统：如聊天系统、微博系统、博客系统的准实时社交系统，特点是轻量级、高流量，没有复杂的计算逻辑。这些系统每秒收到的数据量可能很大，其数据库不可能及时处理高峰时段所需的全部写入请求，Node.js 能快速地将它们写入一个缓存中，使用另一个单独进程从缓存中再将它们写入数据库。Node.js 能处理每个连接而不会阻塞 I/O 操作，从而能够响应尽可能多的请求。
- 游戏服务器：众多玩家同时在线玩游戏会生成海量信息，Node.js 能采集游戏生成的数据，对数据进行合并，然后对数据进行排队，以便将它们写入数据库。程序员不必使用 C 语言就能开发游戏的服务器程序。

另外，Node.js 也可用于实现基于微服务架构的应用。

2. 不适合用 Node.js 的场合

Node.js 适合处理 I/O 密集型任务，并不适合处理 CPU 密集型任务，下面列举几种 CPU 密集型任务。

- 数据加密和解密。
- 数据压缩和解压。
- 模板渲染。

3. 弥补 Node.js 不足的解决方案

CPU 密集型任务偏向于 CPU 计算操作，需要 Node.js 直接处理。在事件队列中，如果前面的 CPU 计算任务没有完成，那么后面的任务就会被阻塞，出现响应慢的情况，使得后续 I/O 操作无法发起。解决这个问题的方法是将大型运算任务分解为多个小任务，适时释放 CPU 计算资源，以免阻塞 I/O 调用的发起。

单线程也有自身的弱点，首先是无法利用多核 CPU。Node.js 只有一个事件循环，也就是只占用一个 CPU 核心。对于具有多 CPU 或多核 CPU 的服务器来说，当 Node.js 被 CPU 密集型任务占用，导致其他任务被阻塞时，其他 CPU 核心处于闲置状态，从而造成资源浪费。其次，Node.js 程序一旦在某个环节崩溃，整个系统都会崩溃，这会影响其可靠性。这些问题也有相应的解决方案，一是部署 Nginx 反向代理和负载均衡，开启多个进程，绑定多个端口；二是使用 cluster 模块构建应用集群，启动多个 Node.js 实例，开启多个进程监听同一个端口。

1.2 部署 Node.js 开发环境

部署 Node.js 开发环境

Node.js 可以在不同的操作系统平台上运行，具有良好的兼容性。这里讲解在 Windows 和 Linux 系统上部署 Node.js 开发环境的方法。

1.2.1 在 Windows 系统上安装 Node.js

Node.js 官方为 Windows 系统提供了两种文件格式的安装包，一种是 Windows 安装包（.msi），另一种是 Windows 二进制文件（.exe）安装包，每种格式又分为 32 位和 64 位两个版本。可以从官网下载合适的安装包，建议初学者尽可能使用较新的版本，以体验 Node.js 更强大的功能。这里介绍在 Windows 7 64 位操作系统（这也是本书使用的平台）上安装 Node.js，所用的安装包是 node-v10.16.0-x64.msi（本书使用的 Node.js 版本为 10.16.0），安装步骤如下。

（1）运行 Windows 安装包，启动安装向导，单击“Next”按钮。

（2）出现“End-User License Agreement”对话框，选中接受协议选项，单击“Next”按钮。

（3）出现“Destination Folder”对话框，设置安装目录，默认安装目录为 C:\Program Files\nodejs\，可以根据需要修改，然后单击“Next”按钮。

（4）出现“Custom Setup”对话框，如图 1-5 所示，选择要安装的组件，这里保持默认设置，安装全部组件，单击“Next”按钮。注意，Node.js 运行时（Node.js runtime）和 npm 包管理器（npm package manager）属于不同的组件。

（5）出现“Tools for Native Modules”对话框，确定是否安装编译原生模块必需的工具，这里保持默认值，不安装，单击“Next”按钮。

（6）出现“Ready to install Node.js”对话框，单击“Install”按钮开始安装 Node.js。也可以单击“Back”按钮修改先前的配置。

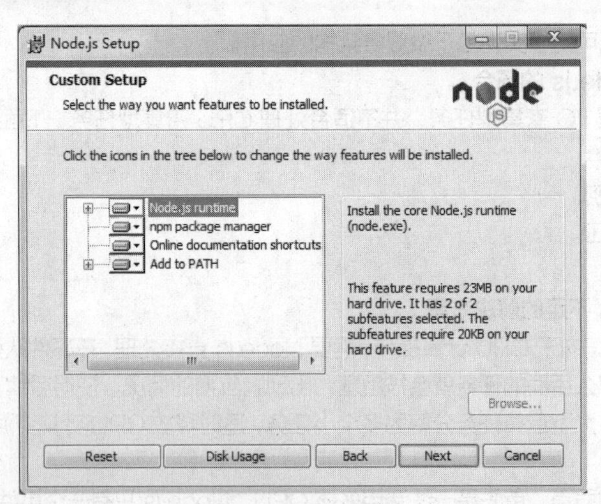

图 1-5 自定义安装

（7）安装完毕会出现“Completed the Node.js Setup Wizard”界面，单击“Finish”按钮结束安装。

可以通过以下命令检查 Node.js 版本，从而验证安装是否成功。

```
C:\Users\zxp>node --version
v10.16.0
```

1.2.2 在 Linux 系统上安装 Node.js

无论是 Node.js 的开发还是生产部署，Linux 都是重要的平台。在 Linux 操作系统上安装 Node.js 的方式很多，列举如下。

- 源代码：适合各种版本的安装，从 Node.js 官方网站下载软件源代码后，需对其进行编译之后再进行安装，一般不使用这种方法。
- 二进制发行版：Node.js 官方提供已编译的二进制软件包，解压后可以直接使用。
- 软件源安装：Red Hat、CentOS、Debian、Ubuntu 都有自己的软件源安装工具，可以用来安装包括 Node.js 在内的主流软件。
- n 模块：可以用来安装并切换到相应的 Node.js，前提是已安装 npm 包管理器。
- nvm：这是 Node.js 的版本管理器，可用于安装和管理不同版本的 Node.js。

下面讲解二进制发行版和软件源安装这两种安装方式以及使用 n 模块升级和管理 Node.js 版本的方法，分别以在 CentOS 和 Ubuntu 系统上安装为例。

1. 使用二进制发行版安装 Node.js

从 Node.js 官网下载二进制发行版的安装包 Linux Binaries (x64)，这里所用的具体版本是 node-v10.16.0-linux-x64.tar.xz，其中 v10.16.0 为版本号（version），linux-x64 为发行版本（distro），读者所用的版本如果不同，请按照这种格式替换安装过程中用到的参数和软件包名称。这里以在 CentOS 7 系统上安装该软件包为例示范安装过程，其他发行版本可以参照执行。

（1）创建 Node.js 安装目录，这里准备安装到/usr/local/lib/nodejs 目录下。

```
sudo mkdir -p /usr/local/lib/nodejs
```

（2）将下载的二进制发行版安装包解压到该目录。

```
sudo tar -xJvf node-v10.16.0-linux-x64.tar.xz -C /usr/local/lib/nodejs
```

（3）编辑环境变量配置文件~/.profile，将以下内容添加到该文件末尾并保存该文件。

```
VERSION=v10.16.0
DISTRO=linux-x64
export PATH=/usr/local/lib/nodejs/node-v10.16.0-linux-x64/bin:$PATH
```

（4）运行该配置文件，以使新的环境变量配置生效。

```
[zxp@host-test ~]$. ~/.profile
```

（5）测试 Node.js 安装是否成功。

先查看 node 版本：

```
[zxp@host-test ~]$ node -v
v10.16.0
```

再查看 npm 的版本：

```
[zxp@host-test ~]$ npm -v
6.9.0
```

（6）要使其他用户也能运行和使用 Node.js，需要创建以下软链接：

```
sudo ln -s /usr/local/lib/nodejs/node-v10.16.0-linux-x64/bin/node /usr/bin/node
sudo ln -s /usr/local/lib/nodejs/node-v10.16.0-linux-x64/bin/npm /usr/bin/npm
sudo ln -s /usr/local/lib/nodejs/node-v10.16.0-linux-x64/bin/npx /usr/bin/npx
```

2. 软件源安装 Node.js

以在 Ubuntu 系统上安装为例，通过官方软件源安装工具 apt（CentOS 上对应的工具是 yum）就能安装 Node.js，过程非常简单，不过通过该方式安装的软件版本一般较为老旧。node（Node.js 运行时）和 npm（包管理器）需要分别进行安装，并在安装之后查看版本：

```
zxp@host-b:~$ sudo apt-get install nodejs
zxp@host-b:~$ sudo apt install nodejs:i386
```

```
zxp@host-b:~$ node -v
v8.10.0
zxp@host-b:~$ sudo apt install npm
zxp@host-b:~$ npm -v
3.5.2
```

3. 使用 n 模块升级和管理 Node.js 版本

在通过 apt 工具安装 Node.js 的基础上，可使用 n 模块升级 Node.js 版本。首先需要将 npm 升级为目前最新版本：

```
sudo npm install npm@latest -g
```

此时通过 npm -v 可以发现 npm 为目前最新的版本：

```
zxp@host-b:~$ npm -v
6.9.0
```

然后以全局方式（使用选项-g）安装 n 模块：

```
zxp@host-b:~$ sudo npm install -g n
```

n 模块常用命令列举如下。

- n：不带任何选项或参数会列出已安装的所有 Node.js 版本。
- n latest：安装最新的 Node.js 版本。
- n stable：安装最新的 Node.js 稳定版本。
- n lts：安装最新的长期支持的 Node.js 版本。
- n rm [版本号]：删除指定的 Node.js 版本。
- n -h：给出帮助信息。

例如，安装目前最新版（将原来使用 apt 安装的版本升级为最新版）：

```
zxp@host-b:~$ sudo n latest
     install : node-v12.4.0
       mkdir : /usr/local/n/versions/node/12.4.0
       fetch : https://nodejs.org/dist/v12.4.0/node-v12.4.0-linux-x64.tar.gz
######################################################################## 100.0%
   installed : v12.4.0
```

还可以再安装一个目前最新的稳定版（安装另一个版本）：

```
zxp@host-b:~$ sudo n stable
     install : node-v10.16.0
       mkdir : /usr/local/n/versions/node/10.16.0
       fetch : https://nodejs.org/dist/v10.16.0/node-v10.16.0-linux-x64.tar.gz
######################################################################## 100.0%
   installed : v10.16.0
```

由于安装了多个版本，可以执行 n 命令从版本列表中选择当前要运行的版本，如图 1-6 所示。

图 1-6 选择当前要运行的版本

1.2.3 管理 Node.js 版本

有时可能要同时开发多个项目，而每个项目所使用的 Node.js 版本不同，或者要用更新的版本进行试验和学习，在一台计算机上处理这种情况比较麻烦，这种情况下就可以使用多版本 Node.js 管理工具。1.2.2 小节中所述 n 模块仅支持 Linux 平台，不支持 Windows 平台。而 nvm 是专门的 Node 版本管理器，全称为 Node Version Manager，与 n 模块不同，它是通过 Shell 脚本来实现版本管理的。除了 Linux

版本外，nvm 在 Windows 平台上的名称为 nvm-windows，其可从 GitHub 官网下载。这里以在 CentOS 7 系统上安装和使用 nvm 为例讲解实现方法。

首先需要安装 nvm，建议使用 Git 工具安装。如果没有安装 Git 工具，则需要先安装该工具。通常在用户主目录下执行以下命令将该工具克隆到本地。

```
[root@host-test ~] git clone https://github.com/nvm-sh/nvm.git .nvm
```

然后切换到.nvm 子目录，执行 nvm.sh 启用 nvm 工具。

```
[root@host-test ~] cd ~/.nvm
[root@host-test .nvm]# . nvm.sh
```

安装完毕后需要设置环境变量以便开机提供 nvm 运行 hrjy。可以在~/.profile 文件中添加以下环境变量设置。

```
export NVM_DIR="$HOME/.nvm"
[ -s "$NVM_DIR/nvm.sh" ] && \. "$NVM_DIR/nvm.sh"  # 加载 nvm
```

使用以下命令测试安装是否成功，返回 nvm 表明安装成功。

```
[root@host-test ~]# command -v nvm
nvm
```

之后就可以使用该工具进行版本管理了。下面给出几个示例：

```
nvm current                    #显示当前正在使用的版本
nvm ls                         #列出已在本机安装的版本，同时也会显示当前使用的版本
nvm install 8.0.0              #安装指定版本的 Node
nvm uninstall 8.0.0            #卸载指定版本的 Node
nvm use 8.0                    #指定当前要使用的 Node 版本（切换版本）
nvm run 6.10.3 app.js          #使用指定 Node 版本(6.10.3)运行指定程序(app.js)
nvm alias default 8.1.0        #设置默认的 Node 版本
nvm alias default node         #将最新版本作为默认版本
```

1.2.4 交互式运行环境——REPL

Node.js 提供的 REPL（Read Eval Print Loop）是一个交互式解释器，类似终端，可以用来输入命令，并接收系统的响应。它可以运行 JavaScript 语句以进行简单的测试，主要用来执行以下任务。

- 读取用户输入，解析输入的 JavaScript 数据结构并将其存储在内存中。
- 执行输入的数据结构。
- 打印（输出）结果。
- 循环操作以上步骤直到用户按下两次<Ctrl>+<C>组合键。

这个工具可用来调试 JavaScript 代码。

进入命令行界面，执行 node 命令即可启动 Node 终端，出现“>”提示符表示进入 REPL 命令行交互界面。输入简单的表达式，并按回车键即可输出计算结果，例如：

```
C:\Users\zxp>node
> 3+5
8
```

变量声明要使用 var 关键字，如果没有使用 var 关键字，变量会被直接打印出来，而使用了 var 关键字的变量会返回 undefined，但可以使用 console.log()方法来输出变量，例如：

```
> x=100
100
> var name = 'Tom'
undefined
> console.log(name)
Tom
undefined
```

在 Node.js REPL 中可以输入多行表达式，类似 JavaScript 脚本。下面是一个通过循环结构实现的计数器：

```
> for (let i = 0; i < 3; i++) {
...   console.log(i);
... }
0
1
2
undefined
```

其中省略号“...”是系统自动生成的，按回车键换行后 Node.js 会自动检测是否为连续的表达式。

可以使用下划线获取上一个表达式的运算结果。

REPL 支持快捷键。按<Ctrl>+<C>组合键可退出当前终端，连按两次该组合键可退出 Node.js REPL。按<Ctrl>+<D>组合键可退出 Node.js REPL。使用上下键可查看输入的历史命令，使用<Tab>键可列出当前命令。REPL 提供以下命令。

.help：列出特点命令的帮助列表。

.break：退出多行表达式。

.clear：清除多行表达式。

.save filename：将当前的 Node.js REPL 会话保存到指定文件。

.load filename：将指定文件的内容装载到当前 Node.js REPL 会话中。

1.2.5 安装开发工具 Visual Studio Code

Node.js 是使用 JavaScript 语言的脚本程序，其可以使用任何文本编辑器编写。但使用文本编辑器编写程序效率太低，运行程序时还需要转到命令行窗口。如果还需要调试程序，就更不方便了。要提升开发效率，需要一个 IDE（集成开发环境），这样就可以在一个开发环境中集中进行编码、运行和调试。笔者推荐使用 Visual Studio Code，这是一个精简版的 Visual Studio，其在智能提示变量类型、函数定义、模块方面继承了 Visio Studio 的优秀传统，在断点调试上也有不错的表现，并且支持 Windows、mac OS 和 Linux 平台。

本书以在 Windows 7 64 位系统上安装 Visual Studio Code 为例。从微软官网上下载 Visual Studio Code 64 位 Windows 版本的安装包，本例为 VSCodeSetup-x64-1.33.0.exe。运行该文件启动安装向导，根据提示完成安装过程，一般保持默认设置即可。安装完毕启动 Visual Studio Code 程序，Visual Studio Code 没有明确的项目（工程）概念，可以使用一个目录（文件夹）存储一个软件项目的所有文件。

1.3 开始开发 Node.js 应用程序

开始开发 Node.js 应用程序

搭建好 Node.js 开发环境之后，就可以开始进行应用程序的开发、运行和调试了。

1.3.1 实战演练——构建第一个 Node.js 应用程序

大多数编程语言教学都是从“Hello World”示例程序开始的，本书也不免俗，也通过这样的示例来试用 Node.js。这是一个非常简单的 Web 应用程序，用户可以通过浏览器访问它，并收到问候信息。与使用 PHP 语言编写 Web 应用程序不同，使用 Node.js 不仅实现一个应用程序，还实现了一个 HTTP 服务器。

1. 编写程序

本书的所有示例程序都位于 c:\nodeapp 目录下，具体到每章又以章编号作为子目录，例如第 1 章为 ch01。先通过资源管理器创建这些目录。

（1）启动 Visual Studio Code，从“File”主菜单中选择“Open Folder”项，在文件夹选择对话框中选择 c:\nodeapp\ch01。

（2）从“File”主菜单中选择“New File”项打开一个新建文件窗口，在其中输入以下代码。

【示例 1-1】 Node.js 入门示例（helloworld.js）

```
//导入 http 模块
const http = require('http');
const httpServer = http.createServer(function (req, res) {
    //设置响应头信息
    res.writeHead(200, {'Content-Type': 'text/plain'});
    // 发送响应数据 "Hello World!"
    res.end('Hello World!\n');
});
httpServer.listen(8080,function(){
    //向终端输出如下信息
    console.log('服务器正在 8080 端口上监听! ');
});
```

（3）将该文件保存在上述 c:\nodeapp\ch01 文件夹中，文件名为 helloworld.js。

2. 测试程序

从“Terminal”主菜单中选择“New Terminal”项打开一个终端窗口，在其中执行以下命令：node helloworld.js，如图 1-7 所示，IDE 环境中同时包括编辑和运行终端窗口。也可以打开系统的命令行窗口，在其中执行该命令。

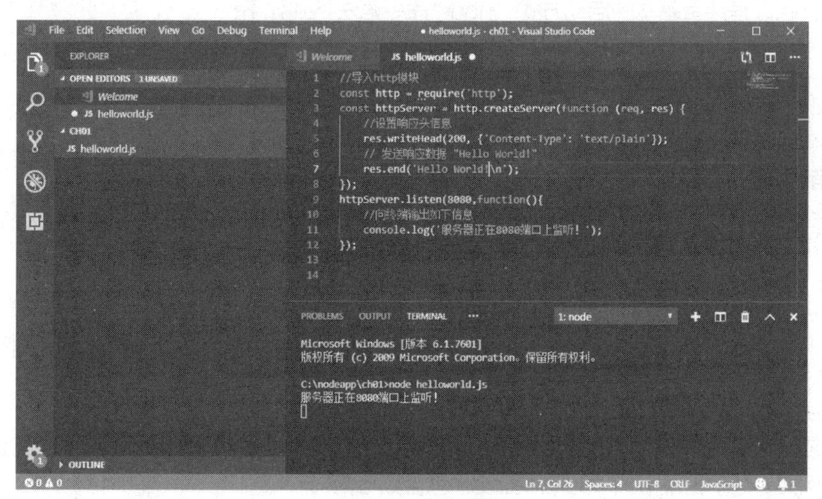

图 1-7 测试程序

还可以通过浏览器访问该 Web 应用程序进行测试，如图 1-8 所示。

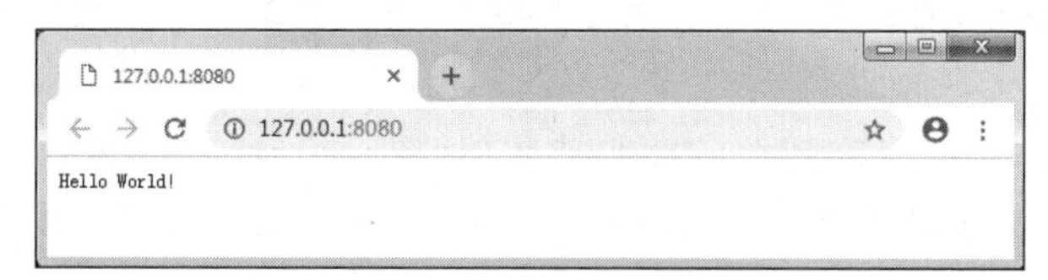

图 1-8 在浏览器中测试程序

3. 程序结构分析

这是一个非常简单的程序，共有 3 个部分。

第 1 部分导入模块。第 1 行代码导入 Node.js 自带的 http 模块，并将实例化的 HTTP 组件赋值给变量 http。模块是 Node.js 程序组织可重用代码的方式，可使用 require()方法来载入模块。该方法可以导入 Node.js 内置的模块和第三方库，也可以加载自己的文件和模块化项目。

第 2 部分创建 HTTP 服务器。Node.js 不依赖现有的 HTTP 服务器，其能够很容易地通过创建自己的服务器来监听客户端的请求，客户端可以使用浏览器或终端发送 HTTP 请求，服务器接收请求后返回响应数据。这里调用 http 模块提供的 http.createServer()方法创建服务器，使用一个回调函数作为参数，该回调函数又接收两个参数，分别是代表客户端的请求对象和向客户端发送的响应对象，所有的请求和响应都由此回调函数处理。本例中没有涉及请求内容，响应内容如果包含中文，响应头需要设置字符集为 utf-8，例如：

```
res.writeHead(200,{'Content-Type':'text/plain;charset=utf-8'});
```

第 3 部分启动 HTTP 服务器，并设置监听器的端口号。http.createServer()方法返回一个 HTTP 服务器对象（http.Server 类的实例），它使用 listen()方法启动 HTTP 服务器以监听连接、指定端口号，该方法也包含一个回调函数参数，用于设置启动 HTTP 服务器之后的操作，这里在控制台输出提示信息。

listen()方法也可以直接以链式操作的方式添加到 http.createServer()方法的后面。

1.3.2 运行 Node.js 程序

运行 Node.js 程序有多种方式，这里介绍几种开发阶段常用的方法，至于部署阶段，可参考第 9 章的介绍。

1. 使用 node 命令运行 Node.js 程序

这是 Node.js 程序最基本的启动方式，node 命令语法格式如下：

```
node [options] [ -e script | script.js | - ] [arguments]
```

最常用的就是直接运行指定的脚本文件，如：

```
node xxx.js
```

注意脚本文件不在当前目录下，需要指定路径（绝对路径或相对路径）。

运行当前目录下的 index.js 脚本文件，可以使用简写方式，用点号代替该文件。

```
node .
```

按下<Ctrl>+<C>组合键可以终止正在运行的 Node.js 程序。

选项-e（--eval）表示直接执行某语句：

```
C:\Users\zxp>node -e "console.log('Hello World!);"
Hello World!
```

选项-e 表示将键盘输入的内容作为脚本传递给 node 命令。

2. 使用 npm 命令运行 Node.js 程序

这需要依赖当前目录下的配置文件 package.json。package.json 是 CommonJS 规定的用于描述包的文件。例如，当前目录下的 package.json 包含如下内容：

```
{
  "scripts":{
    "start": "node demo.js",
    "test": "node test.js"
  }
}
```

其中 scripts 属性定义要执行的脚本，在当前目录下执行 npm start 命令就相当于执行 node demo.js 命令；执行 npm test 命令就相当于执行 node test.js 命令。这种方式可以为不同的环境（如测试、生产）指定不同的 Node.js 程序。

3. 使用 nodemon 监视文件改动并自动重启 Node.js 程序

通过以上方式修改 Node.js 程序代码后，需要重新运行程序，命令才能生效。nodemon 是一个 Node.js 辅助开发工具，可以使用 nodemon 来监视文件改动，自动重启程序，实时查看修改输出结果，这对测试程序很有帮助。使用它首先要安装该模块：

```
npm i nodemon -g
```

安装之后即可用其监控并运行 Node.js 程序：

```
nodemon 文件路径
```

4. 在 Visual Studio Code 中运行 Node.js 程序

在 Visual Studio Code 中运行 Node.js 程序，可以使用前面介绍的方法，新开一个终端窗口，在其中执行 node 命令来运行指定的 Node.js 脚本文件；也可以从“Debug”主菜单中选择“Start Without Debugging”项（或者按<Ctrl>+<F5>组合键），以非调试方式启动当前的 Node.js 脚本文件，前提是已经设置调试配置文件.vscode/launch.json（参见 1.3.3 小节有关调试的讲解）。此时需要切换到调试控制台（DEBUG CONSOLE）查看控制台输出信息，如图 1-9 所示。

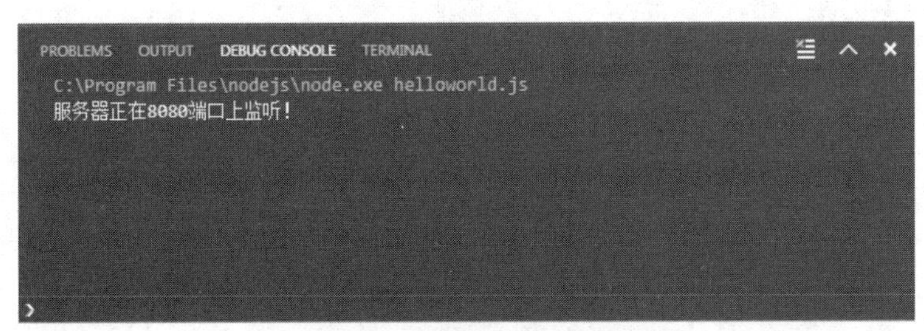

图 1-9 查看控制台输出信息

以非调试方式启动的程序需要终止时，可以从“Debug”主菜单中选择“Stop Debugging”项（或者按<Shift>+<F5>组合键）。

1.3.3 调试 Node.js 程序

开发 Node.js 程序的过程中，调试是必不可少的。这里简单介绍几种常用的调试方法。

1. 使用日志工具进行调试

使用日志工具进行调试是最简单、最通用的调试方法。例如，使用 console.log()方法可以检查变量或字符串的值，记录脚本调用的函数，或记录来自第三方服务的响应。还可使用 console.warn()或 console.error()方法记录警告或错误信息。

这类方法功能有限，只是一种辅助测试，专门的调试手段是下面要介绍的断点调试方法。

2. 使用 Node.js 内置调试器

Node.js 内置一个进程外的调试实用程序，可通过 V8 检查器和内置调试客户端访问。要使用该调试程序，在执行 node 命令时加上 inspect 参数，并指定要调试的脚本的路径即可。Node.js 的调试器客户端不是一个功能齐全的调试器，但可以用其进行简单的步骤和检查。调试之前先将 debugger;语句插入到脚本的源代码，以在代码中的该位置启用断点。这里来看一个简单脚本示例。

【示例 1-2】 Node.js 调试脚本（debugdemo.js）

```
global.x = 5;
setTimeout(() => {    //此处用到的回调函数的形式是箭头函数，() =>相当于 function()
  debugger;
  console.log('world');
}, 1000);
console.log('hello');
```

这里示范一下简单的调试过程：

```
C:\nodeapp\ch01>node inspect debugdemo.js
< Debugger listening on ws://127.0.0.1:9229/ac1b62af-72f5-4490-97b2-e7fb91b0d855
< For help, see: https://nodejs.org/en/docs/inspector
Break on start in file:///C:/nodeapp/ch01/debugdemo.js:1
```

```
> 1 (function (exports, require, module, __filename, __dirname) { global.x = 5;
  2 setTimeout(() => {
  3   debugger;
debug> cont      #继续执行
< hello
break in file:///C:/nodeapp/ch01/debugdemo.js:3
  1 (function (exports, require, module, __filename, __dirname) { global.x = 5;
  2 setTimeout(() => {
> 3   debugger;
  4   console.log('world');
  5 }, 1000);
debug> next     #下一步
break in file:///C:/nodeapp/ch01/debugdemo.js:4
  2 setTimeout(() => {
  3   debugger;
> 4   console.log('world');
  5 }, 1000);
  6 console.log('hello');
debug> repl    #交互模式
Press Ctrl + C to leave debug repl
> x
5
debug> .exit   #退出调试
```

其中代码行号前面的>符号表示程序暂停的位置。

3. 在 Visual Studio Code 中调试 Node.js 程序

现在的 Visual Studio Code 版本可以很好地进行 Node.js 程序调试。这里以调试脚本 debugdemo.js 为例进行简单的示范。

（1）设置配置文件。从“Debug”主菜单中选择“Open Configurations”项，打开调试配置文件（.vscode/launch.json）进行设置：

```
{
    "version": "0.2.0",
    "configurations": [
        {
            "type": "node",
            "request": "launch",
            "name": "Launch Program",
            "program": "${workspaceFolder}\\debugdemo.js"
        }
    ]
}
```

这里的关键是设置 program 属性，使其指向要运行的脚本文件。

（2）设置断点。在源代码中将光标移动到要设置断点的位置，从“Debug”主菜单中选择“New Breakpoint”项，弹出子菜单，从中选择要插入的断点类型，这里选择“Inline Breakpoint”。

（3）根据需要设置监视器，单击⚙按钮打开调试设置窗口，这里将变量 x 作为表达式添加到监视器。

（4）从“Debug”主菜单中选择“Start Debugging”项（或者使用<F5>键），启动该脚本的调试。如果没有错误，代码运行到指定到第 1 个断点处停止，如图 1-10 所示。

按<F5>键继续执行断点之后的语句。也可以单步执行语句进行更深入的调试，调试器支持以下 3 种单步执行方式。

Step Into（<F11>键）：单步执行，遇到子函数就进入该函数并且继续单步执行。

Step Out（<Shift>+<F11>组合键）：当单步执行到子函数内时，使用它执行完子函数余下部分，并返回上一层函数。

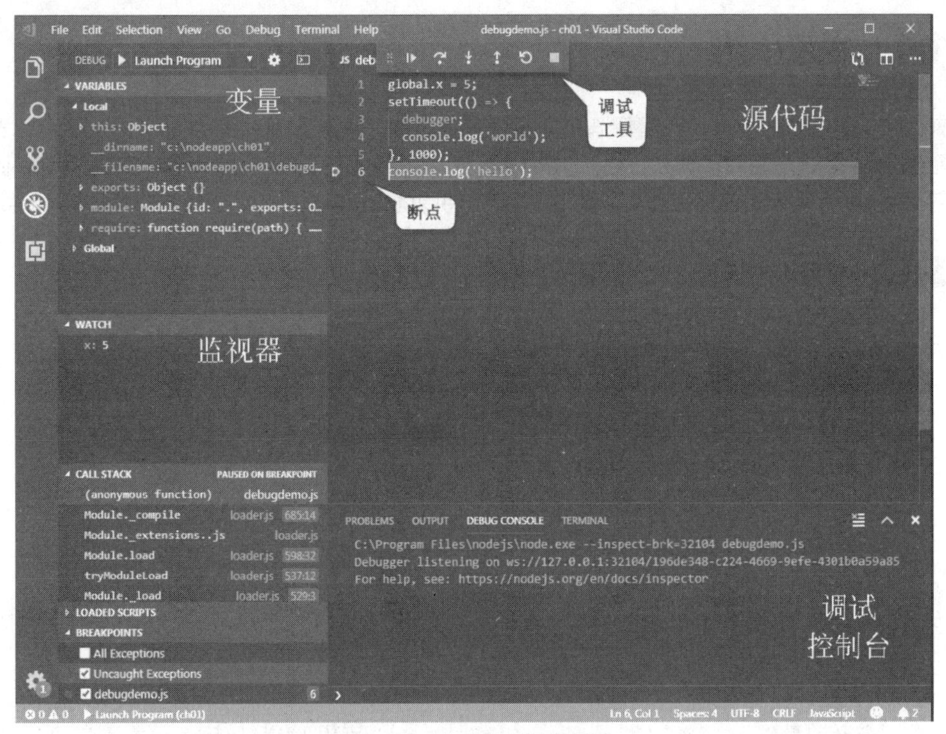

图 1-10　Node.js 脚本的调试

Step Over（<F10>键）：在单步执行时，在函数内遇到子函数时不会进入子函数内单步执行，而是将子函数整个执行完毕并返回下一条语句。也就是把整个子函数作为一个执行步骤。

例如，多次按<F10>键之后，会单步执行到 setTimeout()函数的子函数中进行，如图 1-11 所示。

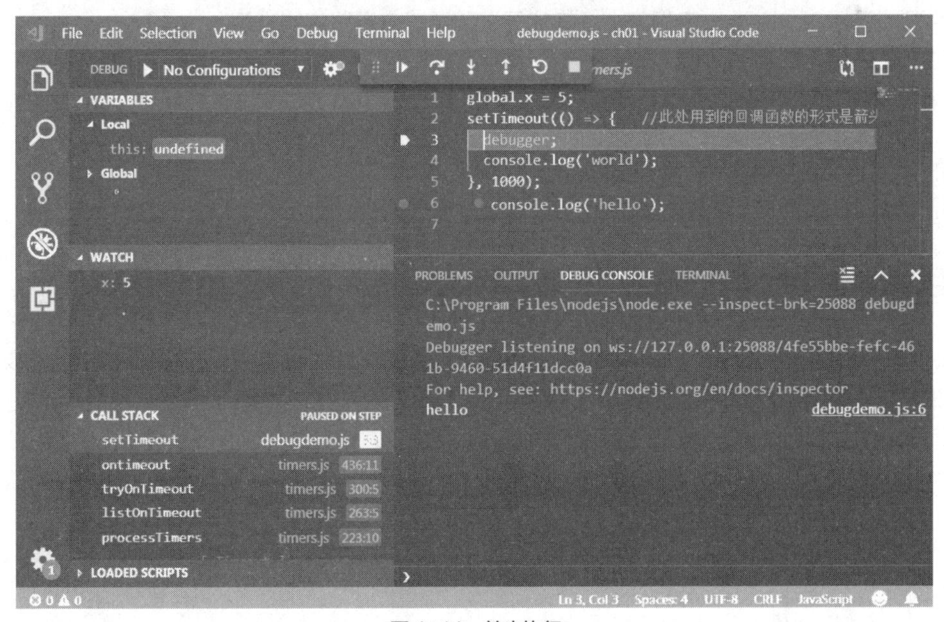

图 1-11　单步执行

要强制结束调试，可以从“Debug”主菜单中选择“Stop Debugging”项（或者按<Shift>+<F5>组合键）。

1.4 本章小结

本章的内容主要是Node.js的基础知识和基本操作技能，涵盖了Node.js的简介、Node.js开发环境搭建与调试。读者应重点了解Node.js的非阻塞I/O、事件驱动和单线程的特点，知道Node.js适合哪些应用场合。本章给出的示例比较简单，后续章节将围绕如何编写完善的Web应用程序逐步展开。

习题

一、选择题

1．以下叙述中不正确的是（　　）。

A．V8是一个JavaScript引擎，在非浏览器环境下运行得很好

B．Node.js可以访问文件，读取数据库

C．Node.js本身是一个单线程平台

D．Node.js应用程序是单进程、单线程的

2．Node.js的特点不包括（　　）。

A．非阻塞I/O　　B．事件驱动　　C．低并发　　D．单线程

3．不适合Node.js的应用是（　　）。

A．REST API　　B．CPU密集型任务

C．准实时系统　　D．单页Web应用

4．以下叙述中正确的是（　　）。

A．Node.js的Web应用程序需要额外部署Web服务器

B．单线程应用非常高效，没有什么不足

C．Node.js适合高并发、I/O密集、具有大量业务逻辑的应用场合

D．采用Node.js一定程度上会增加开发和调试应用程序的难度

二、简述题

1．什么是Node.js?

2．Node.js最主要的特点有哪3个?

3．简述Node.js的单线程模型工作机制。

4．Node.js适合开发哪些类型的应用?

5．如何管理Node.js版本?

三、实践题

1．在Windows系统上安装Node.js并进行测试。

2．使用Node.js构建一个简单的Web应用程序，在8000端口提供Web服务，向浏览器返回“你好！”的问候信息。

3．在Visual Studio Code中尝试调试Node.js程序。

第 2 章 Node.js编程基础

02

学习目标

① 了解 JavaScript 的基本语法，能读懂 JavaScript 代码。
② 了解 Node.js 的回调函数和事件机制，掌握回调函数的使用。
③ 了解 Node.js 的全局对象和全局变量，掌握 console 和 process 的用法。
④ 掌握定时器、Buffer 和流的概念，学会使用它们编写程序。

在第 1 章我们介绍了 Node.js 的基本知识，Node.js 是用来开发应用程序的，因此本章我们将讲解 Node.js 编程需要掌握的基础概念和核心特性。许多教程往往是直接介绍如何使用 Node.js 包和框架开发 Web 应用程序，而对 Node.js 的基础概念和核心特性，如 Node.js 的事件机制、二进制数据编码、Buffer 数据类型和流的使用等较少涉及。了解这些概念和特性，有助于更深入地理解 Node.js 的运行机制，更有效地利用 Node.js 的模块、包和框架，使读者更加胜任 Node.js 应用程序的开发。

Node.js 编程基础

2.1 JavaScript 基本语法

Node.js 基于 V8 引擎，这意味着其语法与 JavaScript 基本相同，本章先概略地介绍 JavaScript 的语法。JavaScript 语法内容非常多，这里仅介绍与 Node.js 编程有关的 JavaScript 新特性和新要求，建议读者重点关注块级作用域、模板字符串、集合和映射、箭头函数、高阶函数、闭包、严格模式等内容。

JavaScript 基本语法

2.1.1 JavaScript 版本

JavaScript 最早由网景公司推出，后来微软公司模仿 JavaScript 开发了 JScript，为使 JavaScript 成为全球标准，多家公司联合 ECMA（欧洲计算机制造商协会）组织制定了 JavaScript 语言的标准，这个标准被称为 ECMAScript（简称 ES）。因为 JavaScript 是网景公司的注册商标，所以不能将它作为标准名称。出于习惯，目前大多数场合还是使用 JavaScript 这个名称，可以将 JavaScript 看作是 ES 标准的实现语言。

ECMA 于 2009 年发布 ES5 之后长时间没有推出新的版本，因而难以跟上 Web 技术和移动互联网发展的步伐。与此同时，JavaScript 本身却在不断地分化，一方面不断涌现新的框架或类库来支持大型应用的开发，如 React 和 Backbone 等；另一方面基于 JavaScript 推出了一些新的编程语言，如 CoffeeScript 是一套构建在 JavaScript 上层的转译语言，TypeScript 是一种由微软公司开发的自由和开源的编程语言，它们都扩展了 JavaScript 的语法。

直到 2015 年，ECMA 才发布 ES6。ES6 实现了版本的重大更新，目的是支持大型应用程序。从发布 ES6 开始，ECMA 计划每年发布一个新的版本，并以 ES 加年份的形式命名，如 ES6 称为 ES2015，这几年又陆续发布了 ES2016、ES2017、ES2018、ES2019，这些版本相应的别称为 ES7、ES8、ES9 和 ES10。

ES6 是目前的主流版本，Node.js 自 6.0 版本开始全面支持 ES6。目前的 Node.js 版本对 ES6 标准的支持率达 99%。可以使用 es-checker 包来检测当前 Node.js 版本对 ES6 的支持情况。Node.js 的新版本也在逐渐提供对 ES 新标准的支持，尽管有的是部分支持。这里主要以 ES6 版本为例讲解 JavaScript 语法。Node.js 对 ES 标准的支持得益于 V8 引擎，V8 引擎在发展的过程中一直紧追 ECMAScript 发布的脚步，使 Node.js 能及时采用 ECMAScript 的最新语法。Node.js 自 7.6 版本开始就默认支持 async/await 异步编程。

2.1.2 JavaScript 运行环境

要学习和理解 JavaScript 语法，可以通过 JavaScript 运行环境进行练习和测试。除了可使用第 1 章介绍的 Node.js REPL 交互运行 JavaScript 语句或脚本外，还可以使用浏览器控制台进行同样的交互操作。本章关于 JavaScript 基本语法的示例代码都可在这两种环境中测试和验证。

控制台 Console 用于提供标准输入和输出界面，它起初是由 Internet Explorer 浏览器的 JScript 引擎提供的调试工具，后来逐渐成为浏览器的实施标准。以 Chrome 浏览器为例，打开浏览器后按<F12>键或<Ctrl>+<Shift>+<I>组合键即可打开控制台，也可从菜单中选择“开发者工具”项，打开“开发者工具”界面，切换到“Console”页面。显示“>”提示符后，即可在其后交互输入 JavaScript 语句或脚本（多行表达式）并运行，如图 2-1 所示。

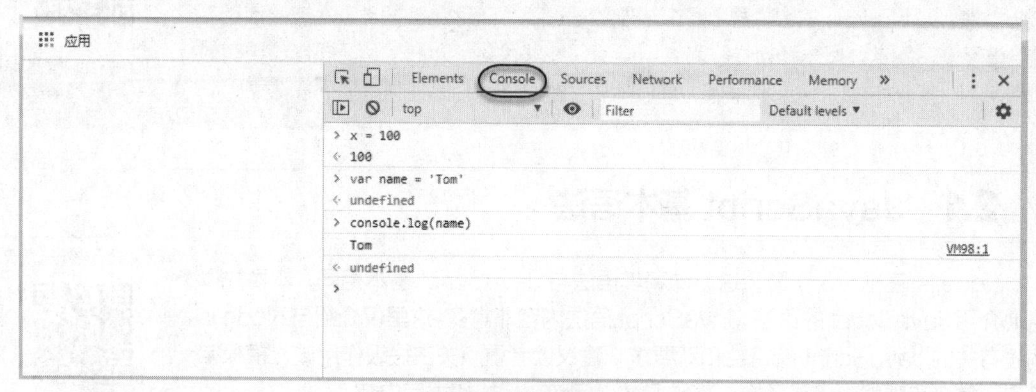

图 2-1 控制台界面

2.1.3 JavaScript 语句与注释

JavaScript 语法的基本规则与 Java 语言类似，严格区分大小写。JavaScript 是解释型语言，程序（脚本）由 JavaScript 引擎解释执行。

1. 语句

JavaScript 每条语句都以分号“;”结束，不过这并不是 JavaScript 强制要求的，负责执行 JavaScript 代码的引擎（如浏览器）通常会自动在每条语句的末尾补上分号，这种方式可能会导致歧义，从而影响执行结果。因此，建议所有语句都手动添加分号。

由于分号表示语句结束，所以一行代码可包含多条语句，但为了便于阅读代码，并不建议这样做。

如果一行语句太长，则可以使用续行符“\”进行换行，让代码看起来整齐，读起来容易。

2. 语句块

语句块是一组语句的集合，作为一个整体使用大括号“{ }”封装。大括号内的语句采用缩进格式，缩进通常是 4 个空格。这不是 JavaScript 语法强制要求的，但缩进格式有助于区分代码的层次。

语句块可以嵌套，形成层级结构。JavaScript 对嵌套层级没有限制，但是层级不宜过多，以免影响代码的易读性。确实需要更多嵌套层级的，可以将部分代码抽出来并定义为函数加以调用，以降低代码的复杂度。

3. 注释

JavaScript 注释有两种，一种是行注释，另一种是块注释。注释仅为编程人员所用，JavaScript 引擎会自动忽略程序或脚本中的注释。还可以临时注释掉某些语句来调试程序。

（1）行注释。

以符号“//”打头，直到行末的字符都被视为行注释。行注释可以单独成行，也可以加在语句末尾，例如：

```
// 我是单独一行注释
alert('Hello World'); // 我是句尾的行注释
```

（2）块注释。

块注释可用于多行注释，使用符号“/*”和“*/”括住多行注释内容，例如：

```
/* 我要开始注释啦
我要结束注释啦*/
```

2.1.4 变量

JavaScript 的变量可以是任意数据类型。

1. 变量的命名

JavaScript 的变量名可以是大小写英文字母、数字、符号“$”或下画线“_”的任意组合，但是不能以数字开头。变量名不能是 JavaScript 的关键字（如 for、if、while）等。

2. 变量的声明与赋值

JavaScript 是一种弱类型的编程语言，所有数据类型都可以用 var 关键字声明，例如：

```
var hello; // 声明一个名为 hello 的变量，此时该变量的值为 undefined，表示未定义
```

使用等号对变量进行赋值，可以将任意数据类型赋值给变量，例如：

```
hello='我是个字符串'; //此时变量的值为“我是个字符串”
```

可以在声明变量的同时对变量进行赋值，例如：

```
var hello='我是个字符串';
```

可以反复赋值同一个变量，而且可以赋给不同类型的值，但是只能声明一次，例如：

```
var hello='我是个字符串'; //变量值为字符串
hello=100; //变量值为整数
```

这说明 JavaScript 本身的类型不固定，在定义变量时无须指定变量类型。

可以使用 console.log()方法在 Node.js REPL 或浏览器控制台中显示变量内容，而使用经典的 alert()函数则会通过弹出浏览器对话框来显示内容，它并不适合在控制台中使用。

3. 变量提升与变量泄露

使用 var 关键字声明的变量会发生“变量提升”现象，即变量可以在声明之前使用，值为 undefined。下面给出一个例子：

```
console.log(temp);// 返回 undefined
var temp = '你好';
```

这种情形下存在隐形的变量提升机制，例子中变量 temp 的声明被提到前面，但是并没有同时提升变量的赋值，因而出现返回 undefined 的现象。上述代码等同于以下代码：

```
var temp;
console.log(temp);// 返回 undefined
temp = 'Hello!';
```

为纠正这种现象，ES6 用新的 let 关键字改变这种行为，它声明的变量一定要在声明之后使用，否则就会报错。

另外，用来计数的循环变量使用 var 关键字声明后会泄露为全局变量。例如：

```
var temp = 'Hello!';
for (var i = 0; i < temp.length; i++) {
  console.log(temp[i]);
}
console.log(i); // 返回数字 6
```

在这段代码中，变量 i 位于循环体内，只用来控制循环，i 原本是局部变量，但循环结束后它并没有消失，而是“逃出”循环体，摇身一变，成为全局变量，这就是所谓的变量泄露。如果改用 let 关键字来声明循环变量，则不存在变量泄露这样的问题。

4．变量的作用域

与其他编程语言一样，在 JavaScript 中声明的变量都是有作用域的。

（1）全局作用域和函数作用域。

ES5 中只有全局作用域（顶层作用域）和函数作用域。在函数体内声明的变量仅具有函数作用域，只能在函数内部访问；任何在函数体外部声明的变量都具有全局作用域，在同一文件中任何位置都可以访问该变量。例如：

```
var temp = '你好！';//全局作用域
function testScope() {
    var temp = '早上好！'; //函数作用域
    console.log(temp);
}
testScope(); //返回函数作用域中的“早上好!”
console.log(temp); //返回全局变量的“你好!”
```

上述两个 temp 变量分别属于全局作用域和函数作用域，在 testScope()函数中对 temp 变量的修改不会影响到全局的 temp 变量。

（2）块级作用域与 let 关键字。

大多数编程语言都有块级作用域，但 ES5 没有块级作用域，且使用 var 关键字声明变量存在变量提升与泄露的问题。为此 ES6 引入块级作用域，使用 let 关键字声明的变量只能在当前块级作用域中使用。

```
function testBlockScope() {
    let name = '小明';
    if (true) {
        let name = '小红';
        console.log(name); // 返回“小红”
    }
    console.log(name); // 返回“小明”
}
```

上面的函数有两个块级作用域，都声明了变量 name，输出的结果表明表示外层块级作用域不受内层块级作用域的影响。如果两处都改用 var 关键字定义变量 name，则最后输出的值会是“小红”。

使用 let 关键字声明变量可以解决 var 关键字声明变量所带来的变量提升和泄露问题。由于不支持变量提升，let 声明的变量只能在声明的位置后面使用，这就更加规范。

ES6 允许块级作用域的任意嵌套，但在同一块级作用域内不能使用 let 关键字重复声明同一变量。

5. 使用 const 关键字声明只读常量

ES6 引入 const 关键字声明只读的常量。最常用的常量例子就是圆周率：

```
const PI = 3.1415;
```

一旦采用这种声明方式，常量的值就不能改变，同时还要立即初始化，不能之后再赋值。也就是说如果使用 const 关键字声明变量时不赋值，程序就会报错。

使用 const 关键字声明的变量的作用域与使用 let 关键字声明的变量的作用域相同，即该变量只在其所在的块级作用域内有效，也只能在声明的位置后面使用。

2.1.5 数据类型

对不同的数据，需要定义不同的数据类型。JavaScript 支持以下数据类型。

1. 数值（Number）

JavaScript 不区分整数和浮点数，统一用数值表示，例如负数-123、浮点数 0.456、科学计数法 9.876e3（表示 9.876×10^3）。

十六进制数使用 0x 作为前缀。对于二进制和八进制数值，ES6 提供新的写法，分别使用前缀 0b（或 0B）和 0o（或 0O）。

JavaScript 中数值可以直接进行四则运算，符号%用于求余运算。

提 示 要注意两个特殊的数值 NaN 和 Infinity，前者表示“Not a Number”，当无法计算结果时就可用 NaN 表示；后者表示无限大，当数值超过 JavaScript 所能表示的最大值时，就用 Infinity 表示。NaN 与其他任意值均不相等，包括它自己，NaN === NaN 比较的结果为 false。只有 isNaN()函数能正确判断 NaN，如 isNaN(NaN)会返回 true。

2. 字符串（String）

字符串是用单引号“'”或双引号“"”括起来的任意文本，如'abcd'、"People"等。

这里重点讲一下模板字符串。之前 JavaScript 要输出模板字符串，需要使用大量的引号和加号进行拼接，这样很不方便。例如：

```
var msg = "服务器侦听地址和端口: " + srvip + ":" + port + ", 请注意! ";
```

其中 srvip 和 port 是字符串变量。ES6 提供模板字符串，可使用反引号“`”包括整个模板字符串，使用${ }将变量括起来。这样上面的例子用模板字符串改写如下：

```
var msg = `服务器侦听地址和端口: ${srvip}:${port}, 请注意! `;
```

模板字符串中也可以不嵌入任何变量，这种方式通常用于按实际格式输出（如换行）。由于反引号是模板字符串的标识符，如果需要在字符串中使用反引号，就需要对其进行转义（\`）。

除了变量外，在${ }中可以放入任意的 JavaScript 表达式，也可以进行运算，引用对象属性，甚至还可以调用函数。

3. 布尔值（Boolean）

布尔值又称逻辑值，布尔值只有 true、false 两种，可以直接用 true、false 表示布尔值，也可以通过比较运算或布尔运算得出结果。布尔值经常用于条件判断中。

比较运算符包括>、>=、<、<=、==和===。运算符==会自动转换待比较的数据类型；而===不会自动转换数据类型，如果数据类型不一致，返回 false，如果一致，再进行比较。在比较是否相等时，建议使用===而不要使用==。

4. null 和 undefined

null 表示一个空值，它与 0 及空字符串“''”不同，0 是一个数值，“''”表示长度为 0 的字符串，而

null 就表示“空”，就是什么也没有。

undefined 与 null 类似，表示“未定义”，仅用于判断函数参数是否正常传递。

5. 数组（Array）

数组是一组按顺序排列的集合，集合中的值称为元素。数组中元素是有顺序的，且允许重复值。JavaScript 的数组可以包括任意数据类型。数组用[ ]表示，元素之间用逗号分隔。也可以通过 Array()函数来创建数组。数组的元素可以通过索引来访问，注意索引的起始值为 0。当索引超出范围则返回 undefined。

6. 对象（Object）

JavaScript 的对象是一组由键值对组成的无序集合，例如：

```
var myObj = {
  isobj: true,
  num: [1,2,3],
  desp: '对象好像可以无所不包'
};
```

对象用{ }表示，键值对之间用逗号分隔。对象的键均为字符串类型，而值可以是任意数据类型，甚至是数组或 null。要获取一个对象的属性，可以用“对象名.属性（键）名”的方式，如 myObj.desp。

ES6 允许将表达式作为对象的属性名，即把表达式放在方括号内，例如：

```
let numproperty = 'num';
var myObj = {
  isobj: true,
  [numproperty]: [1,2,3],
  ['des'+'cription']: '我是个对象'
};
myObj[numproperty] // [1,2,3]
myObj['num'] // [1,2,3]
myObj['description'] // '我是个对象'
```

7. 符号（Symbol）

ES5 的对象属性（键）名都是字符串，因而容易造成属性名的冲突。ES6 引入一种新的数据类型 Symbol，用于表示独一无二的值，其值通过 Symbol()函数自动生成。属性名采用 Symbol 值后，可以保证不会与其他属性名产生冲突，这对于一个对象由多个模块构成的情况非常有用。

Symbol 值用于对象的属性名，可以有 3 种表示方法，例如：

```
let welcome = Symbol();//自动产生一个值
// 第 1 种表示方法
let myObj = {};
myObj[welcome] = '欢迎光临';
// 第 2 种表示方法
let myObj = { [welcome]: '欢迎光临' };
// 第 3 种表示方法
let myObj = {};
Object.defineProperty(myObj, welcome, { value: '欢迎光临' });
```

以上表示方法的结果都是 myObj[welcome]。注意当 Symbol 值用作对象属性名时，不能用点运算符。因为点运算符后面的内容被视为一个字符串，不会读取 Symbol 值。例如 myObj.welcome 等同于 myObj['welcome']，如果使用 myObj[welcome]读取将返回 undefined。

8. 映射（Map）

JavaScript 对象本质上是键值对的集合，但只能用字符串作为键，这在实际使用中具有很大的局限性。为此 ES6 引入 Map 数据结构。它与对象类似，也是键值对的集合，但是各种类型的数据（甚至对象）都可以作为键。Map 本身是一个构造函数，用于生成 Map 数据结构，例如：

```
const myMap = new Map();
```

可以使用 Map 结构的 set 方法添加成员，例如：

```
const myObj = {welcome: '欢迎光临'};
myMap.set(myObj,'我是一个对象');
```

使用 Map 结构的 get 方法读取键（成员），例如：

```
myMap.get(myObj);  //结果为'我是一个对象'
```

Map()函数也可以将一个数组作为参数，该数组的成员是表示键值对的数组，例如：

```
const myMap = new Map([
  ['name', '王刚'],
  ['title', '博士']
]);
myMap.get('name');  //返回"王刚"
myMap.get('title');  //返回"博士"
```

Map 结构的实例支持以下 4 种遍历方法。

- keys()：返回键名的遍历器。
- values()：返回键值的遍历器。
- entries()：返回键值对的遍历器。
- forEach()：使用回调函数遍历每个成员。

9. 集合（Set）

这是 ES6 提供的新数据结构。它类似于数组，但是其成员的值都是唯一的，即没有重复的值。它本身是一个构造函数，用于生成 Set 数据结构，例如：

```
const mySet = new Set();
```

可以通过 add()方法向 Set 结构加入成员。Set 是无重复的、无序的数据结构，不包含重复的元素，如果向 Set 添加重复的元素，该元素会被自动过滤掉。

Set()函数可将 Iterable 类型的数据结构（数组、集合或映射）作为参数，用于初始化集合。例如：

```
const mySet = new Set([1, 2, 3, 4, 4]);//会自动过滤掉其中一个数字 4
```

Set 结构中的元素可以看作是键，与 Map 结构不同的是，它只有键名没有键值。Set 结构使用与 Map 结构相同的 4 种遍历方法来遍历成员。只是 values()方法返回的也是元素（键名）。

提 示 **遍历数组可以采用下标循环，而遍历映射和集合就无法使用下标。为了统一集合类型，ES6 引入了新的 Iterable 类型，数组、映射和集合都属于 Iterable 类型。这种类型的集合可以通过新的 for ... of 循环来遍历。更好的遍历方式是使用 Iterable 类型内置的 forEach 方法，它接收一个函数，每次迭代就自动回调该函数。以数组 arr 为例，forEach 用法为：arr.forEach(function (element, index, array) {...};以映射 map 为例，forEach 用法为：map.forEach(function (value, key, map) {...}; 以集合 set 为例，forEach 用法为：set.forEach(function (element, sameElement, set) {...}，回调函数中第 2 个参数 sameElement 返回的值同第 1 个参数 element 都是元素。**

2.1.6 流程控制

JavaScript 默认情况下按顺序执行每一条语句，直到脚本文件结束，一条路走到底，也就是线性地执行语句序列，这是最基本的顺序结构。JavaScript 还提供分支结构和循环结构以进行流程控制，分支结构好比有多条岔路可以选择；循环结构类似于一段路来来回回地反复走。

1. 分支结构

条件语句用于根据指定的条件选择执行程序，实现程序的分支结构。下面简要介绍条件语句。

（1）if () { ... } else { ... }结构。

这是最简单的 if 结构，最多两条岔路，其中 else 语句是可选的。如果语句块只包含一条语句，那么可以省略{ }，但并不建议这样做。

（2）if () { ... } else if () { ... } else { ... }结构。

这种结构可以对多个条件进行判断，哪一个表达式的值为 true，就执行哪个表达式后面的语句；如果都为 false，那么执行“else”后面的语句。“else if”理论上可以有无限多个，可选的岔路数量不限。

（3）switch ... case 结构。

这是一种多选择结构，相当于一排开关按钮，语法格式如下：

```
switch(变量)
{
    case 值1:
          代码1;
          break;
    case 值2:
          代码2;
          break;
    default:
          如果以上条件都不满足，则执行该代码;
}
```

关键字 switch 后面的小括号内一般是一个变量名，这个变量可能会有不同的取值；每个 case 关键字定义的值将与该变量的值进行比对，如果匹配就执行该 case 语句体中的代码；case 语句体的代码执行完毕后，必须要用 break 关键字结束，之后，程序将跳出 switch 结构体并继续运行；如果不提供 break 关键字，该 case 语句体后的 case 关键字均会执行。

2. 循环结构

循环结构用于反复执行一段代码，JavaScript 支持以下循环语句。

（1）for 结构。

这种循环语句通过初始条件、结束条件和递增条件来循环执行语句块。for 循环的 3 个条件都是可以省略的，如果没有设置退出循环的判断条件，就必须使用 break 关键字退出循环，否则就是死循环。

（2）for ... in 结构。

这是 for 循环的一个变体，可以将一个对象的所有属性依次循环出来。例如：

```
for (var key in obj) {
    console.log(key);
}
```

（3）while 结构。

for 循环更适用于已知循环的初始和结束条件，否则使用 while 循环更好。while 循环只有一个判断条件，只要条件满足，就继续循环，条件不满足时则退出循环。

（4）do ... while 结构。

它与 while 循环的唯一区别在于，不是在每次循环开始的时候判断条件，而是在每次循环完成的时候判断条件。

（5）其他循环语句。

循环过程中有时需要在未达到循环结束条件时强制跳出循环。break 关键字用于终止一个重复执行的循环。continue 关键字可跳过循环体中位于它后面的语句，回到本层循环的开头，进行下一次循环。

2.1.7 函数

函数可以将一个复杂功能划分成若干模块，让程序结构更加清晰，代码重复利用率更高。

1. 函数声明

在 JavaScript 中，声明函数需要使用 function 关键字。例如下面的函数用于求两人年龄的和：

```
function sumAge(x,y) {
    return  x + y;
}
```

其中 sumAge 是函数的名称；紧接着的括号内列出函数的参数，多个参数以逗号分隔，也可以没有参数；{ }中间的代码是函数体，可以包含若干语句，甚至可以没有任何语句；return 定义返回值。函数体内的语句在执行时，一旦执行到 return 语句，函数就执行完毕，并将结果返回。如果没有 return 语句，函数执行完毕后也会返回结果，只是结果为 undefined。

ES6 直接支持默认参数，在参数后面赋值即可，如 sumAge(x=19,y=20)。ES6 之前的 JavaScript 不能直接为函数的参数指定默认值，如果需要则只能采用变通的方法。在 ES5 中不支持直接在参数后面写默认值，要设置默认值，就要检测参数值是否为 undefined，再按需求赋值，例如：

```
function  sumAge(x,y) {
    x = arguments[0]===undefined ? 21 : arguments[0]; //设置参数 x 的默认值为 21
    y = arguments[1]===undefined ? 20 : arguments[1]; //设置参数 y 的默认值为 20
    return  x + y;
}
```

2. 函数调用

在 JavaScript 中，调用函数很简单，只需在声明函数之后使用“函数名(参数)”的形式，按顺序传入参数调用即可。例如，可以用下面的语句这样调用 sumAge 函数：

```
sumAge(22,20); //两人加起来 42 岁
```

JavaScript 允许传入任意多个参数而不影响函数的调用，因此无论传入的参数比定义的参数多或少，函数都能正常执行。

3. arguments 对象与 rest 参数

JavaScript 的函数默认带有一个 arguments 对象。arguments 对象类似数组但并不是一个数组，它只在函数内部起作用，并且永远指向当前函数的调用者传入的所有参数。利用 arguments 可以获得调用者传入的所有参数，即使函数不定义任何参数，也可以获取参数的值。例如下面的函数可以获取任意多个人的年龄和：

```
function sumAge (){
    var sum = 0;
    var numcount= arguments.length
    for (var i=0;i<numcount;i++){
      sum += arguments[i];
    }
    return sum;
}
```

arguments 常用于判断传入参数的个数。还可以通过数组的 slice()方法将 arguments 转换为一个真正的数组，以便调用数组的方法来处理参数。

ES6 引入 rest 参数（形式为“...变量名”），用于获取函数的多余参数，这样就不需要使用 arguments 对象了。rest 参数搭配的变量是一个数组，该变量将多余的参数放入数组中。下面改写上述代码，利用 rest 参数向该函数传入任意数目的参数。

```
function sumAge(...values){
    var  sum = 0;
    for (var val of values){
        sum += val;
    }
    return sum;
}
```

4. 匿名函数

声明函数时，还可以省略函数名，例如：

```
var sumAge = function (x,y) {
    return  x + y;
};
```

这种没有函数名的函数被称为匿名函数。例子中这个匿名函数被赋值给了变量 sumAge，在函数体末尾需添加一个分号。通过变量 sumAge 就可以调用该函数。

5. 箭头函数

ES6 新增一种箭头函数（Arrow Function），其使用箭头符号（=>）定义函数。

下面给出一个简单的箭头函数（只有一个参数）:

```
var f = x => x;
```

它等同于普通函数:

```
var f = function (x) {
    return x;
};
```

如果箭头函数需要多个参数，则使用一个括号来包括参数，例如:

```
var sumAge = (x, y) => x + y;
```

它等同于以下函数:

```
var sumAge = function (x,y) {
    return  x + y;
};
```

如果箭头函数没有参数，则使用空括号，例如:

```
var f = () => 20;
```

它等同于以下函数:

```
var f = function () { return 20 };
```

如果箭头函数的代码块包含多条语句，就要使用大括号包括代码块，并且使用 return 语句返回值，例如下面的函数用于求得两人年龄差:

```
var diffAge = (x, y) => {
    var diff = x - y;
    return Math.abs(diff);//如果是负数则会去掉负号
}
```

6. 高阶函数

高阶函数是异步编程的基础。在 JavaScript 中，函数可指向某个变量，函数的参数能接受变量，也就能接受函数。如果一个函数以一个或多个函数作为参数，或将一个函数作为返回值，则此函数就被称为高阶函数（Higher-order function）。这里给出求年龄差的高阶函数:

```
function diffAge(m, n, abs) {
    return abs(m-n);
}
diffAge(19, 22, Math.abs);//相差 3 岁
```

当计算 diffAgegetSum(19, 22, Math.abs)时，3 个参数分别是 19、22 和函数 Math.abs，根据函数的声明，会返回 Math.abs(19-22)的结果。

JavaScript 中内置的数组方法 map()、reduce()、filter()、sort()等都是高阶函数。例如，数组的 sort()方法默认会将所有元素先转换为字符串再排序，如果直接对数字排序，排序结果就会错误。但是 sort()方法作为一个高阶函数，还可以接收一个比较函数来实现自定义的排序。下面给出一个按数字大小排序的例子:

```
var arr = [100, 120, -10, 2];
arr.sort(function (m, n) {
    if (m < n) {
        return -1;
    }
    if (m > n) {
        return 1;
    }
    return 0;
```

```
}); //返回 [-10, 2, 100, 120]
```

7. 闭包

高阶函数除了可以接受函数作为参数外，还可以将函数作为结果值返回。当函数作为返回值，或者作为参数传递时，该函数就被称为闭包（Closure）。在函数作用域中声明的变量，在父级作用域（如全局作用域）中是无法访问的。如需在父级作用域中访问函数内的变量，则要用到闭包。

闭包就是能够读取其他函数内部变量的函数，这种函数可以使用函数之外定义的变量。在 JavaScript 中，只有函数内部的子函数才能读取局部变量，所以闭包可以理解为“定义在一个函数内部的函数”。闭包实质上是将函数内部和函数外部连接起来的桥梁。下面的闭包示例用于计算打车费用：

```
var basePrice = 10.00;//起步价
var baseMiles = 3.00;        //起步里程
function taxiPrice(unitPrice, mileAge) {
  function totalPrice() {   //计算总费用
    if ( mileAge > baseMiles) {   //超过起步里程
      return  unitPrice*mileAge;  //单价与里程相乘
    }
    else{                    //在起步里程内
      return basePrice;
    }
  }
  return totalPrice();
}
taxiPrice(2.00,6.00);//打车费用 12.00
```

这个示例在一个函数内部定义另一个函数，函数 taxiPrice()包括函数 totalPrice()。totalPrice()是一个闭包，作为内部函数，它将获取外部函数 taxiPrice()的两个参数 unitPrice 和 mileAge，以及全局变量 baseMiles 和 basePrice 的值。taxiPrice()最后调用了 totalPrice()函数，根据里程是否超过起步里程来计算总费用。闭包 totalPrice()函数不接收参数，它使用的值是从执行环境中获取的。返回的 totalPrice()函数并没有立刻执行，而是在调用了 taxiPrice()函数之后才执行。

2.1.8 类

在 ES6 之前的版本中，可以通过构造函数生成实例对象，下面是一个简单的例子。

```
function Visitor(name, sex) {   //来宾信息
    this.name = name;
    this.sex = sex;
}
Uisitor.prototype.getInfo = function () {
    return this.name + ', ' + this.sex;
};
var visitor = new Visitor('张勇', '先生');
```

这种对象原型的写法与大多数面向对象的语言很不一样，ES6 引入类作为对象的模板，通过 class 关键字定义类。将上面的代码用 ES6 的类定义改写如下。

```
class Visitor{
  constructor(name, sex) {
    this.name = name;
    this.sex = sex;
  }
  getInfo() {
    return this.name + ', ' + this.sex;
  }
}
var visitor = new Visitor('张勇', '先生');
```

这样就定义了一个类，类中包含一个 constructor 构造方法，而 this 关键字则代表实例对象。注意定义方法时前面不需要加上 function 关键字，方法之间不需要用逗号分隔。使用类的时候，也是直接对类使用 new 命令，跟构造函数的用法完全一致。值得一提的是，ES6 类的绝大部分功能，ES5 都可以实现，只是 ES6 的写法更像面向对象编程的语法。

在大多数 ES5 实现中，每一个对象都有__proto__属性，指向对应的构造函数的 prototype 属性。而类同时有 prototype 属性和__proto__属性，因此同时存在两条继承链：子类的__proto__属性表示构造函数的继承，总是指向父类；子类 prototype 属性的__proto__属性，表示方法的继承，总是指向父类的 prototype 属性。

ES6 类可以通过 extends 关键字实现继承，这比 ES5 通过修改原型链实现继承更清晰和方便。

类相当于实例的原型，所有在类中定义的方法，都会被实例继承。如果在一个方法前加上 static 关键字，就表示该方法不会被实例继承，而是直接通过类来调用，这就是静态方法。父类的静态方法，可以被子类继承。

2.1.9 严格模式

早期的 JavaScript 并不强制要求声明变量，如果一个变量没有声明就被使用，那么该变量就自动被作为全局变量，这会导致在同一网页的不同 JavaScript 文件中如果使用相同的变量名，可能造成变量之间的冲突，产生错误结果。而使用 var 关键字的变量就不是全局变量，其作用域被限制在声明该变量的函数体内，这样不同的函数体内同名变量不会产生冲突。ECMA 从 ES5 版本开始增加严格模式（Strict Mode），要求指定代码在严格条件下执行，强制要求变量在声明之后使用，不能使用未声明的变量。

1. 使用严格模式

严格模式通过在脚本或函数的头部添加以下语句来声明。

```
'use strict';
```

在文件第 1 行使用这个声明，表示整个脚本文件都执行严格模式；在函数的第 1 行使用该声明，表示这个函数内部使用严格模式。

严格模式声明语句只是一个字符串，不支持严格模式的 JavaScript 引擎会将它作为一个字符串语句执行，而支持严格模式的 JavaScript 引擎将开启严格模式来运行 JavaScript 代码。

严格模式消除代码运行的一些不安全之处以保证代码的安全运行，提高编译器效率以提高运行速度，严格模式禁用了一些可能在未来版本中定义的语法，从而体现了 JavaScript 向更合理、更安全、更严谨的方向发展。浏览器 Internet Explorer 10 +、Firefox 4+、Chrome 13+、Safari 5.1+和 Opera 12+都支持严格模式。

ES6 的模块自动采用严格模式，无论是否声明都会使用严格模式。

在 Node.js 中，建议在所有脚本文件中加入严格模式声明，也可以给 node 命令加上选项--use_strict 来默认启用严格模式。

2. 严格模式的主要限制

严格模式的主要限制有以下几点。

- 变量必须声明后使用。
- 不能出现两个命名参数同名的情况，否则报错。
- 不能使用 with 语句。
- 不能对只读属性赋值，否则报错。
- 不能使用前缀 0 表示八进制数，否则报错。
- 不能删除不可删除的属性，否则报错。
- 不能删除变量，只能删除属性。
- eval 关键字不会在它的外层作用域引入变量。

- eval 和 arguments 不能被重新赋值。
- arguments 对象不会自动反映函数参数的变化，不能使用 arguments.callee 和 arguments.caller 属性。
- 禁止 this 关键字指向全局对象。
- 不能使用 fn.caller 和 fn.arguments 属性获取函数调用的堆栈。
- 增加了保留字（如 protected、static 和 interface）。

2.1.10 JavaScript 编程规范

JavaScript 是一种弱类型的编程语言，它的版本众多，因此遵守一套编程规范就显得很重要，但这不是强制要求。下面列举一些推荐的 JavaScript 编程规范。

1. 代码格式

JavaScript 的代码格式需要注意以下几点。

- 每行代码应小于 80 个字符。如果代码较长，应尽量换行。
- 使用 UNIX 风格的换行，每行以软回车“\n”结束，不使用 Windows 的硬回车“\n\r”换行符。通过 Git 工具提交代码时 Git 会自动将换行符转换为 UNIX 风格。
- 行末无空白。
- 每条 JavaScript 语句应该以分号结束。
- 缩进使用 2 个半角空格或 4 个半角空格，而不使用 Tab 键。
- 每行仅声明一个变量，而不要声明多个变量。
- 字符串尽量使用单引号。
- 符号“{”应在行末，表示代码块的开始，符号“}”应在行首，表示代码块的结束。
- 适当的空白行可以大大提高代码的可阅读性，可以使代码逻辑更清晰易懂。

2. 命名规范

（1）变量命名。

变量推荐使用小驼峰命名法，即第 1 个单词的所有字母小写，第 1 个单词之后的所有单词首字母大写。建议前缀部分为名词。例如：

```
let  tableTitle="财务统计";
let  address='XX区XX路';
```

（2）常量命名。

常量名建议全部大写，如果由多个单词构成，使用下划线分隔。例如：

```
var MAX_COUNT = 100;
var URL = 'http://www.ryjiaoyu.com';
```

（3）函数命名。

函数也采用小驼峰命名法，建议前缀部分为动词。例如：

```
function getName(){}
```

（4）类和构造函数命名。

类和构造函数采用大驼峰命名法，即所有单词首字母大写，同时建议前缀部分为名词。例如：

```
class Person {
  public name: string;
  constructor(name) {
    this.name = name;
  }
}
const person = new Person('小丽');
```

（5）类成员命名。

类的公共属性和方法与上述变量和函数的命名方法一样。类的私有属性和方法建议前缀为下划线，后面采用与公共属性和方法一样的命名方式。下面是一个示例：

```
class Person {
  private _name: string;
  getName() {
    return this._name;
  }
  setName(name) {
    this._name = name;
  }
}
```

（6）文件命名。

命名文件时尽量采用下划线分割单词，如 child_process.js 和 string_decode.js。如果不想将文件暴露给其他用户，可以约定以下划线开头，如_account.js。

3. 函数

JavaScript 中的函数编写需要注意以下几点。

- 函数的实现代码尽可能短小精悍，便于阅读。
- 避免多余的 else 语句，尽早执行 return 语句。
- 尽可能为闭包命名，便于调试跟踪。
- 不要嵌套闭包。
- 使用方法链时，每行仅调用一个方法，并使用缩进表明方法的并列关系。

4. 注释

JavaScript 中的注释编写需要注意以下几点。

- 注释要尽量简单、清晰明了，同时注重注释的意义。
- 尽可能从更高层次说明代码的功能。
- 尽可能使用英文注释。当然书写中文注释也是无可厚非的。

2.2 Node.js 回调函数

Node.js 回调函数

Node.js 异步编程的直接体现就是回调（Callback）函数。回调函数在完成任务后就会被调用，Node.js 使用了大量的回调函数，其 API 支持回调函数。回调函数与异步执行是紧密相关的，Node.js 大部分异步函数的参数列表的最后一项接受一个回调函数，因此这些异步函数实际上就是高阶函数，而回调函数可以看作闭包函数。学习和使用 Node.js，必须理解回调函数这个概念并能熟练使用。

2.2.1 什么是回调函数

回调函数是作为另外一个函数（主函数）的参数传递给该主函数，然后在该主函数体的某个位置执行的函数，这就涉及在一个函数中调用另外一个函数。这里结合第 1 章关于回调的举例定义和使用回调函数：

```
function main(info, callback){//我是主函数，参数列表中的 callback 是一个回调函数
    console.log('还在回家的路上');
    console.log('到家了，发条信息吧');
    callback (info);//调用回调函数
}
function sendMsg(msg){  //我是回调函数
    console.log(msg);
}
main('亲爱的，我到家了！',sendMsg);//执行主函数
```

首先定义一个主函数 main，它有一个参数 callback，这个 callback 就是回调函数，当然不一定要

使用这个名称。在函数体中，先输出两条信息，然后调用 callback 函数。callback 函数使用主函数的 msg 参数作为自己的参数。这里并不知道 callback 回调函数的作用，因为它只有一个参数。

然后调用主函数，此时就需要在参数列表中指定具体的回调函数名称，可以发现该回调函数的功能实际上是输出一条信息。回调函数也可以通过一个匿名函数定义。回调函数一般放在函数参数列表的末尾，例如：

```
function f1(x, y, callback) { … }
function f2(value, callback1, callback2) { … }
```

2.2.2 回调函数示例

使用 Node.js 程序读取文件有两种方式。一种是同步操作，只有读取操作结束之后才能进行后面的命令，这种方式称为阻塞。另一种是异步方式，可以一边读取文件，一边执行其他命令，这种方式又称为非阻塞。

非阻塞方式基于回调函数，允许并行执行操作，操作结果会在事件发生时由回调函数处理，因此程序无须等待某个操作的结果就能继续下一步操作。这就大大提高了 Node.js 的性能，使其可以处理大量的并发请求。Node.js 异步方式读取文件的方法如下：

```
fs.readFile(file[, options], callback)
```

其中参数 file 是文件路径名或文件描述符；参数 options 可以用来指定字符编码；callback 是一个回调函数，它有 err 和 data 两个参数，err 返回错误信息，data 返回读取的文件内容。

下面以一个异步读取文件内容的例子来说明回调函数的使用。首先在当前目录下准备一个名为 demo.txt 的文本文件（以 UTF-8 编码格式保存），在其中加入以下内容：

```
周董好久没有发新歌了，左盼右盼，终于等来了《说好不哭》
```

然后新建一个名为 test_callback.js 的文件，加入以下内容，并以 UTF-8 编码格式保存。

【示例 2-1】 回调函数示例（test_callback.js）

```
const fs = require("fs");//引入 fs（filesystem）模块
//异步读取文件内容
fs.readFile('demo.txt', function (err, data) {
    if (err) return console.error(err); //读取失败则报错
    console.log(data.toString());//读取成功则输出文件内容
});
console.log("Node 程序已经执行结束!");
```

最后使用 Node.js 引擎运行该文件，结果如下：

```
C:\nodeapp\ch02>node test_callback.js
Node 程序已经执行结束!
周董好久没有发新歌了，左盼右盼，终于等来了《说好不哭》
```

可以发现，由于使用异步读取操作，所以在读取文件时，不管文件是否读取并输出完毕，脚本都会继续执行下面的代码。因此就会先显示 console.log("Node 程序已经执行结束!")语句的执行结果，然后才显示输出的文件内容。一旦文件读取完毕，读取的文件内容就作为回调函数的参数 data 返回，这样在执行代码时就没有了阻塞，不需要等待文件 I/O 操作了。

2.3 Node.js 事件机制

目前的应用程序大多是事件驱动的。在可交互的应用程序中，用户会产生一系列事件，如单击按钮、双击按钮、拖动对象等，这些事件会按照顺序加入一个队列。除了界面交互事件外，还有一些文件读取完毕或其他任务执行产生的事件。Node.js 应用程序是单进程、单线程的，但仍然能够支持高并发，这是通过事件循环（Event Loop）实现的。事件循环就是一个程序启动期间运行的“死”循环。Node.js 的事

Node.js 事件机制

件循环本身是单线程运行的，但是通过异步执行回调接口和事件驱动，Node.js 就可以处理大量的并发事件了，而且性能非常高。

2.3.1 事件循环

在事件驱动模型中，会生成一个主循环（事件循环）来监听事件。Node.js 中几乎所有事件机制都是使用观察员模式实现的。Node.js 单线程类似进入一个 while(true)循环结构的事件循环，注册到每个异步事件上的回调函数相当于一个观察员，如果观察员观察到事件发生就调用该回调函数，直到没有事件时观察员退出循环。以 Web 应用程序为例，当 Web 服务接收到请求时，就将请求交给操作系统内核处理，然后去服务下一个 Web 请求。当一个请求完成时，其结果被放回处理队列，当该结果到达队列开头时，它就被返回给用户。这个模型非常高效，可扩展性强，因为 Web 服务一直接受请求而不用等待任何读写操作。

事件循环尽可能地将相应的操作转给操作系统内核处理，从而让单线程的 JavaScript 程序支持非阻塞 I/O 操作。目前主流的内核都是多线程的，它们可以同时在后台执行多个操作。当其中的某个操作完成时，内核就会通知 Node.js 将与其相关的回调函数添加到轮询队列中并最终得到执行。

Node.js 启动后，它会初始化事件循环，处理提供的输入脚本，该脚本可以进行异步 API 调用、定时器，或者调用 process.nextTick()方法，然后开始处理事件循环。图 2-2 展示了事件循环的操作顺序，其中每个方框代表事件循环的一个阶段，共有 6 个阶段。

事件循环的每个阶段都会维持一个先进先出的可执行回调函数的队列。这个队列类似于买票排队，排在前面的人买完票就从队列中退出来了。通常情况下当事件循环进入某个阶段时，它将执行这个阶段特有的任何操作，然后执行该阶段的队列中的回调，直到队列结束，或者回调数达到最大限制。当该队列结束或达到回调限制，事件循环将移动到下一阶段继续处理，循环往复。

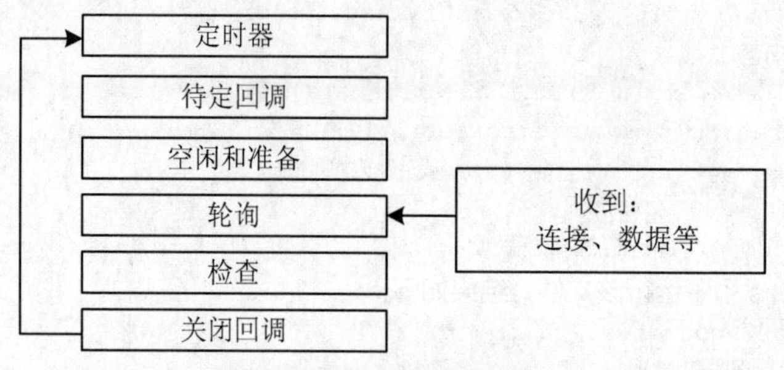

图 2-2 事件循环的操作顺序

由于事件循环中任一操作都可能调度更多的操作，并且在轮询阶段处理的新事件会加入内核的队列，轮询事件被处理时会有新的轮询事件加入。这样，处理时间较长的回调任务会导致轮询阶段的时间超过了定时器的阈值。事件循环的各个阶段说明如下。

（1）定时器（timers）：定时器的用途是让指定的回调函数在某个阈值后会被执行。定时器的回调会在指定的时间后尽快得到执行，然而，操作系统的调度或者其他回调的执行可能会延迟该回调的执行。本阶段执行 setTimeout()和 setInterval()方法调度的回调函数。

（2）待定回调（pending callbacks）：执行已被延迟到下一个循环迭代的 I/O 回调函数。

（3）空闲和准备（idle, prepare）：仅在系统内部使用。

（4）轮询（poll）：轮询阶段有两个主要功能，一是执行已到时间的定时器脚本，二是处理轮询队列中的事件。一旦轮询队列空闲，事件循环会查找已到时间的定时器。如果找到，事件循环就回到定时器阶段执行回调。Node.js 将在此阶段根据实际情况进行阻塞操作。

（5）检查（check）：这个阶段允许回调函数在轮询阶段完成后立即被执行。如果轮询阶段空闲，并且存在已经被 setImmediate()方法加入队列的回调函数，事件循环会进入检测阶段而不是在轮询阶段等待。

（6）关闭回调（close callbacks）：执行一些关闭的回调函数，如 socket.on('close', ...)。例如，一个 Socket（套接字）忽然关闭，close 事件将会在此阶段触发。否则这类事件会通过 process.nextTick()方法触发。

在事件循环执行过程中，Node.js 检查循环是否有需要等待的非阻塞 I/O 或定时器，如果没有则彻底结束事件循环。

2.3.2 Node.js 事件的监听与触发

Node.js 不是在各个线程中为每个请求执行所有的任务，而是把任务添加到事件队列中，然后由一个单独的线程运行一个事件循环，将任务从事件队列中提取出来。事件循环获取事件队列中头部的任务，执行该任务，再找到下一个任务。当执行到长期运行或有阻塞 I/O 的代码时，它不是直接调用函数，而是将函数与一个要在此函数完成后执行的回调函数一起添加到事件队列中。当 Node.js 事件队列中的所有事件都被完成时，Node.js 应用程序终止。阻塞 I/O 停止当前线程的执行并等待响应，直到收到响应线程执行才能继续。Node.js 使用事件回调来避免对阻塞 I/O 的等待。事件回调的关键就是事件轮询。

在 Node.js 中，异步的 I/O 操作在完成时都会发送一个事件到事件队列中。Node.js 中的许多对象也会分发事件，如 net.Server 对象会在每次有新的连接时分发一个事件，fs.readStream 对象会在文件被打开时分发一个事件。这些产生事件的对象都是 event.EventEmitter 类的实例。

events 模块是 Node.js 的核心，Node.js 中大部分的模块都继承自 events 模块，events 模块只提供了一个 EventEmitter 对象。EventEmitter 本质上是观察者模式的实现，这种模式定义了对象间的一种一对多的关系，让多个观察者同时监听某一个对象，当一个对象发生改变时，所有依赖于它的对象都将得到通知。Node.js 大多数情况下不会直接使用 EventEmitter 对象，而是在对象中继承它。只要是支持事件响应的 Node.js 核心模块（如 fs、net、http），都是 EventEmitter 类的子类。

1. 事件触发与监听

EventEmitter 类的核心就是事件触发与事件监听器功能的封装。所有能触发事件的对象都是 EventEmitter 类的实例。

EventEmitter 对象的事件均由一个事件名和若干个参数组成，事件名是一个字符串，通常表达一定的语义。对于每个事件，EventEmitter 对象支持若干个事件监听器（Listener）。当事件触发（又称发射）时，注册到这个事件的事件监听器被依次调用，事件参数作为回调函数参数传递。大多数 Node.js 核心 API 基于异步事件驱动架构构建，其中某些类型的对象（又称触发器）会触发命名事件来调用函数（又称监听器）。

当 EventEmitter 对象触发一个事件时，所有绑定在该事件上的函数会被同步地调用。下面以门卫报告有人来了为例简单示范事件的监听与触发，eventEmitter.on()方法用于注册监听器（有人来就报告），eventEmitter.emit()方法用于触发事件（发现有人来了）。

【示例 2-2】 事件监听与触发（test_event1.js）

```
const EventEmitter = require('events'); //引入事件模块
const myEmitter = new EventEmitter.EventEmitter();//创建 EventEmitter 对象用于监听
//注册 seen 事件用于监视，有人来了就报告
myEmitter.on('seen', () => {
  console.log('报告，有人来了');
});
myEmitter.emit('seen'); //触发（发射）seen 事件进行报告
```

这里的箭头函数() =>相当于匿名函数 function()。运行结果显示“触发事件”。

2. EventEmitter 类常用 API

EventEmitter 类常用的 API 列举如下。

- EventEmitter.on(event,listener)、emitter.addListener(event,listener)：为指定事件注册一个监听器，参数 event 和 listener 分别表示事件名称和回调函数。
- EventEmitter.once(event, listener)：为指定事件注册一个单次监听器，即监听器最多触发一次，触发后立刻解除该监听器。
- EventEmitter.emit(event, [arg1], [arg2], [...])：触发由 event 参数指定的事件，传递若干可选参数到事件监听器的参数表。
- EventEmitter.removeListener(event, listener)：删除指定事件的某个监听器，参数 listener 必须是该事件已经注册过的监听器。
- emitter.listeners(event)：返回由 event 参数指定的事件的监听器的数组。
- emitter.setMaxListeners(n)：设置 emitter 实例的最大事件监听数，默认是 10 个，设置 0 为不限制。
- emitter.removeAllListeners(event)：删除所有由 event 参数指定的事件的监听器。

下面的例子演示如何为一个事件注册多个监听器。

【示例 2-3】　为一个事件注册多个监听器（test_event2.js）

```
const EventEmitter = require('events').EventEmitter;     // 加载事件模块
var event = new EventEmitter();     // 实例化事件模块
// 注册事件(seen)
event.on('seen', function(who) {
   console.log('报告，来人是一位', who);
});
// 再次注册事件(seen)
event.on('seen', function() {
   console.log('欢迎光临！');
});
event.emit('seen', '女士');     // 发射(触发)事件(seen)
```

以上例子为事件 seen 注册了两个事件监听器，然后触发了 seen 事件。从运行结果可以发现两个事件监听器回调函数被先后调用。

3. 处理 error 事件

EventEmitter 类定义 error 事件，当遇到异常时通常会触发 error 事件。EventEmitter 规定，当 error 被触发时，如果没有注册相应的监听器，Node.js 会将它当作异常，退出程序并输出错误信息。为避免遇到错误后整个程序崩溃，一般要为会触发 error 事件的对象设置监听器，例如：

```
const events = require('events');
const emitter = new events.EventEmitter();
emitter.emit('error');
```

2.4 Node.js 全局对象

Node.js 全局对象

对于浏览器引擎来说，JavaScript 脚本中的 window 是全局对象，而 Node.js 程序中的全局对象是 global，所有全局变量（除 global 本身外）都是 global 对象的属性。全局变量和全局对象是所有模块都可以调用的。Node.js 的全局变量包括 __filename 和 __dirname 等，全局对象包括 console 和 process 等，全局函数包括定时器函数。还有些对象实际上是模块内部的局部变量，这些局部变量所指向的对象根据模块不同而不同，但是对所有模块都适用，可以看作是伪全局变量，主要有 module、exports、require()等。可以将这些统称为 Node.js 全局对象。

2.4.1 全局变量__filename 和__dirname

__filename（两个下画线开头）指向当前正在执行的脚本文件名。严格地说，应是当前模块的文件名，即当前的模块文件的绝对路径（符号链接会被解析）。对主程序来说，这不一定与命令行中使用的文件名相同。

__dirname 指向当前运行的脚本所在的目录。严格地说，指向的应是当前模块的目录名，其与 path.dirname(__filename)返回的路径相同。

例如，在/users/zxp 路径下运行 node example.js 命令，console.log(__filename)将输出/users/zxp/example.js，console.log(__dirname)将输出/users/zxp。

假定有两个模块 a 和 b，其中 b 是 a 的依赖文件，a 和 b 的目录结构如下：

```
/users/zxp/app/a.js
/users/zxp/app/node_modules/b/b.js
```

b.js 中的__filename 会指向/users/zxp/app/node_modules/b/b.js，而 a.js 中的__filename 会指向/users/zxp/app/a.js。

2.4.2 console 模块

console 模块提供了一个简单的调试控制台，类似于 Web 浏览器提供的 JavaScript 控制台。该模块导出两个特定的组件：全局 console 实例和 Console 类。

1. 全局 console 实例

这是配置为写入 process.stdout 和 process.stderr 的实例，使用该实例时无须加载 console 模块。它提供的成员方法非常多，下面列出主要的方法。

- console.log([data][, ...])：打印到标准输出流 stdout，并以换行符结束。可以传入多个参数，第 1 个参数作为主要信息，其他参数则以类似 C 语言 printf()命令的格式输出。
- console.info([data][, ...])：这是 console.log()的别名。
- console.error([data][, ...])：打印到标准错误流 stderr，并以换行符结束。可以传入多个参数，第 1 个参数作为主要信息，其他参数则以类似 C 语言 printf()命令的格式输出。
- console.warn([data][, ...])：这是 console.error()的别名。
- console.dir(obj[, options])：使用 util.inspect()方法转换对象，并将结果字符串以易于阅读的格式打印到标准输出流。选项 showHidden、depth 和 colors 的说明请参见第 3 章的 util.inspect()。
- console.time(label)：表示计时开始，启动一个计时器以计算一个操作的持续时间。计时器由唯一的 label 进行标识。
- console.timeEnd(label)：表示计时结束，与 console.time(label)配套使用，启动一个计时器后，可以使用相同的 label 来停止计时器，并以毫秒为单位将持续的时间打印到标准输出流。
- console.trace(message[, ...])：打印字符串"Trace："到标准错误流，然后将 util.format()格式化的消息和堆栈跟踪打印到代码中的当前位置。
- console.assert(value[, message][, ...])：这是一个简单的断言测试，用于验证 value（表达式或变量）是否为真。它接收两个参数，第 1 个参数是表达式，第 2 个参数是字符串。只有当第 1 个参数为 false 时，才会输出第 2 个参数，否则不会有任何结果。

下面给出使用全局 console 实例的示例代码：

```
console.log('hello world'); // 打印hello world到标准输出流
console.log('hello %s', 'world');// 打印hello world到标准输出流
console.error(new Error('错误信息'));// 打印 [Error: 错误信息] 到标准错误流
const name = 'Robert';
```

```
console.warn(`Danger ${name}! Danger!`);// 打印Danger Robert! Danger!到标准错误流
```

2. Console 类

Console 类可用于创建具有可配置输出流的简单记录器，其可以通过调用 require('console').Console 或 console.Console 进行访问。Console 类包含 console.log()、console.error()和 console.warn()等方法，可用于写入任何 Node.js 流。下面给出使用 Console 类的示例。

```
const out = getStreamSomehow();
const err = getStreamSomehow();
const myConsole = new console.Console(out, err);
myConsole.log('hello world'); // 打印hello world到out流
myConsole.log('hello %s', 'world'); //打印hello world到out流
myConsole.error(new Error('错误信息')); //打印 [Error: 错误信息] 到 err流
const name = 'Robert';
myConsole.warn(`Danger ${name}! Danger!`);// 打印Danger Robert! Danger!到 err流
```

2.4.3 process 对象

process 对象是一个全局变量，其提供有关当前 Node.js 进程的信息并对其进行控制。作为一个全局变量，它始终可供 Node.js 应用程序使用，无须加载 process 模块。它通常用于编写本地命令行程序。

1. 进程事件

process 对象是 EventEmitter 类的实例，它提供多种事件，这里列出常用的几种事件。

exit：当 Node.js 进程准备退出时触发。此时无法阻止事件循环退出，并且一旦所有 exit 事件的监听器都完成运行，Node.js 进程将终止。这里给出简单的示例代码。

```
process.on('exit', function(code) {
    // 以下代码永远不会执行
    setTimeout(function(){
      console.log("该代码不会执行");
    }, 0);
    console.log('退出码为:',code);
});
console.log("程序执行结束");
```

beforeExit：当 Node.js 清空其事件循环并且没有其他工作要调度时，会触发此事件。通常，Node.js 进程将在没有调度工作时退出，但是在 beforeExit 事件上注册的监听器可以进行异步调用，从而导致 Node.js 进程继续。调用监听器回调函数时会将 process.exitCode（退出码）值作为唯一参数传入。

uncaughtException：未捕获的 JavaScript 异常一直处于冒泡状态，返回事件循环时，会触发此事件。默认情况下，Node.js 通过将堆栈跟踪打印到标准错误流并返回退出码 1 来处理此类异常，从而覆盖任何先前设置的 process.exitCode。为 uncaughtException 事件添加处理程序会覆盖此默认行为。

信号（Signal）事件：当 Node.js 进程接收到一个信号时，会触发信号事件。信号名称可对照标准 POSIX 的信号名称列表，例如 SIGINT、SIGHUP。每个事件名称均以信号名称的大写表示。

2. 退出状态码

如果没有异步操作任务正在等待执行，则 Node.js 会以状态码 0 正常退出，其他情形使用的状态码见表 2-1。

表 2-1　退出状态码

状态码	名称	说明
1	Uncaught Fatal Exception（未捕获异常）	存在未捕获异常，并且没有被域或 uncaughtException 事件处理函数处理
2	Unused（保留）	Bash Shell 为防内部滥用而被保留

续表

状态码	名称	说明
3	Internal JavaScript Parse Error（内部 JavaScript 分析错误）	Node.js 内部的 JavaScript 源代码在引导进程中导致了一个语法分析错误
4	Internal JavaScript Evaluation Failure（内部 JavaScript 评估失败）	引导进程评估 Node.js 内部的 JavaScript 源代码时，返回函数值失败
5	Fatal Error（致命错误）	V8 引擎中存在一个致命的错误，比较典型的情形是打印以 FATAL ERROR 为前缀的消息到标准错误流
6	Non-function Internal Exception Handler（非函数的内部异常处理）	发生了一个内部异常，但是内部异常处理函数被设置成了一个非函数，或者不能被调用
7	Internal Exception Handler Run-Time Failure（内部异常处理器运行时失败）	有不能被捕获的异常。在试图处理这个异常时，处理函数本身抛出了一个错误
8	Unused（保留）	Bash 为防内部滥用而被保留
9	Invalid Argument（无效参数）	某个未知选项没有被定义，或者未给需要值的选项赋值
10	Internal JavaScript Run-Time Failure（内部 JavaScript 运行时失败）	调用引导函数时，引导进程执行 Node.js 内部的 JavaScript 源代码时抛出错误
12	Invalid Debug Argument（无效的调试参数）	选项--inspect 和--inspect-brk 已设置，但选择的端口号无效或不可用
128	Signal Exits（信号退出）	如果 Node.js 接收到致命的错误信号，如 SIGKILL 或 SIGHUP，那么它的退出代码将是 128 加上信号码的值。这是 POSIX 的标准做法，例如，信号 SIGABRT 的值为 6，预期的退出码将为 128+6 或 134

3. process 对象的属性

process 对象提供多种属性用于控制系统的交互，这里列出常用的属性。

- process.stdout：标准输出流。它是一个 net.Socket 流（双工流）。
- process.stderr：标准错误流。
- process.argv：返回一个数组，其中包含启动 Node.js 进程时传入的命令行参数。argv 属性返回一个数组，其由命令行执行脚本时的各个参数组成。其第 1 个元素 process.execPath 是正在执行的 JavaScript 文件的路径，其余元素是其他任意命令行参数。
- process.execPath：以字符串的形式返回启动 Node.js 进程的可执行文件的绝对路径名。
- process.execArgv：以数组的形式返回当 Node.js 进程被启动时，Node.js 特定的命令行选项。
- process.env：返回包含用户环境变量的对象。
- process.exitCode：当进程正常退出，或通过 process.exit()方法退出且未指定退出码时，此数值将作为进程的退出码。使用 process.exit()方法指定的退出码将覆盖 process.exitCode 的原有设置值。
- process.version：以字符串的形式返回 Node.js 的版本信息。
- process.versions：以对象的形式返回 Node.js 及其依赖的版本信息。
- process.config：返回一个 JavaScript 对象，用于描述编译当前 Node.js 执行程序时涉及的配置项信息。这与执行./configure 脚本生成的 config.gypi 文件的结果相同。
- process.pid：返回当前进程的进程号。

- process.title：用于获取或设置当前进程在 ps 命令中显示的进程名，默认值为 node。
- process.arch：返回表示操作系统 CPU 架构的字符串，Node.js 二进制文件是为这些架构编译的。例如，"arm""arm64""ia32""mips""x32"或"x64"等。
- process.platform：返回标识运行 Node.js 进程的操作系统平台的字符串。例如"aix""darwin""freebsd""linux""openbsd""sunos""win32"。

下面是一段关于 process 对象的属性的示例代码：

```
process.stdout.write("Hello World!" + "\n");// 将字符串输出到终端
//通过参数读取
process.argv.forEach(function(val, index, array) {
    console.log(index + ': ' + val);
});
console.log(process.execPath); // 获取执行路径
console.log(process.platform); // 获取平台信息
```

再来看一个获取命令行参数的例子。例如，名为 argv_test.js 的文件的内容如下：

```
console.log('读取命令行参数：', process.argv);
console.log('第 1 个参数：', process.argv[2]);
```

这里用 process.argv 属性获取命令行参数，process.argv 值为一个数组，数组内存储着命令行的各个部分，其中 argv[0]为 node.exe 的安装路径，argv[1]为主模块文件路径，剩下的为子命令或参数。例如执行以下命令，显示参数如下：

```
C:\nodeapp\ch02>node argv_test.js a b c
读取命令行参数： [ 'C:\\Program Files\\nodejs\\node.exe',
  'C:\\nodeapp\\ch02\\argv_test.js',
  'a',
  'b',
  'c' ]
第 1 个参数： a
```

4. process 对象的方法

process 对象提供多种方法用于控制与系统的交互，这里列出常用的方法。

- process.abort()：使 Node.js 进程立即结束，并生成一个核心文件。
- process.chdir(directory)：改变 Node.js 进程的当前工作目录，如果失败会抛出异常。
- process.cwd()：返回 Node.js 进程的当前工作目录。
- process.exit([code])：以参数 code 指定的退出状态码使 Node.js 同步终止进程。如果省略参数 code，则使用状态码 0（表示成功）或 process.exitCode 设置的值退出。在调用所有 exit 事件监听器之前，Node.js 不会终止。
- process.kill(pid[, signal])：将参数 signal 指定的信号发送给由参数 pid 标识的进程。pid 是表示进程号的数字；signal 是表示信号的字符串或数字，默认为"SIGTERM"。
- process.memoryUsage()：返回一个用于描述 Node 进程内存使用情况的对象，该对象每个属性值的单位为字节。
- process.nextTick(callback[, ...args])：将由 callback 表示的回调函数添加到下一个时间点的队列中。一旦当前事件循环结束，调用回调函数。该方法将在后续章节进行进一步讲解。
- process.uptime()：返回当前 Node.js 进程所运行的时间（秒数）。
- process.hrtime()：以[seconds, nanoseconds]数组的形式返回当前时间的高精度解析值，nanoseconds 是当前时间无法使用秒的精度表示的剩余部分。它返回的时间都是相对于过去某一时刻的值，与时钟时间没有关系，因此不受制于时钟偏差。该方法最主要的作用是衡量间隔操作的性能。

下面的代码说明 process 方法的使用：

```
console.log('当前目录: ' + process.cwd());
console.log('当前版本: ' + process.version);
console.log(process.memoryUsage());
```

2.5 Node.js 的定时器

定时器 timers 模块对外暴露一个全局的 API,用于调度在某个时段调用的函数。因为定时器函数是全局变量，所以不需要加载 timers 模块来使用它。Node.js 的定时器函数实现了与 Web 浏览器提供的定时器 API 类似的 API，但是它们使用了不同的内部实现机制，Node.js 的定时器函数是基于 Node.js 事件循环构建的。

Node.js 的定时器

2.5.1 设置定时器

Node.js 中的定时器在一段时间后会调用给定的函数。何时调用定时器函数取决于用来创建定时器的方法及 Node.js 事件循环正在执行的其他工作。

1. 一次性定时器

基本用法:

```
setTimeout(callback, delay[, ...args])
```

这个方法用于延迟一个函数的执行时间，在到达指定的时间点执行该函数，并且只执行一次。其中参数 callback 用于指定要调用的回调函数，delay 设置调用回调函数之前等待的毫秒数，args 设置调用回调函数时传入的可选参数。它返回 Timeout 对象的 ID，该 ID 可以传递给 clearTimeOut()以取消该定时器。例如，下面的代码将在 1 秒后输出提示信息，之后定时器就不再起作用。

```
setTimeout(function(){
   console.log('我是一个一次性的定时器');
},1000);
```

定时器可能不会精确地在指定的时刻调用回调函数。Node.js 不保证回调被触发的确切时间，也不保证它们的顺序。回调函数会尽可能接近指定的时间，并在该时间点被调用。

2. 周期性定时器

基本用法:

```
setInterval(callback, delay[, ...args])
```

这个方法用于以指定的时间间隔周期性地执行回调函数，其参数和返回值同上述 setTimeout()方法的参数和返回值。

例如，下面的代码将在 1 秒之后输出提示信息，之后定时器每隔 1 秒就重复输出提示信息，除非使用 clearInterval()方法取消该定时器，或者终止程序。

```
setInterval (function(){
   console.log('我是一个周期性的定时器');
},1000);
```

3. 即时定时器

基本用法:

```
setImmediate(callback[, ...args])
```

这个方法用于在 I/O 事件的回调之后立即执行回调函数，其比上述 setTimeout()方法少了一个 delay 参数，返回的是 Immediate 对象。

这是一个即时定时器，该方法并不会立即执行回调函数，而是在事件轮询之后执行函数，为了防止轮询阻塞，在每轮循环中仅执行链表中的一个回调函数。当程序多次调用 setImmediate()方法时，由该参数指定的回调函数将按照创建它们的顺序排队等待执行。每次事件循环迭代都会处理整个回调队列。如果即时定时器通过正在执行的回调加入队列，则要等到下一次事件循环迭代时才会被触发。

2.5.2 取消定时器

上述 setTimeout()、setInterval()和 setImmediate()方法各自返回表示所设置的定时器的对象，这些对象可以用来取消定时器并防止该定时器触发，分别用 clearTimeout()、clearInterval()和 clearImmediate()方法取消相应定时器。

例如，以下代码使用 setInterval()方法设置周期性定时器后，使用 clearInterval()方法取消定时期：

```
var testInterval=setInterval(testFunc,2000);
  ...
clearInterval(testInterval);
```

2.5.3 Timeout 和 Immediate 类

Node.js 内置两个有关定时器的类 Timeout 和 Immediate，可用于创建相应的对象。

Timeout 对象在内部创建，并由 setTimeout()或 setInterval()方法返回，可以传递给 clearTimeout()或 clearInterval()以取消定时器。默认情况下，当使用 setTimeout()或 setInterval()设置定时器时，只要定时器处于活动状态，Node.js 事件循环将继续运行。这些函数返回的每个 Timeout 对象都会导出 timeout.ref()和 timeout.unref()函数，这些函数可用于控制此默认行为。

Immediate 对象也在内部创建，并由 setImmediate()方法返回。它可以传递给 clearImmediate()以取消即时定时器。默认情况下，当使用 setImmediate()设置定时器时，只要定时器处于活动状态，Node.js 事件循环将继续运行。setImmediate()返回的 Immediate 对象可导出 immediate.ref()和 immediate.unref()函数，这些函数可用于控制此默认行为。

需要注意的是，setTimeout()或 setInterval()方法中的 this 关键字在 JavaScript 中均指向 window 对象，而在 Node.js 中，则都指向 Timeout 对象。

2.5.4 setImmediate()方法与 setTimeout()方法的对比

setImmediate()和 setTimeout()类似，但由于它们的调用时机不同，所以其行为并不相同。setImmediate()在当前轮询阶段完成后执行脚本，setTimeout()在指定周期的最小阈值后调度脚本运行。

定时器执行的顺序根据调用它们的上下文有所不同。如果定时器在主模块内被调用，则计时将受进程性能的约束，这可能会受到计算机上运行的其他应用程序的影响。

例如，如果运行的是示例 2-4 所示的在一个 I/O 周期（即主模块）的脚本，则执行两个定时器的先后顺序是不确定的，因为它们受进程性能的约束。

【示例 2-4】 一个 I/O 周期（即主模块）内执行两个定时器函数（timeout_vs_immediate1.js）

```
setTimeout(() => {
  console.log('一次性');
}, 0);
setImmediate(() => {
  console.log('即时性');
});
```

执行结果如下：

```
C:\nodeapp\ch02>node timeout_vs_immediate1.js
一次性
即时性
C:\nodeapp\ch02>node timeout_vs_immediate1.js
即时性
一次性
```

但是，如果将这两个函数放入一个 I/O 循环内，那么 setImmediate 总是被优先调用。

【示例 2-5】 同一个 I/O 循环内执行两个定时器函数（timeout_vs_immediate2.js）

```
const fs = require('fs');
fs.readFile(__filename, () => {
  setTimeout(() => {
    console.log('一次性');
  }, 0);
  setImmediate(() => {
    console.log('即时性');
  });
});
```

执行结果如下：

```
C:\nodeapp\ch02>node timeout_vs_immediate2.js
即时性
一次性
C:\nodeapp\ch02>node timeout_vs_immediate2.js
即时性
一次性
```

与 setTimeout()方法相比，setImmediate()方法的主要优点是 setImmediate()方法在任意定时器（如果在 I/O 周期内）都将得到执行，而不依赖定时器的数量。

2.5.5 process.nextTick()与 setImmediate()的对比

本书在 2.4.3 小节讲解 process 对象时简单介绍过 process.nextTick()方法。process.nextTick()不是 setTimeout(fn, 0)的简单别名。其效率很高。该方法在到达事件循环的下一个时间之后，在触发任何其他 I/O 事件（包括定时器）之前运行。

例如，执行以下代码输出的结果依次为：开始、调度、下一个时间点的回调。

```
console.log('开始');
process.nextTick(() => {
  console.log('下一个时间点的回调');
});
console.log('调度');
```

process.nextTick()与 setImmediate()比较相似，但是 process.nextTick()在当前阶段立即执行，而 setImmediate()在下一次迭代或事件循环的 tick 事件上被触发。process.nextTick()的回调函数执行的优先级要高于 setImmediate()。

process.nextTick()和 setImmediate()执行的顺序不一样，它是在事件轮询之前执行，为了防止 I/O 调用“饿死”，所以存在一个默认属性 process.maxTickDepth（值 1000）来限制事件队列的每次循环可执行的 nextTick()事件的数目。process.nextTick()属于 idle（空闲）观察者，setImmediate()属于 check（检查）观察者，在每一轮循环检查中，idle 观察者优先于 I/O 观察者，I/O 观察者优先于 check 观察者。

在具体实现上，process.nextTick()的回调函数保存在一个数组中，而 setImmediate()的结果则保存在链表中；在行为方式上，process.nextTick()在每轮循环中会将数组中的回调函数全部执行，而 setImmediate()在每轮循环中仅执行链表中的一个回调函数。

2.6 Buffer 数据类型

Buffer 数据类型

在引入类型化数组（TypedArray）之前，JavaScript 对二进制的支持较差，没有提供读取或操作二进制数据流的机制。但是，在处理 TCP 流或文件流时，如传输图片数据，又必须用到二进制数据。为此，Node.js 通过引入 Buffer 类与 TCP 流、文件系统操作及其他内容中的二进制字节流进行交互。可以将 Buffer 视为一种用来处理二进制数据的数据类型。有人将其译为缓冲器或缓冲区，考虑到该译名容易与 I/O 缓冲相混淆，这里直接使用英文术语。

作为 Node.js 特有的数据类型，Buffer 类的实例（即对象）类似于整数数组，但实例对应于固定大小的原始内存分配，其大小在创建时被确定且无法更改。Buffer 类位于全局作用域中，因此无须使用 require()方法加载相应的模块。

2.6.1 创建 Buffer 实例

在 Node.js 6.0.0 之前的版本中，Buffer 实例是使用 Buffer 构造函数创建的，在之后的版本中，Buffer 实例创建改用 Buffer.from()、Buffer.alloc()或 Buffer.allocUnsafe()方法。基本用法列举如下。

- Buffer.from(array)：使用由参数 array 指定的二进制数据数组来分配一个新的 Buffer 实例。
- Buffer.from(arrayBuffer[, byteOffset [, length]])：返回一个新的 Buffer 实例，它与给定的 ArrayBuffer 共享相同的已分配内存。
- Buffer.from(buffer)：复制传入的 Buffer 实例的数据，并返回一个新的 Buffer 实例。
- Buffer.from(string[, encoding])：返回一个参数 string 指定的字符串初始化的新的 Buffer 实例。
- Buffer.alloc(size[, fill[, encoding]])：返回一个指定大小的新建的已初始化的 Buffer 实例。如果没有设置参数 fill，则默认填满 0。
- Buffer.allocUnsafe(size)：返回一个指定大小的 Buffer 实例，但是它不会被初始化，所以它可能包含敏感的数据。如果 size 值小于或等于 Buffer.poolSize 值的一半，则 Buffer.allocUnsafe()返回的 Buffer 实例可能从共享的内部内存池中分配内存。
- Buffer.allocUnsafeSlow(size)：此方法比 Buffer.allocUnsafe(size)慢，但能确保新创建的 Buffer 实例不会包含可能敏感的旧数据。Buffer.allocUnsafeSlow()返回的实例不使用共享的内部内存池。

下面的代码简单示范了 Buffer 实例的创建方式。

```
// 创建一个包含数组[0x1, 0x2, 0x3]的Buffer实例
const buf1 = Buffer.from([1, 2, 3]);
// 创建一个包含 UTF-8 字节 [0x74, 0xc3, 0xa9, 0x73, 0x74] 的 Buffer实例
const buf2 = Buffer.from('tést');
// 创建一个包含 Latin-1（说明见2.6.2小节）字节 [0x74, 0xe9, 0x73, 0x74] 的 Buffer实例
const buf3 = Buffer.from('tést', 'latin1');
// 创建一个长度为 10、且用零填充的 Buffer实例
const buf4 = Buffer.alloc(10);
// 创建一个长度为 10、且用 0x1 填充的 Buffer实例
const buf5 = Buffer.alloc(10, 1);
/* 创建一个长度为 10、且未初始化的 Buffer实例。这个方法比调用 Buffer.alloc()更快，
但返回的 Buffer 实例可能包含旧数据，因此需要使用 fill() 或 write() 重写。*/
const buf6 = Buffer.allocUnsafe(10);
```

2.6.2 Buffer 用于编码转换

这里先介绍一下字符集（Charset）和字符编码（Encoding）这两个概念。文字内容在计算机中的存储格式实际是二进制的字节流，这两者之间的转换需要一个统一的标准，就是各种字符集标准，其规定了每个字符与二进制数字存储方式（编码）的转换关系。字符集只是一个规则集合的名称，而字符集要正确编码转码一个字符还需要字库表、编码字符集和字符编码的支持。字库表决定整个字符集能够表

示的字符的范围。编码字符集则用一个编码值来表示一个字符在字库中的位置。字符编码确定编码字符集和实际存储数值之间的转换关系。例如，Unicode 是编码字符集，而 UTF-8、UTF-16 就是字符编码，即符合 Unicode 规则的字库的一种实现形式。

Buffer 实例一般用于表示编码字符的序列，如 UTF-8、UCS2、Base64 或十六进制编码的数据。在文件操作和网络操作中，如果没有显式声明编码格式，返回数据的默认类型为 Buffer。例如，读取文件时不指定编码格式，得到的结果就是 Buffer 字符串。通过使用显式的字符编码，就可以将 Buffer 实例与普通的 JavaScript 字符串进行相互转换。

Node.js 目前支持的字符编码如下。

- ascii：仅适用于 7 位 ASCII 数据。此编码速度很快，如果设置这种编码，将从数据中删除高位。
- utf8：多字节编码的 Unicode 字符。许多网页和文档都使用这种编码格式。
- utf16le：2 个或 4 个字节，小字节序编码的 Unicode 字符。支持代理对（U+10000 至 U+10FFFF）。ucs2 是它的别名。
- base64：Base6 编码。
- latin1：一种将 Buffer 编码成单字节编码字符串的方法。binary 是 latin1 的别名。
- hex：将每个字节编码成两个十六进制的字符。

可以在创建 Buffer 实例时指定存入字符串的字符编码，例如：

```
const buf = Buffer.from('hello world', 'ascii');
```

可以将已创建的 Buffer 实例转换成字符串，这需要用到 buf.toString()方法。该方法的语法格式如下：

```
buf.toString([encoding[, start[, end]]])
```

这个方法根据参数 encoding 指定的字符编码将 buf 对象解码成字符串。其中参数 encoding 指定所用的字符编码，默认值为 utf8；start 指定开始解码的字节偏移量，默认值为 0；end 指定结束解码的字节偏移量，默认值为 buf.length。返回的结果是字符串。下面是一个简单的例子：

```
const buf = Buffer.from('tést');
console.log(buf.toString('hex'));// 输出结果: 74c3a97374
console.log(buf.toString('utf8', 0, 3));//输出结果: té
```

2.6.3 将 Buffer 实例转换为 JSON 对象

可以使用 buf.toJSON()方法将 Buffer 实例转换为 JSON 对象，这种用法适用于将二进制数据转换为 JSON 格式。当一个 Buffer 实例字符串化时，JSON.stringify()会隐式地调用 toJSON()方法，该方法返回一个 JSON 对象。下面的例子示范如何将 Buffer 实例转换为 JSON 对象。

【示例 2-6】 Buffer 对象转 JSON 对象（buf_to_json.js）

```
const buf = Buffer.from([0x1, 0x2, 0x3, 0x4, 0x5]);
const json = JSON.stringify(buf);
console.log(json);  // 输出: {"type":"Buffer","data":[1,2,3,4,5]}
const copy = JSON.parse(json, (key, value) => {
   return value && value.type === 'Buffer' ?
      Buffer.from(value.data) :
      value;
});
console.log(copy);  // 输出: <Buffer 01 02 03 04 05>
```

2.6.4 Buffer 实例基本操作

Buffer 类提供了多种 API，这里介绍常用的操作方法。

1. 写入 Buffer 实例

通常使用 buf.write()方法将字符串写入 Buffer 实例，语法格式如下：

```
buf.write(string[, offset[, length]][, encoding])
```

其中参数 string 设置要写入的字符串；offset 指定开始写入的偏移量，默认值为 0；length 设置要写入的字节数，默认值为 buf.length – offset；encoding 指定字符编码，默认值为 utf8。

该方法返回实际写入的字节数。如果空间不足，则只会写入部分字符串。

下面是一段写入 Buffer 实例的示例代码：

```
const buf = Buffer.alloc(256);
const len = buf.write('\u00bd + \u00bc = \u00be', 0);
console.log(`${len} 个字节: ${buf.toString('utf8', 0, len)}`);
// 输出: 12 个字节: ½ + ¼ = ¾
```

除了将字符串写入，buf.write()方法还可将其他类型的数据写入，Buffer 类也提供相应的专门方法，如 buf.writeInt8(value, offset)用于将由 value 指定的整数（必须是有符号的 8 位整数）写入 buf 中指定的 offset 位置，buf.writeUInt8(value, offset)写入无符号的 8 位整数，这里就不一一列举了。

2. 从 Buffer 实例读取数据

从 Buffer 实例读取数据通常要使用指定的编码返回字符串，这里可以使用 2.6.2 小节介绍的 buf.toString()方法，具体说明不再重复。

如果以除字符串以外的其他类型读出数据，则要使用相应的专门方法。如 buf.readInt8(offset)用于从 buf 指定的 offset 位置读取一个有符号的 8 位整数值，参数 offset 指定开始读取的偏移量，必须满足 0 <= offset <= buf.length – 1。从 Buffer 中读取的整数值会被解析为二进制补码值。下面给出一个示例。

```
const buf = Buffer.from([-1, 5]);
console.log(buf.readInt8(0));// 输出结果: -1
console.log(buf.readInt8(1));// 输出结果: 5
console.log(buf.readInt8(2));// 抛出异常 ERR_OUT_OF_RANGE（超出范围）
```

3. Buffer 实例合并

可以使用 Buffer.concat()方法将多个 Buffer 实例拼接合并组成一个新的 Buffer 实例。该方法语法格式如下：

```
Buffer.concat(list[, totalLength])
```

参数 list 给出要合并的 Buffer 数组或 Uint8Array 数组，totalLength 指定合并后 Buffer 实例的总长度。如果 list 中没有元素或 totalLength 为 0，则返回一个长度为 0 的 Buffer。如果没有指定 totalLength，则计算 list 中的 Buffer 实例的总长度。如果 list 中的 Buffer 实例总长度大于 totalLength，则合并后的 Buffer 实例会被截断 totalLength 的长度。这里给出简单的示例：

```
const buf1 = Buffer.alloc(5);
const buf2 = Buffer.alloc(7);
const totalLength = buf1.length + buf2.length;
const bufA = Buffer.concat([buf1, buf2], totalLength);
console.log(bufA);//输出: <Buffer 00 00 00 00 00 00 00 00 00 00 00 00>
```

4. Buffer 实例复制

可以使用 buf.copy()方法将一个 Buffer 实例（源对象）某个区域的数据复制到另一个 Buffer 实例（目标对象）的某个区域，目标对象的内存区域可能会与源对象的内存区域重叠。该方法语法格式如下：

```
buf.copy(target[, targetStart[, sourceStart[, sourceEnd]]])
```

参数 target 指定目标对象，可以是 Buffer 或 Uint8Array 类型；targetStart 指定开始写入目标对象的偏移量，默认值为 0；sourceStart 指定源对象 buf 开始复制的偏移量，默认值为 0；sourceEnd 指定源对象 buf 结束复制的偏移量，默认值为 buf.length。

5. Buffer 实例截取

可以使用 buf.slice()方法通过截取 Buffer 的一部分创建新 Buffer 实例。该方法语法格式如下：

```
buf.slice([start[, end]])
```

参数 start 指定截取部分开始位置的偏移量，默认值为 0；end 指定截取部分结束位置的偏移量，默认值为 buf. Length（源 Buffer 本身的全长）。

返回的结果是一个指向与源 Buffer 实例同一内存的新 Buffer 实例，但进行了截取。修改新建的 Buffer 实例，也会同时修改源 Buffer 实例，因为两个对象所分配的内存是重叠的。

2.7 Node.js 的流

流可以看作是某段时间内从一个点移动到另一个点的数据序列，就像水从一根管子的一端流到另一端。Node.js 中的流用于管理和处理数据，可以使用流完成对大量数据的操作以及逐段处理的操作。在 Node.js 异步处理数据的基础上，流将要传输的数据处理成“块”（chunk）连续传输，这样就可使用较低的内存消耗获得较高的性能提升。

Node.js 的流

流是 Node.js 中处理流式数据的抽象接口。Node.js 提供了多种流对象，例如 HTTP 服务器的请求和 process.stdout 都是流的实例。流可以是可读的、可写的，或者可读可写的。所有流都是 EventEmitter 类的实例。stream 模块用于构建实现了流接口的对象，使用时需要导入，方法如下：

```
const stream = require('stream');
```

stream 模块主要用于开发人员创建新类型的流实例。几乎所有的 Node.js 应用程序都在某种程度上使用了流。应用程序只需写入数据到流，或者从流消费数据，并不需要直接实现流的接口，通常也不需要直接加载 stream 模块。本节给出的示例代码没有直接实现流的接口，而是直接利用 fs 模块内置的文件操作流接口。

2.7.1 概述

Node.js 中有 4 种基本的流类型：可写流（Writable）、可读流（Readable）、双工流（Duplex）和转换流（Transform）。双工流又称可读可写流，转换流则是读写过程中可以修改或转换数据的流。

由 Node.js 创建的流均基于字符串和 Buffer（或 Uint8Array）工作。当然，一些第三方流的实现也可以使用其他类型的 JavaScript 值（null 除外）。这些流会以“对象模式”（Object Mode）工作。

创建流时，可以使用 objectMode 选项将流实例切换到对象模式。而将现有的流切换到对象模式则是不安全的。

可写流和可读流都会在内部的缓冲器中存储数据，可以分别使用 writable.writableBuffer 和 readable.readableBuffer 来获取。可缓冲的数据大小取决于传入流构造函数的 highWaterMark 选项。对于普通的流，highWaterMark 指定了字节的总数。对于对象模式的流，highWaterMark 指定了对象的总数。

当调用 stream.push(chunk)方法时，数据会被缓冲在可读流中。如果流的消费者没有调用 stream.read()方法，则数据会保留在内部队列中直到被消费。

一旦内部的可读缓冲的总大小达到 highWaterMark 指定的阈值，流会暂时停止从底层资源读取数据，直到当前缓冲的数据被消费。

当调用 writable.write(chunk)方法时，数据会被缓冲在可写流中。当内部的可写缓冲的总大小小于 highWaterMark 设置的阈值时，调用 writable.write()方法会返回 true。一旦内部缓冲的大小达到或超过 highWaterMark，则会返回 false。

Node.js 中流的 API，特别是 stream.pipe()方法的主要目标就是将数据的缓冲限制到可接受的程度，也就是读写速度不一致的源与目标不会超出可用内存。

因为双工流和转换流都是可读又可写的，同时实现了 Readable 和 Writable 接口，所以它们各自维护着两个相互独立的内部缓冲器用于读取和写入，这使它们在维护数据流时，读取和写入两端可以各自独立地工作。例如，net.Socket 实例是双工流，它的可读端可以消费从 Socket 接收的数据，而可写端则可以将数据写入 Socket。因为数据写入 Socket 的速度可能与接收数据的速度不一致（较快或较慢），所以在读写两端独立地进行操作或缓冲就显得很重要。

2.7.2 可读流

可读流是对提供数据的来源的一种抽象。可读流的例子包括客户端的 HTTP 响应、服务器的 HTTP 请求、fs 的读取流、zlib 流、crypto 流、TCP Socket、子进程 stdout 与 stderr、process.stdin 等。所有可读流都实现了 stream.Readable 类定义的接口。

可读流有两种模式：流动（Flowing）和暂停（Paused）。在流动模式中，数据被自动从底层系统读取，并通过 EventEmitter 接口的事件尽可能快地提供给应用程序。在暂停模式中，必须显式调用 stream.read()方法读取数据块。

所有可读流一开始都处于暂停模式，之后可以通过以下方式切换到流动模式。

- 添加 data 事件处理函数。
- 调用 stream.resume()方法。
- 调用 stream.pipe()方法。

可读流也可以通过以下方式切换回暂停模式。

- 如果没有管道目标，则调用 stream.pause()方法。
- 如果有管道目标，则移除所有管道目标。调用 stream.unpipe()方法可以移除多个管道目标。

只有提供了数据消费或忽略数据的机制后，可读流才会产生数据。如果消费的机制被禁用或移除，则可读流会停止产生数据。

stream.Readable 类定义的主要事件如下。

- data：当有数据可读时被触发。
- end：没有更多的数据可读时被触发。
- error：当接收过程中发生错误时被触发。
- readable：当流中有数据可供读取时被触发。当到达流数据的尽头时，readable 事件也会被触发，但是在 end 事件之前被触发。
- close：当流或其底层资源被关闭时被触发。这表明不会再触发其他事件，也不会再发生操作。注意不是所有可读流都会触发 close 事件。

stream.Readable 类定义的主要方法如下。

- readable.read([size])：从内部缓冲区拉取并返回数据（默认返回的是 Buffer 对象），size 指定要读取的数据的字节数。如果没有可读的数据，则返回 null。它只对处于暂停模式的可读流调用。
- readable.pause()：使流动模式的流停止触发 data 事件，并切换出流动模式。任何可用的数据都会保留在内部缓存中。
- readable.resume()：将被暂停的可读流恢复触发 data 事件，并将流切换到流动模式。
- readable.setEncoding(encoding)：为从可读流读取的数据设置字符编码。默认情况下不设置字符编码，流数据返回的是 Buffer 对象。如果设置了字符编码，则流数据返回指定编码的字符串。

这里给出一个可读流操作的例子。

【示例 2-7】 可读流操作（test_readablestream.js）

```
const fs = require('fs')
//以流的方式读取文件
var readStream=fs.createReadStream('demo.txt');
var str='';//保存数据
```

```
    readStream.on('data',function(chunk){
        str+=chunk;
    })
    //读取完成
    readStream.on('end',function(chunk){
        console.log(str);
    })
    //读取失败
    readStream.on('error',function(err){
        console.log(err);
    })
```

2.7.3 可写流

可写流是对数据被写入的目的地的一种抽象。可写流的例子包括客户端的 HTTP 请求、服务器的 HTTP 响应、fs 的写入流、zlib 流、crypto 流、TCP Socket、子进程 stdin、process.stdout、process.stderr 等。这些例子也都是实现了可写流接口的双工流。所有可写流都实现了 stream.Writable 类定义的接口。

尽管可写流的具体实例可能略有差别，但所有可写流都遵循同一基本的使用模式，下面用一个示例解释这种模式:

```
const myStream = getWritableStreamSomehow();
myStream.write('一些数据');
myStream.write('更多数据');
myStream.end('完成写入数据');
```

stream.Writable 类定义的主要事件如下。

- close：当流或其底层资源被关闭时被触发。不是所有可写流都会触发该事件。
- drain：如果调用 stream.write(chunk)方法返回 false，则当可以继续写入数据到流时会触发该事件。
- error：写入数据发生错误时被触发。当触发该事件时，流还未被关闭。
- finish：调用 stream.end()方法且缓冲数据都已传给底层系统之后被触发。
- pipe：当在可读流上调用 stream.pipe()方法时被触发。
- unpipe：当在可读流上调用 stream.unpipe()方法时被触发。当可读流通过管道流向可写流发生错误时，也会触发该事件。

stream.Writable 类定义的主要方法是 writable.write(chunk[, encoding][, callback])。这个方法写入数据到流，并在数据被完全处理之后调用回调函数。参数 chunk 指定要写入的数据块；如果 chunk 是字符串，则可通过 encoding 指定字符编码；callback 设置数据块被输出到目标后的回调函数。

如果发生错误，则回调函数可能被调用，也可能不被调用。为可靠地检测错误，可以为 error 事件添加监听器。

接收了数据块后，如果内部的缓冲区小于创建流时配置的 highWaterMark，则返回 true。如果返回 false，则应该停止向流写入数据，直到 drain 事件被触发。

当流还未被排空时，调用 write()方法会缓冲数据块，并返回 false。一旦当前所有缓冲的数据块都被排空（被操作系统接收并传输），则触发 drain 事件。建议当 write()方法返回 false，就不再写入任何数据块，直到 drain 事件被触发。

这里给出一个可写流操作的例子。

【示例 2-8】 可写流操作（test_writablestream.js）

```
const fs = require('fs')
```

```
var str = '这首歌真的很好听呢';
// 创建一个可以写入的流，写入到文件 output.txt 中
var writerStream = fs.createWriteStream('output.txt');
// 使用 utf8 编码写入数据
writerStream.write(str,'UTF8');
// 标记文件末尾
writerStream.end();
// 处理流事件
writerStream.on('finish', function() {
   console.log('写入完成!');
});
writerStream.on('error', function(err){
   console.log('写入失败');
});
```

2.7.4 管道读写操作

通常要将从一个流中获取的数据传递到另外一个流中，这可以通过管道操作机制实现。可读流提供的 readable.pipe()方法在可读流与可写流之间架起桥梁，使数据可以通过管道由可读流进入可写流。该方法的语法如下：

```
readable.pipe(destination[, options])
```

参数 destination 指定数据写入的目标；options 用于设置选项，其中 end 指定当读取结束时是否终止写入，默认为 true。该方法返回目标可写流，如果该方法返回的目标可写流是双工流或转换流，则可以形成管道链。

readable.pipe()方法将可写流绑定到可读流，将可读流自动切换到流动模式，并将可读流的所有数据推送到绑定的可写流。数据流会被自动管理，因此即使可读流非常快，目标可写流也不会超负荷。

下面的代码将可读流的所有数据通过管道推送到 file.txt 文件：

```
const readable = getReadableStreamSomehow();//创建一个可读流
const writable = fs.createWriteStream('file.txt'); // 创建一个可写流
readable.pipe(writable); //管道读写操作，将 readable 的所有数据都推送到文件 file.txt
```

可以在单个可读流上绑定多个可写流。readable.pipe()会返回目标流的引用，这样就可以对流进行链式管道操作。下面给出一段示例代码：

```
const fs = require('fs');
const r = fs.createReadStream('file.txt');
const z = zlib.createGzip();
const w = fs.createWriteStream('file.txt.gz');
r.pipe(z).pipe(w);// 链式管道操作两个可写流
```

这是将输出流连接到另外一个流并创建多个流操作链的一种机制。

默认情况下，当来源可读流触发 end 事件时，目标可写流也会调用 stream.end()结束写入。如果要禁用这种默认行为，end 选项应设为 false，这样目标流就会保持打开状态，例如：

```
reader.pipe(writer, { end: false });
reader.on('end', () => {
 writer.end('结束');
});
```

如果可读流发生错误，目标可写流不会自动关闭，因此需要手动关闭所有流以避免内存泄漏。

还有一个 readable.unpipe()方法用于解绑之前使用 stream.pipe()方法绑定的可写流，它有一个参数 destination，用于指定要移除管道的可写流。如果没有指定该参数，则解绑所有管道。如果指定了 destination 参数，但它并没有建立管道，则不起作用。

2.8 实战演练——提供图片浏览服务

实战演练——提供图片浏览服务

讲解以上内容之后，我们尝试开发一个简单的应用程序，用原生 Node.js 实现一个静态文件服务器来提供图片浏览服务，让用户可以下载、浏览服务器上的各种图片。Apache、nginx 等 Web 服务器软件都提供静态文件服务。Node.js 的文件系统和网络等核心模块提供了流接口，从而大大简化了输入输出的流处理过程，可以基于这些模块实现自己的静态文件服务器，基于 Web 提供资源文件访问服务。

2.8.1 实现思路

首先要确定实现思路。这个示例综合运用上述知识，但是目前所学的 Node.js 内容有限，所涉及的某些技术实现方法需要参见后续章节。

1. 搭建 B/S 架构

整个应用程序基于 B/S 架构，由 Node.js 内置的核心模块 http 提供 Web 服务。通过该模块创建服务器，并设置监听端口。当有请求到来，执行参数中的请求处理函数。

```
const server = http.createServer(function(req, res){
    //请求处理并返回结果
});
server.listen(8000);
```

2. 解析资源文件路径

服务器收到来自客户端的请求后，需要获取输入的 URL 解析后的对象并进行转换，从而得到资源文件的绝对路径和文件类型，这需要用到 Node.js 内置的 url 模块和 path 模块。例如，以下语句获取请求的 URL 并返回文件路径名：

```
var pathName = url.parse(req.url).pathname;
```

从文件路径名取得资源文件的绝对路径需要用到全局变量__dirname，该变量表示当前文件所在的目录的绝对路径。例如：

```
var filePath = path.resolve(__dirname + pathName);
```

可以通过 path.extname 属性来获取文件的扩展名来确定文件类型。

3. 处理不同类型的资源文件

在 HTTP 消息头中，使用 Content-Type 表示请求和响应中的媒体类型信息，通知服务器如何处理请求的数据，客户端（浏览器）如何解析响应的数据，如显示图片、解析并展示 HTML 等。

Content-Type 的格式如下：

```
Content-Type: type/subtype ;parameter
```

其中 type 指定主类型，可以是任意字符串，如 text，可用通配符 “*” 代表所有主类型；subtype 表示子类型，可以是任意字符串，如 html，可用通配符 “*” 代表所有子类型，子类型与主类型之间用符号 “/” 分隔；parameter 定义可选参数，如 charset（字符集），示例如下。

```
Content-Type: text/html;   //网页类型
Content-Type: image/jpeg;  //JPG 类型
```

这里可以根据文件扩展名对不同类型的资源文件指定不同的 Content-Type 类型，使服务器响应各种类型的文件请求，例如. png 文件对应 image/png，.js 文件对应 text/javasvript。这样就可以定义一个对象，由一个键值对集合来指定不同扩展名与 Content-Type 类型之间的对应关系。

```
var mime = {
        ".jpeg": "image/jpeg",
        ".jpg": "image/jpeg",
       //以下省略
}
```

4. 文件读取

访问资源文件最终要落实到文件的读取，这可利用Node.js内置的核心模块fs来实现。

在读取文件之前可通过以下方法来读取文件的状态，以决定如何读取文件。

```
fs.stat(path,callback)
```

参数path指定文件路径；callback指定回调函数，它又有两个参数err和stats，stats是一个fs.Stats对象。使用fs.stat()方法可判断文件是否存在，以及是否为目录，这样便于进一步针对目录下的文件进行处理。

资源文件可以使用fs.createReadStream()方法打开，这将建立一个到客户端的流，可以通过管道来处理结果数据。这样数据可以通过管道的方式从一个文件输出到HTTP请求响应中。

流不仅高效，而且可以扩展。静态文件服务器通常使用gzip压缩文件以提高传输效率，Node.js内置模块zlib提供gzip压缩功能。可以在文件流发送到HTTP响应之前增加一个压缩文件的管道操作，这样就实现了两个管道的链式操作。关键代码如下：

```
stream.pipe(zlib.createGzip()).pipe(res);
```

当然还应让浏览器知道已经开启了gzip压缩，这需要在HTTP消息头中提供相应的内容编码信息：

```
res.writeHead(200, { "content-encoding": 'gzip' });
```

2.8.2 编写代码

根据以上实现思路编写代码，创建一个名为static_server.js的文件，加入以下代码（含详细注释）。

【示例2-9】 静态文件服务器（static_server.js）

```
const http = require('http');        //加载http模块
const fs = require('fs');            //加载fs模块
const path = require('path');        //加载path模块
const url = require('url');          //加载url模块
const zlib = require('zlib');        //加载zlib模块
var curDir = '';                     //当前目录名
//创建HTTP服务
const server = http.createServer(function(req, res){
    //定义mime对象设置相应的响应头类型，这里仅列出少量的扩展名用于测试
    var mime = {
        ".jpeg": "image/jpeg",
        ".jpg": "image/jpeg",
        ".png": "image/png",
        ".tiff": "image/tiff",
        ".pdf": "application/pdf"
    };
    //获取请求URL并转换请求路径
    var pathName = url.parse(req.url).pathname;
    //对路径进行解码以防中文乱码
    var pathName = decodeURI(pathName);
    //获取资源文件的绝对路径，这里用到全局变量__dirname
    var filePath = path.resolve(__dirname + pathName);
    console.log(filePath);//控制台显示绝对路径
    //获取文件的扩展名
    var extName = path.extname(pathName);
    //为简化处理，没有扩展名的或未知类型使用text/plain表示
    var contentType = mime[extName] || "text/plain";
    //通过读取文件状态来决定如何读取静态文件
    fs.stat(filePath, function(err, stats){
        if (err) {
            res.writeHead(404, { 'content-type': 'text/html' });
```

```
            res.end("<h1>404 没有找到</h1>");
        }
        //文件存在且没有错误
        if (!err && stats.isFile()) {
            readFile(filePath, contentType);
        }
        //如果路径是目录
        if (!err && stats.isDirectory()) {
            var html = "<head><meta charset = 'utf-8'/></head><body><ul>";
            curDir = path.base name(path.relative(__dirname,filePath)); //获取当前目录
            //读取该路径下的文件
            fs.readdir(filePath, (err, files) => {
                if (err) {
                    console.log('读取路径失败! ');
                }
                else {
                    for (var file of files) {
                        //这里用到了 ES6 模板字符串
                        var curPath = path.join(curDir,file);
                        html += `<li><a href='${curPath}'>${file}</a></li>`;
                    }
                    html += '</ul></body>';
                    res.writeHead(200, {'content-type': "text/html"});
                    res.end(html);
                }
            });
        }
        //声明函数流式读取文件
        function readFile(filePath, contentType){
            //设置 HTTP 消息头
            res.writeHead(200, {'content-type': contentType,'content-encoding':
'gzip'});
            //创建流对象读取文件
            var stream = fs.createReadStream(filePath);
            //流式读取错误处理
            stream.on('error', function() {
                res.writeHead(500, { 'content-type': contentType });
                res.end("<h1>500 服务器错误</h1>");
            });
            //链式管道操作将文件内容流到客户端
            stream.pipe(zlib.createGzip()).pipe(res);
        }
    });
});
var port = 8000; //指定服务器监听的端口
server.listen(port, function() {
    console.log(`图片服务器正运行在端口:${port}`);
    console.log(`访问网址: http://localhost:${port}`);
});
```

2.8.3 运行程序

在命令行窗口中切换到项目目录，执行 node staticsrv.js 命令测试程序。例中结果如下：

```
C:\nodeapp\ch02>node static_server
图片服务器正运行在端口:8000
```

```
访问网址：http://localhost:8000
C:\nodeapp\ch02
C:\nodeapp\ch02\favicon.ico
C:\nodeapp\ch02\Tulips.jpg
```

在浏览器中访问 http://localhost:8000 网址，列出资源文件目录，单击其中某个文件，就会显示其内容（没有指定类型的文件将会提示下载）。在浏览器中打开控制台，切换到“Network”视图，访问一个文件再查看当前网页的头部“Header”信息，可以发现获取的响应内容已经使用 gzip 编码，如图 2-3 所示。

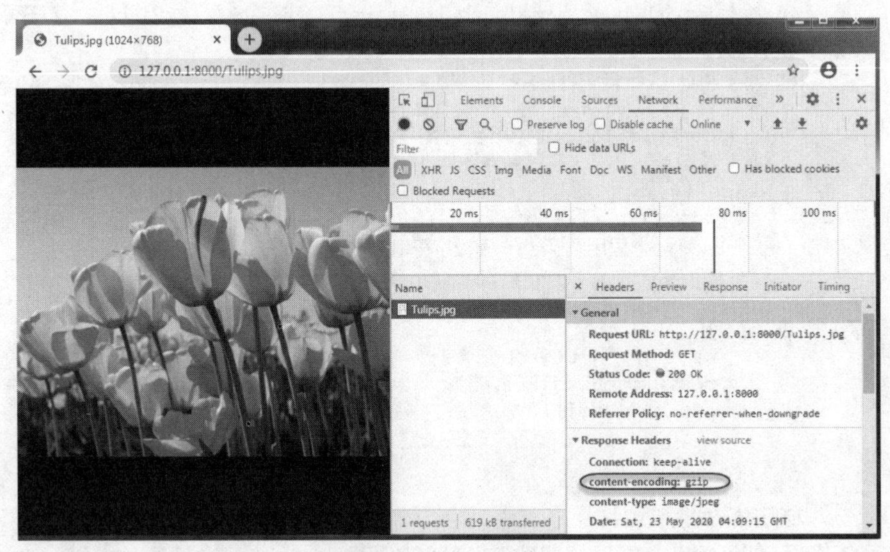

图 2-3　查验 gzip 编码

读者可以根据需要进一步完善该项目，如补充扩展名与响应类型的 mime 对象定义，可将这部分定义语句独立出来作为一个.js 文件，还可以对文件请求路径增加容错处理，如解决 301 重定向问题。

2.9　本章小结

本章的主要内容是 Node.js 编程的基础知识，包括 JavaScript 语法，以及 Node.js 的回调函数、事件机制、全局对象和全局变量、定时器、Buffer 类、流，最后是一个使用原生 Node.js 实现静态服务器的案例。这个例子比较简单，只有一个脚本文件。实际开发过程中，开发人员需要将 Node.js 应用程序划分为若干不同的部分，并通过模块的组织和管理实现有机的整合，本书在第 3 章将讲解这方面的内容。

习题

一、选择题

1. 以下关于 let 命令的说法，正确的是（　　）。
   A. 支持变量提升
   B. 存在变量泄露问题
   C. 支持块级作用域
   D. 同一块级作用域可以使用 let 关键字重复声明同一变量
2. 以下符合 JavaScript 严格模式的是（　　）。
   A. 变量必须声明后再使用　　　　　　B. 可以使用 with 语句

C．使用 this 指向全局对象　　D．可以删除变量

3．以下关于回调函数的说法，不正确的是（　　）。

A．回调函数在完成任务后会被调用　　B．回调函数和异步执行是紧密相关的

C．回调函数可作为另外一个函数的参数　　D．回调函数也是高阶函数

4．以下关于流的说法，不正确的是（　　）。

A．可以使用流完成对大量数据的操作以及逐段处理的操作

B．可读流是对提供数据的来源的一种抽象

C．当所有当前缓冲的数据块都被排空时，则触发 drain 事件

D．可读流发生错误时，目标可写流会自动关闭

5．有数据可读时触发的事件是（　　）。

A．data　　B．end　　C．error　　D．close

6．执行命令 node　argv_test.js　a　b　c 时，process.argv[2]返回的值是（　　）。

A．a　　B．b

C．c　　D．close argv_test.js

二、简述题

1．JavaScript 的块级作用域有什么用？

2．什么是高阶函数？什么是闭包？

3．Node.js 的事件循环包括哪几个阶段？事件触发和监听是如何实现的？

4．Node.js 的定时器分为哪几种？

5．Node.js 为什么要使用 Buffer 数据类型？

6．简述 Node.js 的流的主要作用。

三、实践题

1．编写一个简单的程序，异步读取某文本文件，并将内容输出到控制台。

2．编写一个简单的程序，使用 console.log()、console.error()和 console.warn()方法将一条消息输出到控制台。

3．编写一个能够获取命令行参数的简单程序。

4．编写一个程序，通过流的管道读写操作将一个文件的内容写入另一个文件。

第3章 模块与包的管理和使用

03

学习目標

① 了解 Node.js 的模块系统，学会定义和导入模块。
② 了解 Node.js 的核心模块，掌握 os、path、url 等模块的用法。
③ 掌握 Node.js 包的管理和使用，学会使用第三方模块编写程序。

模块与包的管理和使用

无论使用什么编程语言，组织代码都是极其重要的，Node.js 的模块系统提供了功能强大的代码组织机制。Node.js 以模块为单位划分所有功能，便于开发人员将应用程序划分为若干不同的部分，并通过模块的组织和管理实现不同部分有机的整合。Node.js 的内置模块远远不能满足日常开发需要，因此学会引入第三方模块是一个开发人员必须掌握的技能。第三方模块以包（Package）的形式提供，开发人员可以通过包管理器 npm 从官方仓库下载各种各样的包，也可以发布自己开发的包，从而实现代码的分享和重用，提高开发效率。Node.js 目前已成为大规模的开放源代码的生态系统。本章将针对 Node.js 模块和包的管理及使用进行详细讲解。

3.1 Node.js 的模块系统

Node.js 的模块系统

模块是 Node.js 使代码易于重用的一种组织和包装方式。本节将对 Node.js 中的模块及模块加载机制进行讲解。

3.1.1 Node.js 为什么要使用模块

传统的代码组织方式是按逻辑相关性对代码进行分组，将包含大量代码的单个文件分解成多个文件。像 PHP 这样的语言，使用包含（included）方法来嵌入另一个文件，这可能导致在被嵌入的文件中执行的逻辑会影响全局作用域。例如，index.php 包含 a1.php，a1.php 中的任何变量和声明的任何方法都可能覆盖 index.php 中的变量和方法。

Node.js 通过将可重用代码封装在各种模块中，从而大大减少应用程序的代码量，提高应用程序的开发效率，以及代码的可读性。更为重要的是，这种模块打包代码的方式不会改变全局作用域，开发人员可以在被载入的模块文件中选择要对外暴露的方法和变量。模块还可以发布到 npm 仓库中与他人共享，开发人员可以使用来自 npm 仓库的第三方模块，而不必担心某个模块会覆盖其他模块的变量和方法。

3.1.2 自定义模块

主流的 JavaScript 模块规范有两种，分别是 AMD 和 CommonJS。

AMD 规范要求异步加载模块，允许指定回调函数，并在回调函数中执行操作。对于浏览器环境，要从服务器端加载模块，必须采用非同步模式，因此浏览器端一般采用 AMD 规范。

CommonJS 规范要求同步加载模块，也就是说，只有模块加载完成，才能执行后面的操作。CommonJS 是服务器端广泛使用的模块化机制。Node.js 主要用于服务器端编程，模块文件一般保存于本地磁盘，加载速度较快，因而无须考虑非同步加载的方式，所以选择 CommonJS 规范。

按照 CommonJS 规范要求，模块必须通过 module.exports 对象导出对外暴露的变量或接口，通过 require()方法将其他模块的输出加载到当前模块作用域中。

在 Node.js 模块系统中，每个文件都被视为独立的模块，有自己的作用域，其变量、方法等都对其他文件不可见的。当然，模块也可以是包含一个或多个文件的目录。

模块可以是一个包含 exports 对象属性定义的文件，这些属性可以是任意类型的数据，比如字符串、对象和方法。可将 exports 看作是 module.exports 的简单引用形式。通过在 exports 对象上指定额外的属性，可以将方法和对象等添加到模块的根部。例如，创建一个名为 hello.js 的文件，添加代码来定义模块。

【示例 3-1】 模块定义（moduledef\hello.js）

```
var show_day=new Array('星期一','星期二','星期三','星期四','星期五','星期六','星期日');
var nowTime = new Date();
var day=nowTime.getDay();
exports.sayHello = function(name) {
    console.log('你好! ' + name);
    console.log('今天是' + show_day[day-1]);
};
```

这个文件定义了一个简单的模块，模块中的 exports 对象只设定了一个属性，也就是说导入这个模块的代码只能访问 sayHello 方法，而变量 show_day 作为私有变量仅作用在该方法内部，外部程序不能直接访问它。

3.1.3 导入模块

使用上述模块要用到 Node.js 的 require()方法，该方法以要使用的模块的文件路径为参数。Node.js 找到该模块文件并加载其内容。这里创建一个名为 index.js 的文件，通过添加代码来导入模块。

【示例 3-2】 模块导入（moduledef\index.js）

```
var hello = require('./hello');
hello.sayHello('小王');
```

例中 require()方法参数中的./代表当前目录，Node.js 模块文件的默认扩展名为.js，因此可以省略此扩展名，这样执行 index.js 文件时就会在该文件同一目录下查找该模块文件。

Node.js 定位到该模块之后，require()方法就会返回这个模块定义的 exports 对象中的内容，然后就可以使用模块中 exports 对象的成员方法了。

提 示　使用 require()导入模块是同步 I/O 操作，同步调用会阻塞 Node.js，因此尽量不要在 I/O 操作密集的地方使用 require 方法。通常只在程序最初加载时使用 require，模块一般在文件顶部导入。

3.1.4 使用 module.exports 定义模块

在 Node.js 中，exports 是模块公开的接口，require()方法用于从外部获取一个模块的接口，即所获取模块的 exports 对象。如果希望模块成为某个类的实例，则应将要导出的对象赋值给 module.exports 属性。如果将要导出的对象赋值给 exports 对象，则会简单地重新绑定本地的 exports 变量。使用 module.exports 对象可以对外提供单个变量、方法或者对象。

可以将示例 3-1 的后 4 行改写为

```
var sayHello = function(name) {
   console.log('你好！ ' + name);
   console.log('今天是' + show_day[day-1]);
}
module.exports.sayHello = sayHello;
```

以上代码使用 module.exports 对外提供方法 sayHello。

下面的代码示范同时提供变量和方法：

```
var baseSalary = 3000.00;                //基本工资
var getSalary = function (bonus) {       //计算工资
   return baseSalary + bonus;            //基本工资加奖金
};
module.exports.baseSalary = baseSalary;
module.exports.getSalary = getSalary;
```

需要重点关注的是使用 module.exports 对外提供一个对象，这里在示例 3-1 的基础上进行修改，将模块定义为类的实例。

【示例 3-3】 将模块定义为类的实例（moduledef\hello1.js）

```
var show_day=new Array('星期一','星期二','星期三','星期四','星期五','星期六','星期日');
var nowTime = new Date();
var day=nowTime.getDay();
function Hello(name) {
   this.name = name;
   this.sayHello = function() {
      console.log('你好！ ' + this.name);
      console.log('今天是' + show_day[day-1]);
   };
};
module.exports = Hello;
```

下面的代码是在示例 3-2 的基础上进行修改的，目的是使用新修改的模块。

【示例 3-4】 导入类实例模块（moduledef\index1.js）

```
var Hello = require('./hello1');
hello = new Hello();   //此外需要实例化类
hello.setName('小张');
hello.sayHello();
```

这样就可以直接获得这个对象。在外部引用该模块时，其接口对象就是要输出的 Hello 对象本身，而不是之前的 exports 对象。

在每个模块内部，module 对象代表当前模块。它的 exports 属性是对外的接口，将模块的接口对模块外部暴露。其他文件加载该模块，实际上就是读取 module.exports 属性。

3.1.5 exports 与 module.exports 的关系

exports 在模块的文件级别作用域内有效，它在模块被执行前被赋予 module.exports 的值。exports 只是对 module.exports 的一个全局引用，exports 最初被定义为一个可以添加属性的空对象，用于将 module.exports.myFunc 简写为 exports.myFunc。

最终返回给调用程序的是 module.exports 而不是 exports。如果创建了一个既有 module.exports 又有 exports 的模块，那么该模块只会返回 module.exports，而 exports 会被忽略。例如：

```
module.exports.hello = true; // 会被导出
exports = { hello: false };  // 不会被导出，仅在模块内有效
```

这是因为将 exports 再赋值就破坏了 module.exports 和 exports 之间的引用关系，而真正导出的是 module.exports，exports 不再绑定到 module.exports，也就不能用了。如果想维持 module.exports 和 exports 之间的引用关系，可以像下面这样使 module.exports 再次引用 exports：

```
module.exports = exports = function Constructor() {
  // ... 及其他
};
```

当 module.exports 属性被一个新的对象完全替代时，也会重新赋值给 exports。

上述讲解的是模块的导入导出关系，相关的工作机制如图 3-1 所示。

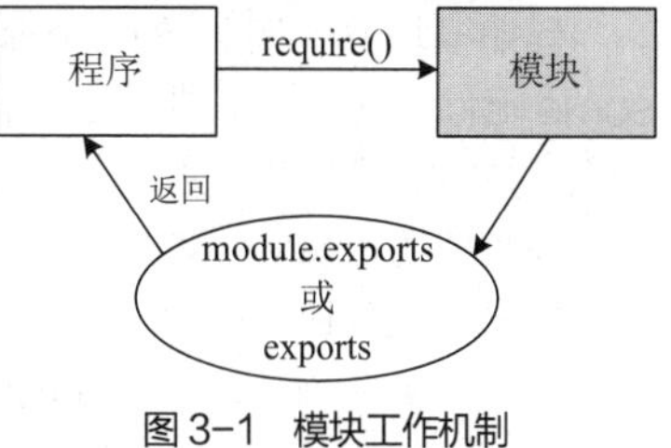

图 3-1　模块工作机制

提 示　具体使用时一定要注意 exports 与 module.exports 之间的区别。使用前者导出的方法返回的是模块函数，可以直接调用；而由后者导出的方法返回的是一个类，需实例化为对象之后才可以调用。

3.1.6　模块加载顺序

在 Node.js 应用程序中，并不是所有的模块都是同一类，通常会有核心模块、第三方模块、文件模块、文件夹模块等多种类型。不同类型模块的加载优先级是不同的，模块加载还涉及缓存。使用 require()方法加载模块看似简单，但是其加载处理过程还是比较复杂的，下面分析不同情形的模块加载方式。

1. 从缓存中加载

模块在第一次加载后就会被 Node.js 自动缓存，下一次再导入同一模块时，Node.js 会直接从缓存中读取该模块，这样多次导入同一模块并不会导致模块的代码被执行多次。

模块是基于其解析的文件名进行缓存的。两个完全相同的模块，如果调用模块的位置不同，模块可能被解析成不同的文件名，从而产生两个不同的缓存。

2. 加载核心模块

核心模块（Core Modules）指的是那些被编译到 Node.js 的二进制模块，它们被预置在 Node.js 中，为 Node.js 提供基本功能，如 fs（文件系统）、http（Web 服务）等。核心模块又称原生模块或内置模块，使用 C/C++实现，外部使用 JavaScript 封装。要加载核心模块，直接使用 require()方法即可，方法的参数为模块名称。

require()总是会优先加载核心模块。例如，即使有同名的 http 文件，require('http')始终返回内置的 http 模块，核心模块的加载也会被缓存，并且在加载核心模块时会先尝试从缓存中加载。

3. 加载文件模块

使用 require()加载文件模块需要指定文件路径。以“/”开头的是绝对路径，例如 require('/home/marco/foo.js')会加载/home/marco/foo.js 文件。以“./”或“../”开头的是调用 require()方法的文件的相对路径，前者指调用 require()方法的文件的同一目录，后者指其父目录。

如果按文件名没有找到模块，则 Node.js 会尝试为文件名添加.js、.json 或.node 扩展名再加载。.js 文件会被解析为 JavaScript 文本文件，.json 文件会被解析为 JSON 文本文件，.node 文件会被解析为通过 dlopen()加载的编译后的插件模块。

4. 文件夹作为模块

可以将程序和库放到一个自包含的目录中作为模块，然后提供一个单一入口来指向它。将这种类型

的模块作为 require()方法的参数，再按以下顺序依次尝试加载模块。

（1）加载 package.json 文件指定的文件。

在该文件夹的根目录下创建一个 package.json 文件，并指定一个 main 模块。例如：

```
{ "name" : "some-library",
  "main" : "./lib/some-library.js" }
```

假如模块文件夹为./some-library，则 require('./some-library')会试图加载./some-library/lib/some-library.js。main 指定的是模块文件夹的主文件，如果指定的文件不存在，Node.js 会认为模块不存在，并抛出相应的错误。

（2）加载 index.js 文件。

如果文件夹中没有 package.json 文件，则 Node.js 就会尝试加载其根目录下的 index.js。例如，require('./some-library') 会尝试加载./some-library/index.js 文件。

（3）加载 index.node 文件。

如果根目录下没有找到 index.js 文件，则会尝试加载 index.node 文件。

5. 从 node_modules 目录加载

如果传递给 require()的参数不是一个核心模块，也不是以“/”“../”或“./”开头的路径，则 Node.js 会从当前模块的父目录开始，尝试从它的/node_modules 目录中加载模块。如果没有找到模块，则移动至上一层父目录加载模块，直到文件系统的根目录。

Node.js 使用 npm 安装第三方模块，npm 会将模块安装到应用程序根目录下的 node_modules 目录中，然后就可以像使用核心模块一样使用第三方模块了。

6. 从全局目录加载

如果 NODE_PATH 环境变量被设置为一个以冒号（在 Windows 系统中是分号）分割的绝对路径列表，则当在其他地方找不到模块时，Node.js 会搜索这些路径。此外，Node.js 还会搜索$HOME/.node_modules、$HOME/.node_libraries 和$PREFIX/lib/node，其中$HOME 是用户的主目录，$PREFIX 是 Node.js 配置文件中的 node_prefix 参数。

从这些全局目录加载模块主要考虑历史遗留问题，因此强烈建议将所有的依赖放在本地的 node_modules 目录中，这样模块将会被更快地加载，且模块加载更可靠。

7. 循环加载

当循环调用 require()方法时，一个模块可能在未完成执行时被返回。

8. 模块加载顺序分析

可以通过 require.resolve()方法获取调用 require()时加载的实际文件名。下面用一段伪代码描述 require()方法是如何决定模块的加载顺序的。

```
使用 require(X)加载路径 Y 下的模块：
1. 如果 X 是核心模块
   a. 返回核心模块
   b. 停止执行
2. 如果 X 以“/”开头
   a. 设置 Y 为文件系统根路径
3. 如果 X 以“./”或“../”开头
   a. LOAD_AS_FILE(Y + X)
   b. LOAD_AS_DIRECTORY(Y + X)
4. LOAD_NODE_MODULES(X, dirname(Y))
5. 抛出异常 "not found"

加载文件模块
LOAD_AS_FILE(X)
1. 如果 X 是一个文件，将 X 作为 JavaScript 文本加载并停止执行。
```

```
2. 如果 X.js 是一个文件，将 X.js 作为 JavaScript 文本加载并停止执行。
3. 如果 X.json 是一个文件，将 X.json 解析为 JavaScript 对象并停止执行。
4. 如果 X.node 是一个文件，将 X.node 作为二进制插件加载并停止执行。

加载 index 文件
LOAD_INDEX(X)
1. 如果 X/index.js 是一个文件，将 X/index.js 作为 JavaScript 文本加载并停止执行。
2. 如果 X/index.json 是一个文件，将 X/index.json 解析为 JavaScript 对象并停止执行。
3. 如果 X/index.node 是一个文件，将 X/index.node 作为二进制插件加载并停止执行。

加载目录模块
1. 如果 X/package.json 是一个文件
   a. 解析 X/package.json 并查找"main"字段。
   b. let M = X + (json main 字段值)
   c. LOAD_AS_FILE(M)
   d. LOAD_INDEX(M)
2. LOAD_INDEX(X)

从 node_modules 目录加载
LOAD_NODE_MODULES(X, START)
1. let DIRS=NODE_MODULES_PATHS(START)
2. for each DIR in DIRS:
   a. LOAD_AS_FILE(DIR/X)
   b. LOAD_AS_DIRECTORY(DIR/X)

获取模块路径
NODE_MODULES_PATHS(START)
1. let PARTS = path split(START)
2. let I = count of PARTS - 1
3. let DIRS = []
4. while I >= 0,
   a. if PARTS[I] = "node_modules" CONTINUE
   b. DIR = path join(PARTS[0 .. I] + "node_modules")
   c. DIRS = DIRS + DIR
   d. let I = I - 1
5. return DIRS
```

3.2 使用 Node.js 的核心模块

通常优先使用 Node.js 内置的核心模块，下面介绍部分通用核心模块的使用方法。至于 fs（文件系统操作）、net（网络通信）和 http（Web）等重要的核心模块，会在后面章节中专门讲解。

使用 Node.js 的核心模块

3.2.1 os 模块——提供基本的系统操作方法

Node.js 的 os 模块提供一些操作系统相关的实用方法，通常使用以下方式导入该模块：

```
const os = require('os');
```

1. 属性

os 模块的 os.EOL 属性用于定义操作系统相关的行末标志，其中\n 用于 POSIX 系统，\r\n 用于 Windows 系统。

2. 方法

os 模块提供了许多方法，这里列出部分主要的方法。

- os.type()：返回操作系统名称。
- os.platform()：返回 Node.js 编译时的操作系统平台名称。
- os.hostname()：返回操作系统的主机名。
- os.arch()：返回 Node.js 二进制编译所用的操作系统 CPU 架构。
- os.cpus()：返回一个对象数组，其包含每个逻辑 CPU 内核的信息。
- os.uptime()：返回操作系统的上线时间。
- os.networkInterfaces()：返回包括网络地址的网络接口列表。
- os.totalmem()：返回系统内存总量（单位为字节）。
- os.freemem()：返回操作系统空闲内存量（单位为字节）。

3. 常量

由 os.constants 返回一个包含错误码、处理信号等通用的操作系统特定常量的对象。错误常量由 os.constants.errno 给出，如 WSAEFAULT 表示无效的指针地址；信号常量由 os.constants.signals 给出，如 SIGKILL 表示立即终止进程。不同的操作系统所支持的常量会有差别。

4. 示例

这里创建 os_test.js 文件，演示 os 模块部分方法的使用方法。

【示例 3-5】 os 模块的使用（modulecom\os_test.js）

```
const os = require('os');
console.log('操作系统类型：' + os.type());
console.log('操作系统平台： ' + os.platform());
console.log('系统内存总量：' + os.totalmem() + " 字节");
console.log('空闲内存量：' + os.freemem() + " 字节");
console.log('CPU 信息：');
console.log( os.cpus());
```

代码执行结果如下：

```
C:\nodeapp\ch03\modulecom>node os_test.js
操作系统类型：Windows_NT
操作系统平台： win32
系统内存总量：3220688896 字节
空闲内存量：1413165056 字节
CPU 信息：
[ { model: 'Intel(R) Core(TM) i7-4770K CPU @ 3.50GHz',
    speed: 3500,
    times: { user: 136390, nice: 0, sys: 183796, idle: 1154859, irq: 6515 } },
  { model: 'Intel(R) Core(TM) i7-4770K CPU @ 3.50GHz',
    speed: 3500,
    times: { user: 157203, nice: 0, sys: 134765, idle: 1182687, irq: 1531 } } ]
```

其中 os.cpus()返回的是一个对象数组，包含所安装的每个 CPU 内核的信息：型号（model）、速度（speed）、时间（times）。其中速度的单位是 MHz，时间中的 user、nice、sys、idle 和 irq 分别表示 CPU 花费在用户模式、良好模式、系统模式、空闲模式和中断请求模式下的毫秒数。

3.2.2 util 模块——提供实用工具

util 模块主要用于支持 Node.js 内部 API 的需求，其提供的大部分实用工具也可用于应用程序与模块开发者。通常使用以下方式导入该模块：

```
const util = require('util');
```

目前 util 模块的许多方法被弃用了，如判断对象是否为数组的 util.isArray(object)，判断对象是否为正则表达式的 util.isRegExp(object)，判断对象是否为日期的 util.isDate(object)，判断对象是否是一个错误对象的 util.isError(object)。

util.inherits(constructor, superConstructor)是一个实现对象间原型继承的方法，参数 constructor 表示的原型会被添加到由参数 superConstructor 表示的构造方法创建的新对象上。这种方法目前已不建议使用，建议使用 ES6 的 class 和 extends 关键字来实现语言层面的继承，注意这两种继承方法是语义上不兼容的。

这里介绍两个主要的方法。

1. util.inspect(object[, options])

该方法返回对象的字符串表示，主要用于调试。参数 object 可以是任何 JavaScript 原始值或对象。可选的参数 options 用于改变格式化字符串的某些选项，包括以下选项。

- showHidden：决定是否在格式化结果中包括不可枚举的符号与属性，默认为 false。
- depth：指定格式化对象时递归的次数，默认为 2，若要无限递归则传入 null。
- colors：输出样式是否使用 ANSI 颜色代码，默认为 false。
- customInspect：是否调用自定义的 inspect(depth, opts)方法，默认为 true。
- showProxy：Proxy（代理）对象的对象和方法是否展示其 target（目标）和 handler（处理程序）对象，默认为 false。
- maxArrayLength：定义要显示的数组长度，默认为 100，null 表示显示全部数组元素，0 或负数则不显示数组元素。
- breakLength：设置对象的键被拆分成多行时行的长度，默认为 60，Infinity 表示格式化为单行。

例如，以下代码用于查看 util 对象的所有属性：

```
const util = require('util');
console.log(util.inspect(util, { showHidden: true, depth: null }));
```

2. util.format(format[, ...args])

该方法返回一个格式化后的字符串。第 1 个参数 format 是一个类似 printf 的格式字符串，包含若干占位符，每个占位符会被对应参数转换后的值所替换，format 支持以下占位符。

- %s：字符串。
- %d：数值（整数或浮点数）。
- %i：整数。
- %f：浮点数。
- %j：JSON，如果参数包含循环引用，则用字符串“[Circular]”替换。
- %o：对象，用通用 JavaScript 对象格式表示对象字符串，这类似使用带有选项{ showHidden: true, depth: 4, showProxy: true }的 util.inspect()方法，将显示包括不可枚举的符号与属性的完整对象。
- %O：对象，也是用通用 JavaScript 对象格式表示对象字符串，类似使用不带选项的 util.inspect()方法，显示的对象不包括不可枚举的符号与属性。
- %%：单个百分号（'%'），不需要参数。

如果占位符没有对应的参数，则占位符不被替换，例如：

```
util.format('%s:%s', '蓝天白云'); // 返回: '蓝天白云:%s'
```

如果参数比占位符的数量多，则多出的参数会被强制转换为字符串，然后拼接到返回的字符串，参数之间用一个空格分隔。类型为 object 或 symbol（除了 null）的多余参数会由 util.inspect()转换。

```
util.format('%s:%s', '环境优美', '绿水青山', '蓝天白云'); // 返回'环境优美:绿水青山 蓝天白云'
```

如果第 1 个参数不是一个字符串，则 util.format()返回一个将所有参数用空格分隔并连在一起的字符串。每个参数都被 util.inspect()转换为一个字符串。

```
util.format(1, 2, 3); // 返回'1 2 3'
```

如果仅有一个参数被传递给 util.inspect()，则不会有任何格式化输出。

```
util.format('%% %s'); // 返回'%% %s'
```

3.2.3 path 模块——处理和转换文件路径

path 模块提供了一些工具方法，用于处理文件与目录的路径。可以通过以下方式导入它：

```
const path = require('path');
```

1. 不同风格的路径

可以说 path 模块最大的用处是解决多平台目录路径问题，这对跨平台的应用尤其重要。

path 模块默认会根据 Node.js 应用程序运行的操作系统的不同而变化，比如当运行在 Windows 操作系统上时，path 模块会认为使用的是 Windows 风格的路径，运行在 POSIX 操作系统上则使用 POSIX 风格的路径。例如，要对 Windows 文件路径 C:\temp\myfile.html 取路径的最后部分，可执行 path.basename('C:\\temp\\myfile.html')命令，在 Windows 上返回的是 myfile.html，而在 Linux 上返回的是 C:\\temp\\myfile.html。

要想在任何操作系统上处理 Windows 文件路径时获得一致的结果，可以使用 path 模块的 path.win32 属性。例如在 POSIX 和 Windows 上执行 path.win32.basename('C:\\temp\\myfile.html')都会返回 myfile.html。同样，也可以使用 path.posix 属性实现在任何操作系统上处理 POSIX 文件路径时获得一致的结果。例如在 POSIX 和 Windows 上执行 path.posix.basename('/tmp/myfile.html')均会返回 myfile.html。

Node.js 在 Windows 系统上遵循单驱动器工作目录的理念。当使用驱动器路径且不带反斜杠时就能体验到该特征。例如，fs.readdirSync('c:\\') 可能返回与 fs.readdirSync('c:')不同的结果。

2. 属性

除了前面提到的 path.win32 和 path.posix 属性之外，path 模块还提供以下两个重要属性。

- path.delimiter：提供平台特定的路径分隔符，Windows 上是“;”，POSIX 上是“:”。
- path.sep：提供平台特定的路径分段分隔符，Windows 上是“\”，POSIX 上是“/”。注意在 Windows 上“/”和“\”都可作为路径分隔符，但 path 模块的方法只能使用“\”分隔符。

这两个属性对跨平台的应用尤其重要。其中前者是路径列表的分隔符，后者是路径组成部分的分隔符。

3. 方法

path 是一个经常使用的模块，下面列举其方法。

- path.normalize(path)：对路径进行规范化，并解析“..”和“.”，如果有多个连续的路径分隔符，则会被替换为单个分隔符，但末尾的多个分隔符会被保留，如果路径是一个长度为零的字符串，则返回“.”，表示当前工作目录。
- path.dirname(path)：返回路径的目录名，类似于 UNIX 中的 dirname 命令。
- path.basename(path[, ext])：返回路径中的最后一部分，可选的 ext 参数表示文件扩展名。
- path.extname(path)：返回路径中文件的后缀名，即路径中最后一个“.”之后的部分。
- path.parse(path)：返回完整路径的一个对象，该对象包括 root（根）、dir（目录）、base（路径中的最后一部分）、name（文件名）和 ext（扩展名）等属性。
- path.format(pathObject)：从一个对象表示的路径返回一个字符串表示的路径，与 path.parse(path)正相反，其参数为一个包括 dir、root、base、name、ext 属性的路径对象。
- path.resolve([...paths])：将一个路径或路径片段的序列解析为一个绝对路径，路径序列是从右往左被处理的，后面每个路径被依次解析，直到构造成一个绝对路径，例如，调用 path.resolve('/foo', '/bar', 'baz')会返回“/bar/baz”。

- path.relative(from, to)：返回从参数 from 到 to 的相对路径（基于当前工作目录），如果参数 from 和 to 各自解析到同一路径，则返回一个长度为零的字符串，例如，在 Windows 上调用 path.relative('C:\\orandea\\test\\aaa', 'C:\\orandea\\impl\\bbb')会返回“..\\..\\impl\\bbb”。
- path.join([...paths])：使用平台特定的分隔符将路径片段序列连接到一起，并规范生成的路径，例如，调用 path.join('/foo', 'bar', 'baz/asdf', 'quux', '..');会返回“/foo/bar/baz/asdf”。
- path.isAbsolute(path)：判定路径是否为一个绝对路径。

4. 示例

创建 path_test.js 文件，演示 path 模块部分方法的使用。

【示例 3-6】 path 模块的用法（modulecom\path_test.js）

```
const path = require("path");
console.log('格式化路径：');
console.log(path.normalize('/test/test1//2slashes///1slash/tab/..'));
console.log('连接路径：');
console.log(path.join('/test', 'test1', '2slashes/1slash', 'tab', '..'));
console.log('获取绝对路径 : ' + path.resolve('index.js'));
console.log('获取扩展名 : ' + path.extname('index.js'));
```

代码执行结果如下：

```
C:\nodeapp\ch03\modulecom> node path_test
格式化路径：\test\test1\2slashes\1slash
连接路径：\test\test1\2slashes\1slash
获取绝对路径 : C:\nodeapp\ch03\modulecom\index.js
获取扩展名 : .js
```

3.2.4 url 模块——URL 处理与解析

url 模块提供了一些实用方法，用于 URL 处理与解析。可以通过以下方式导入它：

```
const url = require('url');
```

1. url 模块的两套 API

网络地址 URL 需要经常进行转换处理，它可以以字符串和对象两种形式来表示。URL 字符串是具有特定结构的字符串，包含多个意义不同的组成部分。URL 字符串可以被解析为一个 URL 对象，其属性对应于字符串的各组成部分。

url 模块提供了两套 API 来处理 URL 字符串，一套是 Node.js 特有的 API，另一套是实现了 WHATWG URL 标准的 API。WHATWG 全称为 Web Hypertext Application Technology Working Group，可译为网页超文本应用技术工作小组。它指定的标准在各种浏览器中被使用。

新的应用程序应使用 WHATWG API。下面是一个利用 WHATWG API 解析 URL 字符串的例子：

```
const { URL } = require('url');
const myURL =
    new URL('https://user:pass@sub.host.com:8080/p/a/t/h?query=string#hash');
```

Node.js 特有的 API 主要用于兼容已有应用程序。下面是一个通过 Node.js 提供的 API 解析 URL 字符串的例子：

```
const url = require('url');
const myURL =
    url.parse('https://user:pass@sub.host.com:8080/p/a/t/h?query=string#hash');
```

2. WHATWG API 的 URL 类提供的方法和属性

这个 URL 类是根据 WHATWG URL 标准实现的。首先要使用构造方法 new URL(input[, base]) 来创建 URL 对象，参数 input 是要解析的 URL，base 指要解析的基本 URL（前提 input 提供的是相对 URL）。例如以下代码可创建网络地址 https://example.org/foo 的 URL 对象：

```
const { URL } = require('url');
const myURL = new URL('/foo', 'https://example.org/');
```

创建好 URL 对象之后，就可以使用 URL 类提供的属性和方法来进行进一步操作了。主要属性和方法列举如下。

- url.protocol：获取及设置 URL 的协议（protocol）部分。
- url.host：获取及设置 URL 的主机（host）部分。
- url.hostname：获取及设置 URL 的主机名（hostname）部分。url.host 与 url.hostname 之间的区别是 url.hostname 不包含端口。
- url.port：获取及设置 URL 的端口（port）部分。
- url.pathname：获取及设置 URL 的路径（path）部分。
- url.search：获取及设置 URL 的序列化查询（query）部分，例如，获取 URL 地址 https://example.org/abc?123 的序列化查询部分将返回"?123"。
- url.hash#：获取及设置 URL 的 hash 部分，例如，获取 URL 地址 http://example.org/foo#bar 的 hash 部分将返回"#bar"。
- url.href：获取及设置序列化的 URL，返回值与 url.toString 和 url.toJSON 的返回值相同。
- url.toString()：返回序列化的 URL。
- url.toJSON()：返回序列化的 URL，当 URL 对象使用 JSON.stringify()序列化时将自动调用该方法。

3. WHATWG API 的 URLSearchParams 类提供的方法

URLSearchParams API 接口提供了一些实用的方法来处理 URL 的查询字符串。例如：

```
const { URL, URLSearchParams } = require('url');
const myURL = new URL('https://example.org/?abc=123');
console.log(myURL.searchParams.get('abc'));
// 输出 123
```

URLSearchParams 具有与下面要介绍的 querystring 模块相似的功能，但是 querystring 模块更加通用，因为它可以定制分隔符"&"和"="。

4. 传统的 URL API

这是 Node.js 特有的 API。首先要用 url.parse(urlString[, parseQueryString[, slashesDenoteHost]]) 解析 URL 字符串并创建一个 URL 对象。参数 urlString 是要解析的 URL 字符串；parseQueryString 表示是否通过 querystring 模块的 parse()方法生成一个对象，默认为 false；slashesDenoteHost 表示是否将"//"与"/"之间的字符串解析为主机，默认为 false。

创建好 URL 对象之后，就可以使用传统的 URL API 提供的方法来进行进一步操作了。例如 url.resolve(from, to)将一个目标 URL 解析成一个相对于基础 URL 的绝对 URL 地址，url.format(urlObject) 将 URL 对象格式化为 URL 字符串。

3.2.5 querystring 模块——URL 查询字符串处理和解析

querystring 模块提供一些实用方法用于解析与格式化 URL 查询字符串。可以通过以下方式导入该模块：

```
const querystring = require('querystring');
```

该模块的方法不多，简要介绍如下。

querystring.parse(str[, sep[, eq[, options]]])用于将一个 URL 查询字符串解析成一个键值对的集合。参数 str 是要解析的 URL 查询字符串；sep 是界定查询字符串中的键值对的子字符串，默认为"&"；eq 是界定查询字符串中的键与值的子字符串，默认为"="；options 定义选项，decodeURIComponent

<Function>定义解码查询字符串的字符时使用的方法，默认是 querystring.unescape()。例如，解析查询字符串 foo=bar&abc=xyz&abc=123 的结果如下：

```
{
  foo: 'bar',
  abc: ['xyz', '123']
}
```

querystring.stringify(obj[, sep[, eq[, options]]])用于将一个对象转换成 URL 查询字符串，是 querystring.parse 的逆运算。参数 obj 是要序列化成 URL 查询字符串的对象；options 定义选项，encodeURIComponent <Function>定义将对象转换成字符串时使用的方法，默认为 querystring.escape()。例如，调用 querystring.stringify({ foo: 'bar', baz: ['qux', 'quux'], corge: '' });将返回“foo=bar&baz=qux&baz=quux&corge=”。

querystring.unescape(str)用于对字符串进行解码，通常不直接使用，而是提供给 querystring.parse()使用。querystring.escape(str)正好相反，用于对字符串进行 URL 编码，主要提供给 querystring.stringify() 使用。

3.3 Node.js 包的管理与使用

除了 Node.js 内置的核心模块外，开发人员可以自定义模块，也可以直接使用第三方模块。Node.js 官方仓库中海量的第三方模块以包的形式提供给开发人员直接下载使用，开发人员也可将自己开发的程序发布到官方仓库中供其他开发人员使用。包可以对一组具有相互依赖关系的模块进行统一管理，将实现某些功能的程序代码封装起来便于重用，以及实现 Node.js 代码的便捷部署。本节主要介绍 Node.js 包的下载和使用，至于包的发布则不做讲解。

Node.js 包的管理与使用

3.3.1 什么是 npm

npm（Node Package Manager）为开发人员提供 JavaScript 智力资源宝库，使 JavaScript 开发人员更容易分享和重用代码。它是规模相当大的软件注册中心，每周大约有 30 亿的下载量。npm 注册中心拥有的包（代码构建模块）超过 60 万个。来自世界各地的开源开发者通过 npm 分享和使用包，还有许多组织机构使用 npm 管理自己的软件。npm 包括以下 3 个不同的组成部分。

- Web 网站：用来查找包、设置配置文件以及管理 npm 应用的其他方面，例如，可以为自己的公司设置公共或私有包的访问管理。
- 命令行接口：也就是包管理器，大多数开发人员会通过它来使用包。
- 注册中心：提供 JavaScript 软件及其元数据信息的大型公共数据库，也就是官方仓库。

下面列举使用 npm 可以胜任的部分工作。

- 在应用程序中直接集成包，或者引入代码包并进行修改。
- 下载可以立即使用的独立工具。
- 使用它提供的 npx 命令无须下载即可运行包。
- 与其他 npm 用户共享代码。
- 将代码限制为指定的开发人员使用。
- 企业用来进行代码包的维护和编写。
- 管理代码和代码依赖的多个版本。
- 底层代码更新时易于更新应用程序。
- 探索解决同一问题的多种方式。
- 寻找正在解决类似问题和开发类似项目的其他开发人员。

3.3.2 理解包与模块

Node.js 和 npm 对包（packages）和模块（modules）有不同的定义，要注意区分。

一个包是由 package.json 文件描述的一个文件或目录。包可以是以下任何一种形式。

（1）一个文件夹，它包含由 package.json 文件描述的一个程序。

（2）一个包含（1）的 gzip 压缩包。

（3）一个可以解析到（2）的 URL 地址。

（4）一个发布到官方仓库的带有（3）的<名称>@<版本>形式。

（5）一个指向（4）的<名称>@<标签>形式。

（6）一个符合（5）的<名称>@<标签>形式。

（7）一个指向（1）的 Git 网址。

而模块是由 Node.js 的 require()方法加载的任何文件或目录。模块可以说是 Node.js 程序中加载的任何内容，可以是以下任何一种形式。

（1）一个包含 package.json 文件（定义有 main 字段）的文件夹。

（2）一个包含 index.js 文件的文件夹。

（3）一个 JavaScript 文件。

大多数 npm 包就是模块。通常在 Node.js 程序中使用的 npm 包通过 require()方法加载而成为模块。但是，并不要求 npm 包一定是模块，如命令行包只包含一个命令行接口，并不提供用于 Node.js 程序的“main”字段，这样的包就不是模块。可以将包理解为实现了某些功能模块的集合，便于发布和维护。

许多 npm 包都包括多个模块，因为每个由 require()方法加载的文件均是模块。在 Node.js 程序中，模块也是从文件加载的任何内容。例如以下语句说明“变量引用 request 模块”：

```
var req = require('request');
```

要注意 Node.js 和 npm 生态系统中的文件和目录名。package.json 文件定义包，而 node_modules 文件夹是 Node.js 查找模块的地方。例如，如果在 node_modules 文件夹中创建一个 foo.js 文件，然后在程序中加入语句“var f = require('foo.js')”，这将加载该模块。这种情形下，foo.js 不是包，因为它没有 package.json。又比如创建一个包，但没有提供 index.js 文件，也没有在 package.json 文件中定义“main”字段，该包也不会作为模块，即使将它安装在 node_modules 文件夹，其也不能作为 require()的参数。

3.3.3 npm 包管理器

npm 是整个 Node.js 社区最流行、支持第三方模块最多的包管理器。它功能非常丰富，可以用来安装、共享和发布代码以及管理项目中的依赖。普通开发人员一般使用 npm 从 Node.js 的官方仓库下载他人提交的第三方包（其中包括模块）和命令行程序（工具）到本地使用，当然也可以使用 npm 将自己编写的包或命令行程序上传到官方仓库供他人使用。

Node.js 本身集成了 npm，npm 工具本身可以通过 npm 命令来升级版本，命令如下：

```
npm install npm -g
```

npm 提供的命令非常多，下面结合实际使用介绍部分常用的命令，更全面的命令读者可以通过查看官方文档来获取。

3.3.4 查找和选择包

决定使用包之前，往往需要到官方仓库去查找并选择包。

1. 通过浏览器查找和选择包

可以通过浏览器直接到 npm 官网上进行这些操作。这里示范操作步骤。

（1）查找包。

在 npm 官网首页的搜索框中输入要查找的关键词，例如要在程序中使用条形码，没必要自己开发，可以考虑直接使用相关的包，QR 码就是主流的二维码，输入“qr code”，输入过程中网页会自动弹出下拉框显示包含关键词的包，供用户进一步参考，如图 3-2 所示。

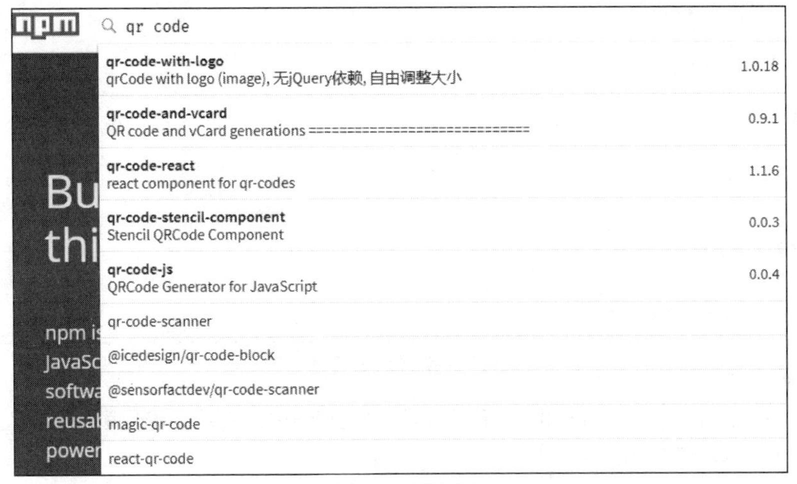

图 3-2　查询界面

（2）列出查询结果。

确定关键词后，按回车键列出查询结果，如图 3-3 所示。

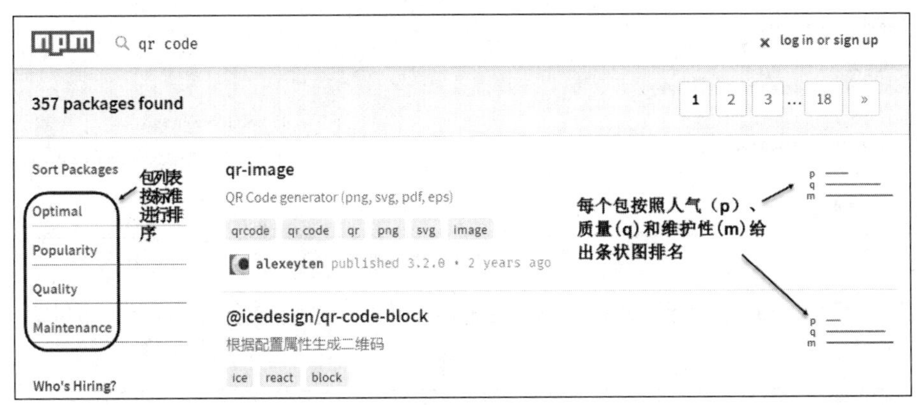

图 3-3　查询结果

（3）从若干类似的包中进行选择最合适的。

参见图 3-3，npms analyzer（分析器）按照人气（Popularity）、质量（Quality）、维护性（Maintenance）和最佳（Optimal）4 个标准进行排名，其中 Optimal 是综合了前三项标准的结果，默认查询结果按照这个标准排序，也可以在左侧“Sort Packages”区域选择其他标准进行排序。在查询结果中，每个包的右侧还以条状图的形式给出人气、质量和维护性的排名。

（4）查看包的详细信息。

从包查询结果选择包之后，即可查看该包的详细信息，这些信息都是由包的作者提供的，主要是如何使用包，通常还会有开发者的联系信息。

如图 3-4 所示，包信息页面中会提供多个标签页来分类显示相关信息，默认显示“Readme”标签页，用于显示开发者提供的 readme 文件。

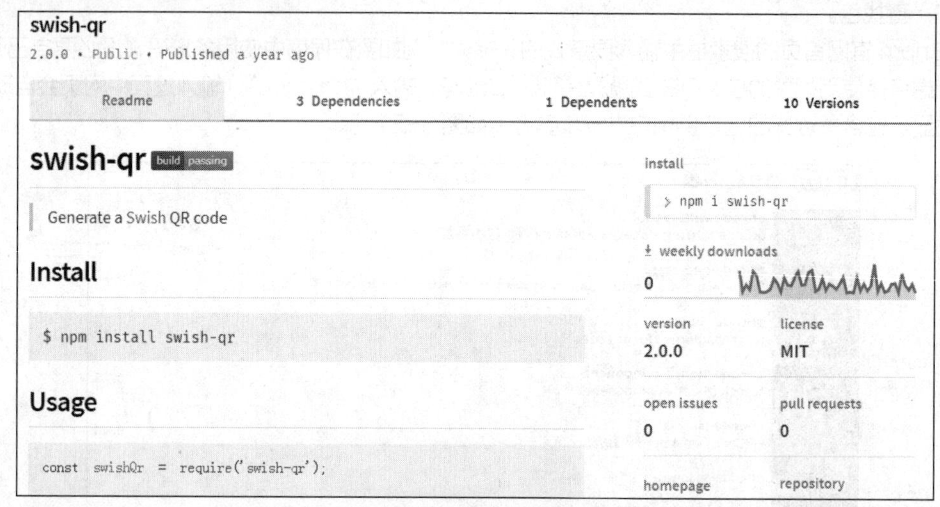

图 3-4　包信息页面

切换到“Dependencies”标签页，查看该包依赖的其他包。许多包基于其他包（这些包被称为依赖），如图 3-5 所示，例中包括 3 个依赖。

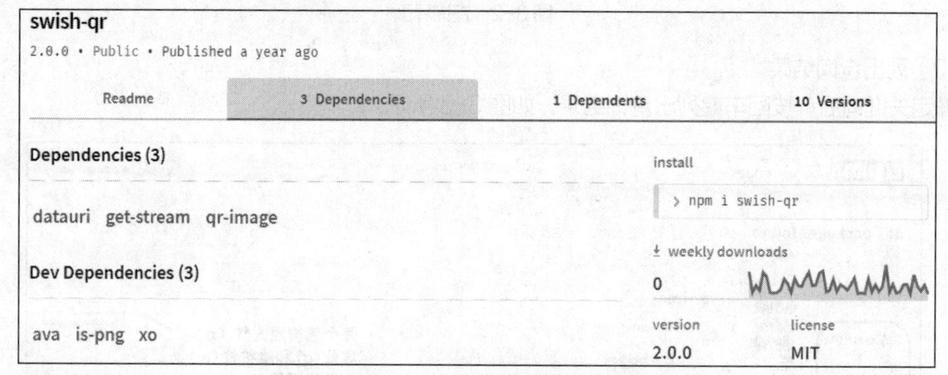

图 3-5　显示依赖包列表

切换到“Dependents”标签页，列出将该包作为依赖的其他包，如图 3-6 所示，例中有一个包依赖此包。

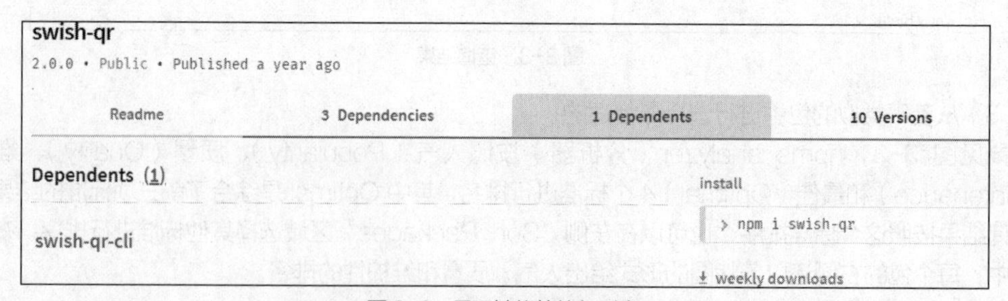

图 3-6　显示被依赖的包列表

切换到“Versions”标签页，查看该包现有的版本列表，如图 3-7 所示。

swish-qr
2.0.0 • Public • Published a year ago

Readme | 3 Dependencies | 1 Dependents | 10 Versions

Tip: Click on a version number to view a previous version's package page

install
> npm i swish-qr

Current Tags

2.0.0 latest

weekly downloads
0

Version History

version 2.0.0
license MIT

2.0.0 a year ago
1.2.0 a year ago
1.1.2 a year ago

open issues 0
pull requests 0

图 3-7　显示包的版本列表

2. 使用 npm 命令行工具查找包

除了通过浏览器查询包之外，还可以使用 npm search 命令搜索包，该方法与在 npm 官方网站上使用搜索框一样使用关键词。例如，使用以下命令搜索 QR code，输出结果列表。

```
  C:\nodeapp\ch03\pkgtest>npm search QR code
  NAME                      | DESCRIPTION          | AUTHOR          | DATE       | VERSION
| KEYWORDS
  qr-image                  | QR Code generator…   | =alexeyten      | 2016-12-22 | 3.2.0
| qrcode qr code qr png svg i
  @icedesign/qr-code-block  | 根据配置属性生成二…  | =temper357…     | 2018-08-02 |
1.0.0   | ice react block
  react-qr-svg              | React.js component…  | =no23reason     | 2017-10-05 | 2.1.0
| react reactjs qr-code qr sv
  swish-qr                  | Generate a Swish QR… | =gillstrom…     | 2017-06-30 | 2.0.0
| base64 generate swish qr
  （以下省略）
```

显示的列表内容不如网站丰富，且默认情况下仅列出符合条件的前 20 名的包。

找到包之后，可以使用 npm view 命令进一步查看其信息，例如：

```
  C:\nodeapp\ch03\pkgtest>npm view qr-image
  qr-image@3.2.0 | MIT | deps: none | versions: 11
  QR Code generator (png, svg, pdf, eps)
  https://github.com/alexeyten/qr-image
  keywords: qrcode, qr code, qr, png, svg, image
  dist
  .tarball: https://registry.npmjs.org/qr-image/-/qr-image-3.2.0.tgz
  .shasum: 9fa8295beae50c4a149cf9f909a1db464a8672e8
  maintainers:
  - alexeyten <alexeyten@gmail.com>
  dist-tags:
  latest: 3.2.0
  published a year ago by alexeyten <alexeyten@gmail.com>
```

3. 常用的包列表

npm 官方仓库提供大量免费的可重用的代码集。这里分类列出部分常用的包。

（1）Web 开发。

express：最经典的 Web 开发框架。

koa：Web 开发框架的后起之秀。

ejs：页面模板。将 HTML 网页改写成 ejs 模板比较简单。

pug（jade）：页面模板。比 ejs 优雅简洁，但把 HTML 网页转换成 pug（jade）模板比转换成 ejs 模板要难一些。

mongoose：MongoDB 数据库驱动。

mysql：MySQL 数据库驱动。

log4js：日志。

cheerio：解析 HTML 文档。

docpad：静态站点生成系统，一般用于开发博客程序。

GeoIP-lite：根据 IP 地址获得该 IP 所在的城市和国家。

（2）基础拓展。

underscore：JavaScript 帮助库。

moment：时间操作。

（3）代码组织。

async：控制异步流程最基本的解决方案。

promise：控制异步流程最新的解决方案。

（4）测试。

mocha：测试框架，断言库可自由选择。

chai.js：BDD/TDD 断言库。

should.js：断言库，可读性强。

expect.js：断言库，在 should.js 基础上构建。

zombie.js：构造浏览器进行测试。

uiTest：前端 UI 测试框架。

（5）项目管理。

grunt：JavaScript 任务管理器。

bower：包管理工具。

yo：项目的框架生成工具。

yeoman：开发 Web 工作流的管理工具。

（6）预编译。

coffeescript：将 CoffeeScript 编译成 JavaScript。

less：将 less 编译成 css。

sass：将 less 编译成 css。

3.3.5 使用 npm 命令安装包

npm 包的安装分为本地安装和全局安装两种方式，需要根据如何使用包来决定安装方式。如果需要使用 Node.js 的 require()方法加载包中的模块，则应使用本地安装，这也是默认的安装方式。也就是说，在使用 Node.js 开发具体的项目时，要使用本地安装方式安装要在该项目中使用的包。如果要将包作为命令行工具使用（如 grunt 命令行），应采用全局安装方式。

1. 安装本地包

使用 npm 命令执行本地安装的语法格式如下：

```
npm install <包名>
```

应当在项目目录的根目录下执行该命令。本地安装会将包存放在./node_modules 目录，如果没有 node_modules 目录，则会在项目目录下自动生成 node_modules 目录。

这里使用npm命令安装常用的工具包lodash：

```
C:\nodeapp\ch03\pkgtest>npm  install  lodash
+ lodash@4.17.11
added 1 package from 2 contributors and audited 1 package in 2.329s
found 0 vulnerabilities
```

安装好之后，lodash包就保存在当前项目目录下的node_modules目录中：

```
C:\nodeapp\ch03\pkgtest\node_modules 的目录
2019/07/03  10:46    <DIR>          .
2019/07/03  10:46    <DIR>          ..
2019/07/03  10:46    <DIR>          lodash
```

在程序中只需要通过require('lodash')就可导入该模块，无须指定第三方包的具体路径：

```
var lodash = require('lodash');
```

2. 确定安装包的版本

包可能有多个版本，采用不带版本号的包名安装时，究竟安装哪个版本呢？如果本地安装目录中没有package.json文件，npm会安装包的最新版本。如果有一个package.json文件，npm将安装符合package.json所声明的语义化版本控制规则规定的最新版本。当然，也可以安装指定版本的包。例如：

```
npm  install  lodash@4.2.0
```

3. 安装全局包

使用npm命令执行全局安装的语法格式如下：

```
npm install -g <包名>
```

可以在任何目录下执行该命令。全局安装会将包存放在/usr/local目录下或者Node.js的安装目录下。包安装在Node.js安装目录下的node_modules文件夹中，在Windows系统中该文件夹一般位于\Users\用户名\AppData\Roaming\目录下。全局包无须通过require()方法导入，可以在命令行中直接运行全局包支持的命令。

例如执行以下命令将安装grunt，它是一个基于Node.js的项目构建工具。

```
npm install -g grunt
```

可以使用npm root命令查看本地包安装路径，加上选项-g则可查看全局安装的路径，例如：

```
C:\nodeapp\ch03\pkgtest>npm root -g
C:\Users\Administrator\AppData\Roaming\npm\node_modules
```

还可更改全局安装的路径，例如执行以下命令将全局安装路径更改为d:\nodesys\node_modules：

```
npm config set prefix "d:\nodesys"
```

如果npm的版本不低于5.2，可以考虑使用npx命令来运行全局包。npx可以临时安装可执行依赖包，包无须全局安装。使用npx可以执行依赖包中的命令，安装完成自动运行，还可以指定Node.js版本、命令的版本，解决不同项目使用不同版本的命令的问题。另外，使用npx安装包不用担心大量包安装所导致的污染。

4. 查看安装信息

执行命令npm list可查看当前目录下已安装的包，执行命令npm list -g可查看所有全局安装的包。

3.3.6 使用语义版本控制管理代码（包）

了解新的发布的代码的变化程度至关重要，因为有时更新会破坏一个包所需的代码（即依赖包）。npm使用语义版本控制（semantic versioning，semver）标准来解决这个问题。按照该标准制定的规则，版本号的形式为X.Y.Z，X、Y和Z分别代表主版本号、次版本（副版本）号和补丁版本号。其中X、Y和Z必须为非负整数，禁止在数字前补零，每个数值都是递增的。npm使用语义版本号来管理代码。

1. 代码（包）发布的语义版本控制

项目要发布出来与他人共享，应当从1.0.0开始赋予版本号，以后代码变更要按照表3-1给出的方案设置版本号。

表 3-1　代码发布的语义版本号方案

代码状态	阶段	规则	示例
首次发布	新产品	从 1.0.0 开始	1.0.0
向后兼容的 bug 修复	补丁发布	更新 Z 位	1.0.1
向后兼容的新功能	次版本发布	更新 Y 位并将 Z 位置 0	1.1.0
变动较大，向后不兼容	主版本发布	更新 X 位并将 Y 和 Z 位置 0	2.0.0

2. 代码（包）使用的语义版本控制

要下载使用第三方代码包，可以在 package.json 文件中指定应用程序可接受的更新版本范围。

假使要以一个包的 1.0.4 版本作为起始版本，可以按照以下方式指定可接受的版本范围。

- 补丁发布：1.0、1.0.x 或~1.0.4。
- 次版本发布：1、1.x 或 ^1.0.4。
- 主版本发布：*或 x。

其中波浪号“～”表示前两位不变，最后一位取最新的版本值；脱字符“^”表示第 1 位版本号不变，后面两位取最新的版本值；星号“*”表示全部取最新的版本值。

3.3.7 使用 package.json 文件管理本地安装包

管理本地安装的 npm 包的最佳方式是创建一个 package.json 文件。package.json 具有以下功能。

- 列出当前项目所依赖的包。
- 通过语义化版本控制规则指定当前项目所使用的包的版本。
- 实现可重用的构建，更易于与其他开发人员分享包。

1. package.json 文件的基本组成

一个 package.json 文件必须包括以下至少两个字段。

- name：项目名称。必须使用小写单词，不能用空格，可以使用连字符“-”或下划线“_”。
- version：采用 x.x.x 的形式，符合语义化版本控制规则。

下面是一个简单的例子。

```
{
  "name": "my-awesome-package",
  "version": "1.0.0"
}
```

2. 创建 package.json 文件

创建 package.json 有两种基本的方式。

（1）创建默认的 package.json。

运行带选项--yes 或-y 的 npm init 命令将自动在当前目录下创建一个默认的 package.json。

```
C:\nodeapp\ch03\pkgtest >npm init --yes
Wrote to C:\nodeapp\ch03\pkgtest\package.json:
{
  "name": "mynodeprj",            // 项目名称（必需）
  "version": "1.0.0",             // 项目版本（必需）
  "description": "",              // 项目描述信息
  "main": "index.js",             // 程序的主入口文件
  "dependencies": {               // 项目的依赖包
    "lodash": "^4.17.11"
  },
```

```
  "devDependencies": {},        // 项目开发阶段的依赖包
  "scripts": {                  // 项目执行的脚本
    "test": "echo \"Error: no test specified\" && exit 1"
  },
  "keywords": [],               // 项目的关键词，用于搜索
  "author": "",                 // 项目作者
  "license": "ISC"              // 项目许可协议
}
```

其中“main”字段指定了程序的主入口文件，require('模块名')加载的就是该文件。这个字段的默认值是项目根目录下面的 index.js。“scripts”字段默认创建一个空的测试脚本。

（2）命令行交互方式运行。

执行 npm init 命令进入交互问答界面，根据提示输入各字段的定义。例如：

```
C:\nodeapp\ch03\pkgtest>npm init
This utility will walk you through creating a package.json file.
It only covers the most common items, and tries to guess sensible defaults.
See `npm help json` for definitive documentation on these fields
and exactly what they do.
Use `npm install <pkg>` afterwards to install a package and
save it as a dependency in the package.json file.
Press ^C at any time to quit.
package name: (mynodeprj)     #首先要求提供项目名称
```

也可以使用 npm set 命令为 npm init 命令设置几个默认值，例如：

```
> npm set init.author.email "wombat@npmjs.com"  // 设置作者的邮箱
> npm set init.author.name "ag_dubs"            // 设置作者的姓名
> npm set init.license "MIT"                    // 设置许可
```

3. 指定依赖包

要指定项目所依赖的包，需要在 package.json 文件中列出要使用的包。这些包分为两种类型。

- dependencies：这些包是应用程序在生产环境中所需的。
- devDependencies：这些包只是开发和测试所需的。

向 package.json 文件中添加依赖定义可以在使用 npm install 安装包时加上选项--save-prod 或--save-dev，这种方法比较容易，可以省掉手动修改 package.json 文件的步骤。

向 package.json 文件中添加“dependencies”依赖：

```
npm install <包名> [--save-prod]
```

这将自动更新 package.json 文件中的“dependencies”字段值，--save-prod 是默认的选项，也可用选项--save。

向 package.json 文件中添加“devDependencies”依赖：

```
npm install <包名> --save-dev
```

这将自动更新 package.json 文件中的“devDependencies”字段值。

npm 使用语义版本控制来管理包的版本或版本范围。如果在项目目录中有一个 package.json 文件，则直接运行 npm install 命令时，npm 会通过语义版本控制查找该文件列出的依赖包并下载最新的版本。在声明第三方包依赖时，除了可依赖一个固定版本号外，还可依赖某个范围的版本号。

4. 手动编辑 package.json

手动编辑 package.json 需要创建“dependencies”字段以列出要使用的依赖包。可以使用语义版本控制表达式定义与项目兼容的项目版本。对于只需在本地开发期间使用的依赖包，需要创建“devDependencies”字段。

在下面的例子中，项目在生产环境使用的依赖包 my_dep 可以是主版本为 1 的任何最新版本，仅用于开发环境的依赖包 my_test_framework 可以是主版本为 3 的任何最新版本。

```
{
  "name": "my_package",
  "version": "1.0.0",
  "dependencies": {
    "my_dep": "^1.0.0"
  },
  "devDependencies" : {
    "my_test_framework": "^3.1.0"
  }
}
```

3.3.8 包的其他操作

对已经安装的包可以执行升级和卸载等操作。

1. 包的升级

使用以下命令可以将本地安装的某个包更新至最新版本。

```
npm update <包名>
```

使用以下命令可以将全局安装的某个包更新至最新版本。

```
npm update -g <包名>
```

使用以下命令可以将全局安装的所有包更新至最新版本。

```
npm update -g
```

2. 包的卸载

如果不需要已经安装的包，则可以使用 npm uninstall 命令进行卸载。

使用以下命令来卸载本地安装的某个包。

```
npm uninstall <包名>
```

这将从当前目录的 node_modules 子目录中卸载所指定的包，默认会同时卸载该包的依赖包（生产环境中使用）。但是要同时卸载为开发环境指定的依赖包，必须使用--save-dev 选项：

```
npm uninstall --save-dev  <包名>
```

使用以下命令卸载全局安装的某个包：

```
npm uninstall -g <包名>
```

3. 清空 npm 本地缓存

使用以下命令可以清空 npm 本地缓存。

```
npm cache clean
```

4. 发布自己的包

可以将自己开发的程序以包的形式提交到 npm 官方仓库，这就是包的发布。要发布包，需要在 npm 注册服务器上注册用户，准备好包代码之后，使用 npm publish 命令进行发布。发布成功后，也可以使用 npm 来安装该包。

3.3.9 使用淘宝 npm 镜像

npm 官方仓库部署在境外服务器，因此网络访问会受到多种因素影响。为便于国内用户共享 npm 代码资源，淘宝团队提供了一个完整的 npmjs.org 镜像，其版本同步频率为 10 分钟一次，以保证与 npm 官方服务同步。

淘宝专门定制了 cnpm 命令行工具以代替 npm，可以执行以下命令进行 cnpm 工具安装。

```
npm install -g cnpm --registry=https://registry.npm.taobao.org
```

安装完成后就可以使用 cnpm 来代替 npm 安装和管理 npm 包了。cnpm 的使用方法与 npm 相同，只需将 npm 改成 cnpm 即可。

3.4 实战演练——抓取网页中的图片

学习以上内容之后，这里示范构建一个简单的项目，利用第三方包来抓取网页中的图片。为简化演示过程，没有使用数据库来存储抓取结果，只是将抓取的图片保存在本地目录中，并在控制台中输出所抓取的图片 URL 地址。

实战演练——抓取网页中的图片

3.4.1 技术准备

这个小程序涉及爬虫技术，Node.js 提供许多相关的第三方包。开发人员只需从中选择合适的包加以重用，以提高开发效率。主要解决两个问题，一是发起 HTTP 请求，二是解析获取的网页内容，通常用 request 和 cheerio 这两个包来分别解决上述两个问题。

1. request 包及其模块

首先需要发起 HTTP 请求。Node.js 内置的核心模块 http 可以作为客户端使用来发送请求，但是第三方模块通常提供更高层次的封装和更便捷的调用方法，如 phantom、request 以及 superagent 等。这里选择简单易用的 request 模块，由 request 包提供。下面是一段使用 request 模块的示例代码：

```
var request = require('request');        //导入 request 模块
request('https://www.baidu.com', function (error, response, body) {
  console.log('error:', error);          // 如果出错输出错误信息
  console.log('statusCode:', response && response.statusCode); // 收到响应输出状态码
  console.log('body:', body);            // 输出百度首页的 HTML 内容
});
```

request 方法的第 1 个参数可以是一个 URI，也可以是一个表示 HTTP 请求头的对象（包括 url、method、headers 或 body 元素）。第 2 个参数是一个回调函数，用于对返回的请求结果进行处理。

request 的一个重要特色就是对流的支持。抓取网页时往往需要保存图片、js、css 等文件，request 能够很好地支持文件流。例如，以下语句抓取百度 logo 图片并将图片保存到本地：

```
request('https://www.baidu.com/img/bd_logo1.png').pipe(fs.createWriteStream('logo1.png'))
```

request 还提供了非常好用的错误处理机制，例如：

```
request
  .get('http://mysite.com/doodle.png')
  .on('error', function(err) {
    console.log(err)
  })
  .pipe(fs.createWriteStream('doodle.png'))
```

2. cheerio 包及其模块

获取网页之后，需要对其进行解析。jQuery 库是前端操作网页 dom 节点的主流工具，cheerio 是专为服务端设计的快速、灵活和精简实现的核心 jQuery。cheerio 是一个 npm 包，相当于一个 Node.js 版本的 jQuery，是爬虫脚本用得最多的代码包，主要用来提取所抓取的网页节点内容。它工作在一个非常简单、一致的 DOM 模型之上，几乎能够解析任何的 HTML 和 XML 文档。使用该包提供的 cheerio 模块的例子如下：

```
const cheerio = require('cheerio')
const $ = cheerio.load('<h2 class="title">Hello world</h2>')
$('h2.title').text('Hello there!')
$('h2').addClass('welcome')
$.html()
//这将输出：<html><head></head><body><h2 class="title welcome">Hello there!</h2>
</body></html>
```

首先，需要使用 load()方法加载 HTML 文档内容，参数可以是一个完整的 HTML 文件，也可以是

一个 HTML 片段。

然后操作 HTML 文档中的元素。cheerio 的选择器用法几乎和 jQuery 一样：

```
$(selector,[context],[root])
```

选择器在 context 范围内搜索，context 又在 root 范围内搜索。selector 和 context 可以是一个字符串表达式、DOM 元素、DOM 元素的数组，或者 cheerio 对象。root 通常是 HTML 文档字符串。

cheerio 选择器方法是遍历和操作文档的起点。与 jQuery 相似，这是在文档中选择元素的主要方法；与 jQuery 不同的是，它建立在 CSSSelect 库之上，该库实现了 Sizzle 选择器的大部分功能。

```
$('.apple', '#fruits').text()
//=> Apple
$('ul .pear').attr('class')
//=> pear
$('li[class=orange]').html()
//=> Orange
```

获取和修改属性的方法如下：

```
.attr( name, value ):
```

在匹配的元素当中，这个方法只能获取第 1 个匹配元素的属性。如果设置属性的值为 null，就相当于删除了这个属性；也可以传递一个键值对或一个方法给 attr()方法。

3.4.2 实现思路

了解以上两个第三方包及其模块之后，可以初步确定本项目的实现思路。

（1）通过 request 请求网页地址并获取返回结果，得到整个网页代码。

（2）在 request 的回调函数中调用 cheerio 对返回的网页文档内容基于 DOM 结构进行解析，提取其中图片文件的 URL 地址；利用 request 模块再次请求图片文件的 URL 地址，将获取的结果以流的方式保存到本地。

为更好地组织代码，将使用 cheerio 模块解析 HTML 文档的功能封装为一个文件模块（例中命名为 parse.js），在项目的主入口文件 index.js 加载该文件模块，并使用 request 模块实现网页请求和提取网页图片的保存。

3.4.3 创建项目目录并准备 package.json 文件

所有的 Node.js 项目都应单独存放在一个目录中，如果项目使用了第三方模块，还应提供一个 package.json 文件来管理本地安装包。这里创建一个名为 crawlimg 的目录，再在其中创建一个 package.json 文件（例中采用交互方式创建）。在命令行中切换 crawlimg 目录，执行 npm init 命令，过程如下：

```
C:\nodeapp\ch03\crawlimg>npm init
（此处省略交互过程）
About to write to C:\crawlimg\package.json:
{
  "name": "crawlimg-project",
  "version": "1.0.0",
  "description": "",
  "main": "index.js",
  "scripts": {
    "test": "echo \"Error: no test specified\" && exit 1"
  },
  "author": "",
  "license": "ISC"
}
Is this OK? (yes)
```

当然也可以手工编辑一个 package.json 文件，或者生成一个默认的 package.json 文件并进行修改。

为便于保存抓取的图片，在项目目录中创建一个名为 downimages 的目录。

3.4.4 安装 request 和 cheerio 包

执行以下命令安装 request 和 cheerio 包（这里利用 npm 淘宝镜像）：

```
C:\nodeapp\ch03\crawlimg>cnpm install request cheerio  --save
```

该命令会新建一个 node_modules 目录以保存以上两个包。选项--save 将把安装包的信息添加到 pakage.json 文件的“dependencies”中：

```
"dependencies": {
   "cheerio": "^1.0.0-rc.2",
   "request": "^2.88.0"
  }
}
```

默认安装包的最新版本。

如果没有使用--save 选项，pakage.json 将不会发生任何变化。这里之所以将这些依赖关系保存到 package.json，是为了方便其他开发人员在得到该项目后直接使用 npm install 命令就能完成所有依赖项的自动安装。另外还有一个原因，Node.js 项目在进行代码管理时通常都会忽略 node_modules 目录而只保留 package.json。

3.4.5 定义一个模块用于解析网页文档

在项目目录中新建一个 parse.js 文件，加入以下代码。

【示例 3-7】 解析网页文档（crawlimg\parse.js）

```
const cheerio = require('cheerio');     //导入第三方 cheerio 模块
exports.getImg =  function(htmldom, callback) {   // exports 对象上设定对外暴露的方法
   let $ = cheerio.load(htmldom);      //装载网页
   $('img').each(function(i, elem) {     //遍历其中的 img 标签
      let imgSrc = $(this).attr('src');     //获取每一个图片的 URL
      callback(imgSrc, i);     //通过回调函数处理图片 URL
   });
}
```

这个模块对外暴露 getImg()方法，该方法用于获取网页中每一幅图片的 URL。

3.4.6 编写主入口文件 index.js

本项目的功能比较简单，主要功能在主入口文件 index.js 中实现。

【示例 3-8】 主入口文件（crawlimg\index.js）

```
const request = require('request');  //导入第三方 request 模块
const path = require('path');   //导入 path 核心模块用于处理目录路径
const fs  = require('fs');   //导入 fs 核心模块用于操作文件
const parse = require('./parse');  //导入 request 文件模块用于解析网页图片地址
const workUrl = 'http://www.qingdaonews.com';  //指定要抓取图片的网页地址，可以改变
const imgDir = path.join(__dirname, 'downimages'); //获取图片保存路径
//定义下载图片的函数
function downImg(imgUrl, i) {
   if (imgUrl){                //此条件可避开遍历过程中出现的 undefined 值
      console.log(imgUrl);     //控制台输出图片 URL
```

```
        //获取图片文件的扩展名，利用 split() 函数将图片 URL 分割成一个字符串数组并取最后一个元素
        let ext = imgUrl.split('.').pop();
        //利用 request 请求网页图片并将图片保存到指定的图片目录，使用一个从读取流到写出流的管道(pipe)
        request.get(imgUrl).pipe(fs.createWriteStream(path.join(imgDir, i + '.' + ext),
        { 'encoding': 'utf8' }));
    }
}
//下面是主程序，用于请求网页并对结果进行解析
request(workUrl, function(err, res, body) {
    if(!err && res) {
        console.log('start');
        parse.getImg(body,downImg);  //调用 parse.getImg 解析网页图片
        console.log("done");
    }
    else{
        console.log("error");
    }
});
```

3.4.7 运行程序

在命令行中切换到项目目录，执行 node index.js 命令测试程序。例中结果如下：

```
C:\nodeapp\ch03\crawlimg>node .
start
http://www.qingdaonews.com/public/templateRes/201802/09/90283/90283/logo190603.png
http://www.qingdaonews.com/public/templateRes/201802/09/90283/90283/newswx.png
（部分省略）
http://www.qingdaonews.com/public/templateRes/201802/09/90283/90283/sdjubao.jpg
http://www.qingdaonews.com/public/templateRes/201802/09/90283/90283/gangting48.jpg
done
```

在控制台中显示抓取的图片 URL。完成之后，还可以到图片文件夹进一步查看已下载的图片，如图 3-8 所示。

图 3-8　查看已下载的图片

读者可以根据需要进一步完善该项目，如新建一个配置文件指定要抓取图片的网页地址，还可以利用数据库保存抓取结果。

3.5 本章小结

本章的主要内容是 Node.js 模块和包的相关知识和操作技能，包括模块的自定义和导入、模块的加载顺序、核心模块的使用、包的管理和使用，最后是一个使用第三方模块开发的案例。Node.js 的内置模块远远不能满足开发需要，程序员必须熟练掌握第三方模块的使用。开发人员通过 Node.js 提供的 npm 包管理工具下载第三方提供的各种包，充分利用这些可重用代码，可以高效率地开发出功能强大的 Node.js 应用程序，这也正是 Node.js 开源系统的魅力之所在。许多用户并不严格区分模块和包，实际上程序中加载的是模块，运行环境中安装的是包，模块可以通过包来提供。

习题

一、选择题

1. 以下关于 Node.js 模块的说法中，不正确的是（ ）。
   A. Node.js 按照 CommonJS 规范加载模块
   B. Node.js 将可重用代码封装在各种模块中
   C. 使用 require()可以在文件中任何位置导入模块
   D. exports 只是对 module.exports 的一个全局引用
2. 返回完整路径的方法是（ ）。
   A. path.dirname(path)　　B. path.basename(path[, ext])
   C. path.extname(path)　　D. path.parse(path)
3. 获取及设置 URL 路径的属性是（ ）。
   A. url.protocol　B. url.pathname　C. url.hostname　D. url.search
4. 以下关于 Node.js 包的说法中，不正确的是（ ）。
   A. 一个包是由 package.json 文件描述的一个文件或目录
   B. npm 包一定是模块
   C. 包可以是一个 gzip 压缩包
   D. 大部分 npm 包都包括许多模块

二、简述题

1. 模块有什么作用？如何导入模块？
2. 什么是 npm？
3. 什么是包？什么样的包不是模块？
4. 包管理器 npm 的主要用途有哪些？
5. Node.js 如何利用 package.json 文件管理依赖包？

三、实践题

1. 自定义一个模块，然后导入该模块并进行测试。
2. 编一个简单的程序，通过 os 模块的方法获取系统的上线时间。
3. 编一个简单的程序，通过 path 模块的方法获取某文件的完整路径。
4. 使用 npm init 命令创建一个项目目录，并分析 package.json 文件的结构。
5. 到 npm 官网上查看关于 MySQL 的包。

第4章 文件系统操作

04

学习目标

① 了解同步与异步文件操作，掌握文件和目录基本操作的编程方法。
② 会使用 Node.js 文件操作的流接口，能够编程实现文件遍历和监视。
③ 掌握 JSON 和 CSV 格式的文件操作，学会使用文件存储和数据转换。

文件系统操作

文件中的数据可以持久存放在存储设备中，许多程序都要与外部数据进行交互，如存储在数据库、XML 或文本文件中的数据，因此文件操作是软件开发中必不可少的任务。对程序设计语言来说，文件处理也是最重要的能力之一。与其他编程语言一样，Node.js 也提供了文件系统操作相关的 API，本章将讲解如何使用这些 API 实现对文件和目录的操作。

4.1 Node.js 的文件系统基础

Node.js 的文件系统基础

浏览器端 JavaScript 的安全性问题决定了操作本地文件是不可能实现的，而 Node.js 作为服务器端的 JavaScript，提供了一个 fs（File System）模块，以实现本地文件及目录的读写操作。在 Node.js 中，所有文件操作都是通过 fs 这个核心模块来实现的。在具体进行文件操作之前，先介绍一下文件系统的基础知识，涉及同步与异步文件操作、文件路径、文件模式（File Mode）、文件系统标志（File System Flags）和文件描述符（File Descriptors）。

4.1.1 fs 模块简介

fs 是 Node.js 中使用最为频繁的模块之一，其提供一组文件操作 API 用于模仿标准 POSIX 函数与文件系统进行交互，包括文件目录的创建、删除、查询，以及文件的读取和写入。POSIX 是 UNIX 类型操作系统接口集合的国际标准，并不局限于 UNIX，Linux 各种版本都符合 POSIX。在使用此模块之前，需使用以下语句导入它。

```
const fs = require('fs');
```

fs 模块总共有 5 个类，分别是 fs.Dirent、fs.FSWatcher、fs.ReadStream、fs.WriteStream 和 fs.Stats。fs.Dirent 用于指示文件类型，fs.FSWatcher 用于监视文件，fs.ReadStream 和 fs.WriteStream

分别用于读取和写入流，fs.Stats 提供有关文件的信息。

这个模块几乎对所有文件操作都提供异步和同步两种操作方式，供开发者选择。该模块提供几十个方法，这些方法分为同步和异步两种实现方式，名称具有“Sync”后缀的方法为同步方法，不具有该后缀的方法为异步方法。

fs 模块支持 FS 常量，包括文件可访问性、文件复制、文件打开、文件类型和文件模式的常量。常量可以从 fs.constants 获取。

Promise 是异步编程的一种解决方案，其与传统的解决方案——回调函数和事件相比，更为合理和更强大。所谓 Promise，简单说就是一个容器，里面保存着某个未来才会结束的事件（通常是一个异步操作）的结果。fs 模块也提供了对 Promise 的支持，其包含一套 Promise API。

fs.promises API 提供的异步文件系统方法返回的是 Promise 对象，而不是传统的回调函数。要使用这套 API，则要通过以下语句加载模块：

```
const fsPromises = require('fs').promises;
```

fs.promises API 包括一个 fileHandle 类和十几个方法，目前使用不多，本章不做介绍。

4.1.2 同步文件操作与异步文件操作

在 Node.js 中，与网络等其他 I/O 操作不同，文件系统不但有异步接口，还有同步接口。fs 模块包含两大类的 API 方法，即同步文件操作和异步文件操作，大多数文件操作提供同步和异步两种方式。实际上 Node.js 内部的模块系统以及 require()方法都会用到文件同步操作。

异步操作方法或函数的最后一个参数总是一个回调函数。传给该回调函数的具体参数又取决于具体的异步操作方法，但第 1 个参数总是错误信息，如果操作成功完成，则这个参数值将为 null 或 undefined。下面给出一段示例代码：

```
fs.unlink('/tmp/hello.txt', function (err) {    //异步删除文件
  if (err) throw err;   //如果发生错误则抛出异常
  console.log('已成功删除/tmp/hello.txt! ');
});
```

而使用同步操作方法执行时，一有异常会立即引发，可以使用 try/catch 语句块来处理，也可以让异常事件冒泡。下面是一段示例代码：

```
try {
  fs.unlinkSync('/tmp/hello.txt');          //同步删除文件
  console.log('已成功删除 /tmp/hello.txt! ');
} catch (err) {
  // 处理错误
}
```

多个异步函数在同一层次执行，是无法保证执行顺序的，因此以下操作容易出错，因为 fs.stat()操作可能在 fs.rename()操作之前已经完成（原操作意图为先修改文件名再查看文件属性）：

```
fs.rename('/tmp/hello.txt', '/tmp/world.txt', (err) => {
  if (err) throw err;
  console.log('重命名完成! ');
});
fs.stat('/tmp/world.txt', (err, stats) => {
  if (err) throw err;
  console.log(`文件属性: ${JSON.stringify(stats)}`);
});
```

要正确地排序这些操作，最好将一个函数放在另一个函数的回调函数中执行。这里应将 fs.stat()调用移到 fs.rename()操作的回调中：

```
fs.rename('/tmp/hello.txt', '/tmp/world.txt', (err) => {
  if (err) throw err;
```

```
  fs.stat('/tmp/world.txt', (err, stats) => {
    if (err) throw err;
    console.log(`文件属性: ${JSON.stringify(stats)}`);
  });
});
```

不过，这种回调的嵌套层次一旦过深，就会造成“回调地狱”，该部分内容将在本书第 6 章具体讲解。

异步操作方法支持同时处理多个任务，阻塞少、性能高、速度快。而同步操作将阻塞整个进程，直到所有任务完成。同步操作方法不会延迟执行，当 CPU 完成准备时，同步操作方法会立即执行，用户只需等待它完成任务，但是在等待期间会阻塞其他任务的运行。这里通过一个示例文件来展示同步和异步读取文件的区别：

【示例 4-1】 文件同步与异步操作比较（fstest\sync-aysnc.js）

```
const fs = require('fs');//导入 fs 模块
fs.readFile('demo.txt', function (err, data) {// 异步读取
   if (err) {
       return console.error(err);
   }
   console.log("异步读取: " + data.toString());
});
var data = fs.readFileSync('demo.txt'); // 同步读取
console.log("同步读取: " + data.toString());
console.log("程序执行完毕。");
```

以上代码执行结果如下：

```
C:\nodeapp\ch04\fstest>node sync-async.js
同步读取：人生并不像火车要通过每个站似的经过每一个生活阶段。人生总是直向前行走，从不留下什么。
程序执行完毕。
异步读取：人生并不像火车要通过每个站似的经过每一个生活阶段。人生总是直向前行走，从不留下什么。
```

提示

Node.js 的一大优势就是支持异步调用，不管是在读取数据库，还是在读取文件时，都可以使用异步的方式处理任务，这样就可以处理高并发的情况。一般情况下，建议使用异步操作方式，而不要使用同步方法。本章讲解文件操作时，以异步操作方法为主，同步操作方法为辅。

4.1.3 文件路径

操作的文件对象通过文件路径来引用。在 fs 模块的方法中一般用 path 参数表示文件路径。

1. Node.js 的文件路径表示方法

Node.js 文件操作所用的路径非常灵活，大多数文件操作接受的文件路径参数可以是字符串、Buffer 对象或 URL 对象。

（1）字符串表示的文件路径。

用字符串（UTF-8 字符序列）形式表示的路径可分为相对路径和绝对路径两种类型。

绝对路径是完整的路径。在 POSIX 系统上使用的绝对路径是从根目录（/）开始的，如 /open/some/file.txt。而在 Windows 上 Node.js 要遵循单驱动器工作目录的规则，绝对路径是从驱动器符号开始，而且路径分割使用反斜杠，如 C:\\temp\\myfile.html。

相对路径相对于当前工作目录进行解析。使用 process.cwd()可获取当前工作目录。例如 file.txt 就是一个相对路径。

（2）Buffer 对象。

使用 Buffer 指定的路径主要用于某些 POSIX 操作系统，这些系统将文件路径视为不透明字节序列

的。在这样的系统上，单个文件路径可以包含使用多种字符编码的子序列。与字符串路径一样，Buffer 路径也可以是相对路径或绝对路径。例如，绝对路径可表示为 Buffer.from('/open/some/file.txt')。

（3）URL 对象。

这是自 Node.js 7.6.0 开始新增的文件路径类型。对于大多数 fs 模块的函数，path 或 filename 参数可以传入 WHATWG URL 对象（WHATWG 是一种 HTML5 规范）。目前 Node.js 仅支持使用 file 协议的 URL 对象。例如：

```
const fileUrl = new URL('file:///tmp/hello');
fs.readFileSync(fileUrl);
```

file 协议的 URL 始终是绝对路径。

不同操作系统平台对 WHATWG URL 对象的解析会有差别。例如，在 Windows 系统上，将带有主机名的 URL 路径转换为 UNC 路径：

```
file://hostname/p/a/t/h/file => \\hostname\p\a\t\h\file
```

将带有驱动器号的 file: URL 转换为本地绝对路径：

```
file:///C:/tmp/hello => C:\tmp\hello
```

在其他所有平台上，不支持带有主机名的 URL，而 WHATWG URL 会被转换为绝对路径：

```
file:///tmp/hello => /tmp/hello
```

包含编码后的斜杠字符“%2F”的 URL 在所有平台上都将导致抛出错误：

```
fs.readFileSync(new URL('file:///C:/p/a/t/h/%2F'));
fs.readFileSync(new URL('file:///p/a/t/h/%2F'));
```

2. 使用 path 模块处理不同风格的路径

在实际应用中要考虑跨平台的问题，Node.js 能够正确解析不同风格的文件路径，这通常要使用 path 模块。该模块的具体用法在第 3 章已经讲解过，这里再列举一下最常见的操作。

- 获取目录名：path.dirname(path)。
- 获取扩展名：path.extname(path)。
- 规范化路径：path.normalize(path)。
- 解析路径：path.resolve([...paths])。
- 连接路径：path.join([...paths])。

通常在存储和使用文件之前，需要使用 path.normalize()方法对路径进行规范化，再进行其他处理。

4.1.4 文件模式

这里的文件模式指的就是文件权限，fs 模块对文件进行操作会涉及操作权限的问题，在相关的方法中一般用 mode 参数表示文件模式。fs 模块遵循的是 POSIX 文件操作规范，使用类 Unix 系统的权限表示方法。类 Unix 系统的文件（包括目录，目录也是一种特殊文件）权限是指对文件的访问控制，决定哪些用户和哪些组对某文件具有哪种访问权限。Node.js 将文件访问者身份分为 3 个类别：所有者（Owner）、所属组（Group）和其他用户（Others）。对于每个文件，又可以为这 3 类用户指定 3 种访问权限：读（Read）、写（Write）和执行（Execute）。这样就形成了表 4-1 所示的 9 种具体的访问权限。

表 4-1　访问权限

权限分配	所有者权限			所属组权限			其他用户权限		
权限项	读	写	执行	读	写	执行	读	写	执行
字符表示	r	w	x	r	w	x	r	w	x
数字表示	4	2	1	4	2	1	4	2	1

在 Linux 中使用 ls -1 命令即可显示文件详细信息，例如：

```
drwx------. 14   alice   alice    4096    12月  9 10:43    alice_doc
[ 文件权限 ] [链接][所有者] [所属组]  [容量]      [ 修改日期 ]      [ 文件名 ]
```

第 1 项表示文件类型与权限，共有 10 个字符，第 1 个字符表示文件类型，其中 d 表示目录，-表示文件，l 表示链接文件，b 表示块设备文件，c 表示字符设备文件。接下来的字符以 3 个为一组，分别表示文件所有者、所属组和其他用户的权限，每一类用户的 3 种文件权限依次用 r、w 和 x 分别表示读、写和执行，这 3 种权限的位置不会改变，如果某种权限没有，则在相应权限位置用-表示。

将权限读“r”、写“w”和执行“x”分别用数字 4、2 和 1 表示，没有任何权限则表示为 0。每一类用户的权限用其各项权限的和表示（结果为 0~7 之间的数字），依次为所有者、所属组和其他用户的权限。这样以上 9 种权限就可用 3 个数字来统一表示。例如，754 表示所有者、所属组和其他用户的权限依次为：[4+2+1]、[4+0+1]、[4+0+0]，转化为字符表示就是 rwxr-xr--。

Windows 系统的文件权限默认是可读、可写、不可执行，所以权限位数字表示为 0o666（八进制表示），转换十进制表示为 438。

4.1.5 文件系统标志

Node.js 的文件系统操作方法会使用 flag 参数表示文件系统标志，此标志用于设置文件打开的行为，如可读、可写、既可读又可写等。这里将所有的文件系统标志（用字符串表示）在表 4-2 中列出，并说明其具体含义。

表 4-2 文件系统标志

标志	说明
a	以追加模式打开文件。如果文件不存在则创建
ax	类似 a 标志，但是如果文件路径存在，则文件追加失败
a+	以读取追加模式打开文件，如果文件不存在则创建
ax+	类似 a+标志，但是如果文件路径存在，则文件读取追加失败
as	以同步方式打开文件用于追加。如果文件不存在，则创建该文件
as+	以同步方式打开文件用于读取和追加。如果文件不存在，则创建该文件
r	以读取模式打开文件。如果文件不存在则抛出异常
r+	以读取和写入模式打开文件。如果文件不存在则抛出异常
rs	以同步方式读取文件。如果文件不存在则抛出异常
rs+	以同步方式读取和写入文件。它会指示操作系统绕过本地的文件系统缓存，除非需要，否则不建议使用此标志
w	以写入模式打开文件，如果文件不存在则创建
wx	类似 w 标志，但是如果文件路径存在，则文件写入失败
w+	以读写模式打开文件，如果文件不存在则创建
wx+	类似 w 标志，但是如果文件路径存在，则文件读写失败

文件系统标志也可以使用数字表示，相关的常量可以从 fs.constants 获取。在 Windows 系统上，标志会被适当地转换为等效的标志，例如 O_WRONLY 被转换为 FILE_GENERIC_WRITE，_EXCL|O_CREAT 被转换为 CREATE_NEW。

特有的 x 标志（常量 O_EXCL）可以确保路径是新创建的。

如果要修改文件而不是覆盖文件，则标志应设置为 r+而不是默认的 w。

4.1.6 文件描述符

在 POSIX 系统上，对于每个进程，内核都维护着一个当前打开着的文件和资源的表。操作系统会为每个打开的文件分配一个名为文件描述符的数字，文件操作使用这些文件描述符来识别与追踪每个特定的文件。Windows 系统使用了一个不同但概念上类似的机制来追踪资源。为方便用户使用，Node.js 抽象了不同操作系统之间的差异，为所有打开的文件分配了数字形式的文件描述符。相关的方法中一般用 fd 参数表示文件描述符。

在 Node.js 中每操作一个文件，文件描述符都是会自动递增的，文件描述符一般从 3 开始，因为前面的 0、1、2 是比较特殊的描述符，分别表示 process.stdin（标准输入）、process.stdout （标准输出）和 process.stderr（错误输出）。

fs.open()方法用于分配新的文件描述符。一旦被分配，文件描述符可用于从文件读取数据、向文件写入数据或请求关于文件的信息。

大多数操作系统会限制在任何给定时间内可能打开的文件描述符的数量，因此操作完成时关闭描述符至关重要。如果不这样做将导致内存泄露，最终可能导致应用程序崩溃。

4.2 文件与目录基本操作

Node.js 内置的 fs 模块提供了丰富的 API，这里主要介绍文件和目录的基本操作。

文件与目录基本操作

4.2.1 打开文件

要读取文件内容，获取文件信息，首先需要打开文件。打开文件有同步和异步两种方式，一般选择异步方式。在异步方式下打开文件的语法格式如下：

```
fs.open(path, flags[, mode], callback)
```

参数说明如下。

- path：指定文件路径。
- flags：指定文件系统标志。
- mode：这是可选的参数，用于设置文件模式，但仅限于创建文件的情况。文件创建默认权限为 0o666（可读可写）。在 Windows 系统上只能设置写权限。
- callback：回调函数，带有两个参数 err 和 fd，用于返回错误信息和表示文件描述符的整数。

这里给出一个以异步方式打开文件的实例，代码如下：

【示例 4-2】 异步打开文件（fstest\file_open.js）

```
const fs = require('fs');
console.log("准备打开文件");
//r+表示以读写模式打开，fd 为返回的文件描述符
fs.open('demo.txt', 'r+', function(err, fd) {
   if (err) {
     return console.error(err);
   }
   console.log("文件打开成功！ ");
});
```

同步打开文件方法的语法格式如下：

```
fs.openSync(path, flags[, mode])
```

该方法比上述 fs.open()少了一个回调函数参数 callback。

4.2.2 获取文件信息

通过 Node.js 的 API 可以获取文件的特征信息，如文件大小、创建时间、权限等。异步方式获取文件信息的语法格式如下：

```
fs.stat(path[, options], callback)
```

参数说明如下：

- path：文件路径。
- options：选项。使用 bigint 作为选项来指示返回的 fs.Stats 对象中的数值是否应为 bigint 类型，默认值为 false。
- callback：回调函数，带有两个参数 err 和 stats，分别表示错误信息和 fs.Stats 对象。

执行该方法后，fs.Stats 类的实例（对象）返回给其回调函数。可以通过 fs.Stats 类提供的方法（表 4-3 列出）来判断文件的相关属性。

表 4-3　fs.Stats 类提供的方法

方法	说明
stats.isBlockDevice()	如果是块设备则返回 true，否则返回 false
stats.isCharacterDevice()	如果是字符设备则返回 true，否则返回 false
stats.isDirectory()	如果是目录则返回 true，否则返回 false
stats.isFIFO()	如果是 FIFO 则返回 true，否则返回 false。FIFO 是 UNIX 中的一种特殊类型的命令管道
stats.isFile()	如果是文件则返回 true，否则返回 false
stats.isSocket()	如果是套接字则返回 true，否则返回 false

fs.Stats 类还有许多属性，如 stats.size 表示文件的大小（以字节为单位），stats.birthtime 表示文件创建时间的时间戳。这些属性可以从返回的 fs.Stats 对象中获取。下面给出一个异步读取文件信息的实例。

【示例 4-3】　异步读取文件信息（fstest\file_stat.js）

```
const fs = require('fs');
fs.stat("demo.txt", function (err, stats) {
    if(err) throw err;
    console.log(stats);//显示返回的 fs.Stats 对象
    console.log("读取文件信息成功！");
    // 检测文件类型
    console.log("是否为文件(isFile) ? " + (stats.isFile() ? '是':'否'));
    console.log("是否为目录(isDirectory) ? " + (stats.isDirectory() ? '是':'否'));
    // 读取文件属性
    console.log("文件大小: " + stats.size);
    console.log("创建时间: " + stats.birthtime);
});
```

以上代码执行结果如下：

```
C:\nodeapp\ch04\fstest>node file_stat.js
Stats {
  dev: 2163518143,
  mode: 33206,
  nlink: 1,
  uid: 0,
  gid: 0,
  rdev: 0,
  blksize: undefined,
  ino: 1125899906911242,
  size: 63,
  blocks: undefined,
  atimeMs: 1557110494881.8582,
  mtimeMs: 1554868250426.3318,
```

```
  ctimeMs: 1557110494881.8582,
  birthtimeMs: 1557110494881.8582,
  atime: 2019-05-06T02:41:34.882Z,
  mtime: 2019-04-10T03:50:50.426Z,
  ctime: 2019-05-06T02:41:34.882Z,
  birthtime: 2019-05-06T02:41:34.882Z }
读取文件信息成功!
是否为文件(isFile) ? 是
是否为目录(isDirectory) ? 否
文件大小: 63
创建时间: Mon May 06 2019 10:41:34 GMT+0800 (GMT+08:00)
```

提 示　不建议在调用 fs.open()、fs.readFile()或 fs.writeFile()等方法之前使用 fs.stat()方法检查文件是否存在，这样做会引入竞态条件，因为其他进程可能会在两个调用之间更改文件的状态。应该直接打开、读取或写入文件，如果文件不可用则处理引发的错误。如果仅检查文件是否存在但随后并不对其进行操作，则建议使用 fs.access()方法。

同步获取文件信息的方法的语法格式如下，比上述 fs.stat()方法少了一个回调函数参数 cllback。

```
fs.statSync(path[, options])
```

4.2.3 读取文件

fs 模块提供两种读取文件的方法，一种是读取指定的部分数据，另一种是一次性读取整个文件。

1. 读取指定的数据

异步方式下读取文件指定数据的语法格式如下：

```
fs.read(fd, buffer, offset, length, position, callback)
```

该方法从 fd 参数指定的文件中读取数据。参数说明如下。

- fd：类型为 integer，通过 fs.open()方法返回的文件描述符，用于指定读取的文件。
- buffer：数据写入的缓冲区，类型为 Buffer，也可以是 TypedArray 或 DataView。
- offset：缓冲区写入的写入偏移量，类型为 integer。
- length：要从文件中读取的字节数，类型为 integer。
- position：文件读取的起始位置，类型为 integer。如果 position 的值为 null，则会从当前文件指针的位置读取，并更新文件位置。如果 position 值是整数，则文件位置将保持不变。
- callback：回调函数，有 3 个参数 err、bytesRead 和 buffer，分别表示错误信息、读取的字节数和 Buffer 对象。

读取文件时需先打开文件，再从 fs.open()返回的文件描述符指向的文件中读取数据。下面是一个简单的示例。

【示例 4-4】　从文件中读取部分数据（fstest\file_readdata.js）

```
const fs = require('fs');
fs.open("demo.txt","r",function(err,fd)
{
    if(err) throw err;
    console.log("打开文件成功。");
    var buf = Buffer.alloc(24);//分配缓冲区
    //开始读取字节
    fs.read(fd,buf,0,buf.length,0,function(err,bytes)
    {
        if(err){
```

```
            fs.closeSync(fd);//关闭文件
            return console.log(err);
        }
        console.log("读取的字节长度:"+bytes);
        // 仅输出读取的字节
        if(bytes > 0){
            console.log("打开文件后读取的 buff 内容:"+buf.slice(0, bytes).toString());
        }
        fs.closeSync(fd);//关闭文件
    });
});
```

2. 读取文件的全部内容

异步方式下读取文件全部内容的语法格式如下：

```
fs.readFile(path[, options], callback)
```

参数 path 可以是文件路径，也可以是文件描述符。参数 options 是可选的，可用于指定编码格式（默认值 null）或文件系统标志（默认值'r'）。回调函数 callback 有两个参数 err 和 data，分别表示错误信息和返回的文件内容（可以是字符串形式或 Buffer 对象）。

用这种方法读取文件时无须打开文件，下面是简单的示例。

【示例 4-5】 读取文件全部内容（fstest\file_readall.js）

```
const fs = require('fs');
fs.readFile('demo.txt', (err, data) => {
    if (err) throw err;
    console.log(data);
});
```

以上代码由于没有明确指定编码格式，所以执行时会返回原始的 Buffer 对象：

```
C:\nodeapp\ch04\fstest>node file_readall.js
<Buffer ef bb bf e8 bf 99 e6 98 af e4 b8 80 e4 b8 aa e7 94 a8 e4 ba 8e e6 b5 8b
e8 af 95 e8 af bb e5 8f 96 e6 96 87 e4 bb b6 e5 86 85 e5 ae b9 e7 9a 84 e6 96 ..
. >
```

可通过参数 options 指定字符编码格式，这就会返回字符串。

```
fs.readFile('demo.txt','utf8', callback);
```

fs.readFile()方法会缓冲整个文件。为减少内存占用，应尽可能通过 fs.createReadStream()方法进行流传输。

4.2.4 写入文件

写入文件有两种方法，一种是覆盖式写入，另一种是以追加方式写入。

1. 覆盖式写入

异步方式下覆盖式写入文件的语法格式：

```
fs.writeFile(file, data[, options], callback)
```

该方法异步地将数据写入到一个文件，如果文件不存在则将自动创建，如果已存在则覆盖该文件，写入的内容可以是字符串或 Buffer 对象。其参数说明如下。

- file：文件名或文件描述符。
- data：要写入文件的数据，可以是字符串或 Buffer 对象。
- options：这是一个可选的参数，可以是一个对象，包含{encoding, mode, flag}，其中 encoding 表示编码格式（默认为 utf8），mode 表示模式（默认为 0666），flag 为文件系统标志（默认为'w'），也可以直接用字符串来指定编码格式。
- callback：回调函数，只包含错误信息参数 err，在写入失败时返回。

写入文件时也不用先打开文件，这里给出覆盖式写入文件的示例，代码如下：

【示例 4-6】 覆盖式写入文件（fstest\file_write.js）

```
const fs = require('fs');
console.log("准备写入文件");
fs.writeFile('input.txt', '这样用于写入文件测试的内容',  function(err) {
   if(err) throw err;
   console.log("数据写入成功！");
});
```

如果参数 data 是一个 Buffer 对象，则 encoding 选项会被忽略。

参数 options 可以采用对象形式，这里给出一个例子：

```
var op = {
   encoding: 'utf8',
   mode: 0o666,
   flag: 'w'
};
```

在同一个文件上多次使用 fs.writeFile()方法且不等待回调是不安全的。对于这种情况，建议改用 fs.createWriteStream()方法。

2. 追加式写入

异步方式下追加式写入文件的语法格式：

```
fs.appendFile(path, data[, options], callback)
```

该方法异步地将数据追加到文件，如果文件不存在则创建该文件，如果文件已存在，追加内容的位置取决于文件系统标志。与 fs.writeFile()不同，fs.appendFile()方法中参数 options 的{encoding, mode, flag}对象中的 flag（文件系统标志）默认值为'a'，这表示将内容追加到文件尾部；如果改为'w'，则将用追加的内容覆盖整个文件。这里给出一个示例，代码如下：

【示例 4-7】 追加式写入文件（fstest\file_append.js）

```
const fs= require('fs');
console.log("准备追加文件！");
fs.appendFile('input.txt','这是用于追加文件测试的内容',  (err) => {
  if(err) throw err;
  console.log("数据追加成功！");
});
```

参数 path 除了使用文件路径外，还可以指定为已打开文件的文件描述符，可使用 fs.open()或 fs.openSync()方法来打开文件或返回文件描述符，注意文件描述符不会自动关闭。

3. 将数据写入文件指定的位置

fs 模块还支持将数据写入文件指定位置，它提供的异步方法有两个。一个是写入 Buffer 对象的方法，语法格式如下：

```
fs.write(fd, buffer[, offset[, length[, position]]], callback)
```

参数 buffer 指定写入到文件的 Buffer 对象；offset 决定 Buffer 对象中要被写入的部位；length 是一个整数，指定要写入的字节数；position 指定文件写入位置；回调包含 3 个参数 err、bytesWritten 和 buffer，其中 bytesWritten 返回 Buffer 对象中被写入的字节数。

另一个异步方法是写入字符串的方法，其语法格式如下：

```
fs.write(fd, string[, position[, encoding]], callback)
```

参数 string 指定写入到文件的字符串，如果不是一个字符串，则该值会被强制转换为字符串；position 指定文件写入位置；encoding 表示期望的字符串编码；回调会接收到参数 err、written 和 string，其中 written 指定传入的字符串中被要求写入的字节数，被写入的字节数不一定与被写入的字符串字符数相同。

这两个方法执行之前都需要打开文件，通过打开文件返回的文件描述符（fd 参数）来指定要写入的文件。注意在 Linux 上当以追加模式打开文件时，无法指定写入位置。

4.2.5 文件的其他基本操作

1. 关闭文件

文件描述符不会自动关闭，必须使用 fs.close()方法关闭。异步方式下关闭文件的语法格式：

```
fs.close(fd, callback)
```

参数 fd 是指通过 fs.open()方法返回的文件描述符。回调函数 callback 没有参数，除了一个用于处理异常的参数 err，完成回调没有其他参数。

2. 检查文件的可访问性

单纯地检查文件是否存在可用 fs.access()方法，其语法格式如下：

```
fs.access(path[, mode], callback)
```

该方法用于检测由 path 参数指定的文件或目录的权限。mode 是一个可选的整数参数，指定要执行的可访问性检查，由常量表示。相关的常量列举如下。

F_OK：表明文件对调用进程可见，用于判断文件是否存在。

R_OK：表明调用进程可以读取文件，用于判断文件是否可读。

W_OK：表明调用进程可以写入文件，用于判断文件是否可写。

X_OK：表明调用进程可以执行文件，用于判断文件是否可执行。这在 Windows 上无效，等同于 F_OK。

mode 参数的默认值是 F_OK。该参数可以组合使用多个常量，如 fs.constants.W_OK | fs.constants.R_OK。

回调函数 callback 只有一个参数 err，如果可访问性检查失败，则 err 参数将是 Error 对象。

例如，以下代码检查当前目录中是否存在指定的文件：

```
fs.access('file_123', fs.constants.F_OK, (err) => {
  console.log(`${file} ${err ? '不存在' : '存在'}`);
});
```

检查当前目录中是否存在该文件，以及该文件是否可写的示例代码：

```
fs.access('file_123', fs.constants.F_OK | fs.constants.W_OK, callback);
```

3. 文件重命名

文件或目录重命名的异步方法的语法格式如下：

```
fs.rename(oldPath, newPath, callback)
```

这将异步地将由 oldPath 参数指定的文件重命名为由 newPath 参数提供的新的路径名。如果 newPath 指定的路径已存在，则覆盖该文件。回调函数 callback 只有一个用于处理异常的参数 err。

4. 删除文件

异步删除文件方法的语法格式如下：

```
fs.unlink(path, callback)
```

这将异步地删除由 path 参数指定的文件或符号链接。回调函数 callback 只有一个用于处理异常的参数 err。

fs.unlink()方法不能用于目录。要删除目录，需使用 fs.rmdir()方法。

5. 复制文件

异步复制文件方法的语法格式如下：

```
fs.copyFile(src, dest[, flags], callback)
```

这是 Node.js v8.5.0 才增加的方法。参数 src 和 dest 分别表示复制的源文件的路径和目标文件的路径。

可选参数 flags 指定复制操作的行为，可由常量指定。COPYFILE_EXCL 表示如果目标路径已存在，复制操作将失败；COPYFILE_FICLONE 表示复制操作将尝试创建写时复制（copy-on-write）链接，如果底层平台不支持，则使用备选的复制机制；COPYFILE_FICLONE_FORCE 表示复制操作将尝试创建写时复制链接，如果底层平台不支持，则复制操作将失败。flags 默认值 0，表示将创建或覆盖目标文件。

除了用于处理可能的异常的参数 err，回调函数没有其他参数。Node.js 不保证复制操作的原子性，也就是说复制操作是不可中断的，要么全部执行成功，要么全部执行失败。如果在打开目标文件执行写入操作发生错误，则 Node.js 将尝试删除目标文件。

4.2.6 目录的基本操作

在 POSIX 操作系统中，目录被视为一种特殊的文件，上述文件操作方法中有的也适用于目录，如 fs.access()方法。Node.js 也提供专门的目录操作方法，这里介绍几个较常用的方法。

1. 创建目录

异步创建目录方法的语法格式如下：

```
fs.mkdir(path[, options], callback)
```

参数 path 指定目录路径。可选的 options 参数可以是指定模式（权限）的整数，也可以是包括 mode 属性（设置目录权限，默认为 0o777）和 recursive 属性（指示是否以递归的方式创建目录，即创建父目录，默认为 false）的对象。回调函数 callback 只有一个用于处理异常的参数 err。

下面的代码表示创建/tmp/a/apple 目录，无论是否存在/tmp 和/tmp/a 目录。

```
fs.mkdir('/tmp/a/apple', { recursive: true }, (err) => {
  if (err) throw err;
});
```

2. 读取目录内容

异步读取目录内容的方法的语法格式如下：

```
fs.readdir(path[, options], callback)
```

可选的 options 参数可以是指定编码的字符串（默认值'utf8'），也可以是具有 encoding 属性和 withFileTypes 属性的对象，如果将 encoding 属性设置为'buffer'，则返回的文件 Buffer 对象；如果将 withFileTypes 属性设置为 true，则 files 数组将包含 fs.Dirent 对象。

回调函数有两个参数 err 和 files，其中 files 是目录中文件名的数组（不包括'.' 和 '..'）。

这里给出一个查看当前工作目录的上一级目录内容的完整例子。

【示例 4-8】 读取目录内容（fstest\dir_read.js）

```
const fs= require('fs');
console.log("查看上一级目录的内容");
fs.readdir("../",function(err, files){
   if (err) throw err;
   files.forEach( function (file){
      console.log( file );
   });
});
```

3. 删除目录

删除目录的异步方法的语法格式如下：

```
fs.rmdir(path, callback)
```

要删除的目录路径由参数 path 指定。回调函数 callback 只有一个用于处理异常的参数 err。删除目录前需先删除文件。

对文件（而不是目录）使用 fs.rmdir()方法会导致在 Windows 系统上出现 ENOENT 错误、在 POSIX 系统上出现 ENOTDIR 错误。

4.3 文件系统的高级操作

文件系统的高级操作

前面介绍了文件和目录的基本操作，这里再讲解一些较为高级的操作。

4.3.1 使用文件操作的流接口

前面提到过，使用 fs.readFile()这样的方法读取文件时会将文件读取到内存，如果要读取的文件很大，且并发量很大时，就会浪费很多内存。因为用户需要等到整个文件缓存到内存后，才能接收文件数据，这样会影响用户体验。好在 fs 模块提供了流接口，第 2 章已对流做了介绍，流具有异步的特性，可以将一个文件或一段内容分为若干指定大小的“块”（chunk）去读取，每读取到一个“块”，就将它及时输出，直到文件读完。Node.js 中的“块”默认是以 Buffer 对象的形式存在，这样更高效。流还具有管道功能，可使数据通过管道由可读流进入可写流。文件流常用于一次性处理数据或连接数据源。

fs.createReadStream()和 fs.createWriteStream()方法分别返回可读流和可写流，这两个方法只能是异步的，没有相应的同步方法。流接口可以通过 pipe()方法连接其他流。

1. 从流中读取数据

从流中读取数据需要创建一个可读流，所用方法的语法格式如下：

```
fs.createReadStream(path[, options])
```

这个方法返回的是 fs.readStream 类的实例（对象）。

参数 path 指定用于创建流的文件的路径。

可选参数 options 如果是字符串，则仅用于指定字符编码。参数 options 如果是对象，则可以包括 flags（文件系统标志，默认值'r'）、encoding（字符编码，默认值 null）、fd（文件描述符，默认值 null）、mode（文件模式，默认值 0o666）、autoClose（自动关闭，默认值 true）、start（起始位置）、end（结束位置，默认值 Infinity）和 highWaterMark（高水位线，默认值 64 * 1024）等属性。

start 和 end 值决定从文件中读取一定范围的字节而不是整个文件，start 和 end 都包含在范围中并从 0 开始计数。例如，以下语句从一个大小为 100 字节的文件中读取其最后 10 个字节：

```
fs.createReadStream('sample.txt', { start: 90, end: 99 });
```

如果指定了 fd（文件描述符）并且 start 被省略或值为 undefined，则 fs.createReadStream()从当前文件位置开始顺序读取。

如果指定了 fd，则可读流将忽略 path 参数并使用指定的文件描述符。这意味着不会触发 open 事件。fd 必须是阻塞的，非阻塞的 fd 会传给 net.Socket。

如果 fd 指向仅支持阻塞读取的字符设备（如键盘或声卡），则在数据可用之前，读取操作不会完成。这可以防止进程退出和流自然关闭。例如以下语句从一个字符设备创建一个流：

```
const stream = fs.createReadStream('/dev/input/event0');
```

这里给出一个通过流接口读取文件内容的例子。

【示例 4-9】 流式读取文件（fstest\file_stream_read.js）

```
const fs = require('fs');
var data = '';
var readStream = fs.createReadStream('demo.txt'); // 创建可读流
readStream.setEncoding('UTF8'); // 设置字符编码格式为 utf8
//以下处理流事件 data（当有数据可读时触发）、end（无数据可读时触发）和 error（发生错误时触发）
readStream.on('data', (chunk) => {
   data += chunk;
});
readStream.on('end', () =>{
   console.log(data);
```

```
});
readStream.on('error', (err) => {
    console.log(err.stack);
});
```

2. 将数据写入流

将数据写入流需要创建一个可写流，所用方法的语法格式如下：

```
fs.createWriteStream(path[, options])
```

这个方法返回的是 fs.WriteStream 类的实例（对象）。

参数 path 指定用于创建流的文件的路径。可选参数 options 与 fs.createWriteStream()基本相同，不同之处列举如下：

- flags（文件系统标志）默认值为'w'。如果要修改文件而不是覆盖它，则 flags 值要改为'r+'。
- 只有 start 属性用于指定写入数据的起始位置（从文件开头算起），没有 end 属性，也没有 highWaterMark 属性。
- 如果 autoClose 属性值为 true（默认行为），则在触发'error'或'finish'事件时，文件描述符会被自动关闭；如果 autoClose 值为 false，则即使出现错误也不会关闭文件描述符，这需要应用程序负责关闭它并确保没有文件描述符泄露。

3. 流的管道操作

管道是在可读流与可写流之间的读写操作。下面的代码演示了一个用流复制文件的简单过程：

```
const fs= require('fs');
var readStream = fs.createReadStream('src_file');//打开源文件准备读取
var writeStream = fs.createWriteStream('dest_file');//使用新的数据覆盖目标文件
readStream.pipe(writeStream);  //从源文件读取时，将读取的数据写入到目标文件
```

4. 流的链式操作

这是通过连接输出流到另外一个流并创建多个流操作链的机制。链式流一般用于管道操作。可以用一个通过管道和链式来压缩和解压文件的例子来说明，例中将 demo.txt 文件压缩为 demo.txt.gz。

【示例 4-10】 压缩文件（fstest\file_compress.js）

```
const fs= require('fs');
const zlib = require('zlib');
fs.createReadStream('demo.txt')
  .pipe(zlib.createGzip())
  .pipe(fs.createWriteStream('demo.txt.gz'));
console.log("文件压缩完成！");
```

将 demo.txt.gz 文件解压缩为 demo.txt 的代码如下：

【示例 4-11】 解压缩文件（fstest\file_decompress.js）

```
const fs= require('fs');
const zlib = require('zlib');
fs.createReadStream('demo.txt.gz')
  .pipe(zlib.createGunzip())
  .pipe(fs.createWriteStream('demo.txt'));
console.log("文件解压缩完成！");
```

4.3.2 文件遍历

文件遍历是经常要用到的一项功能，如删除一个目录及其所有子目录，或者列出一个目录及其所有子目录中的所有文件。这里示范遍历某目录下的所有文件，基本思路如下：

（1）使用 fs.readdir()方法获取目录下的文件列表。

（2）遍历此文件列表，并使用 fs.stat()方法获取文件信息。

（3）根据获取的信息判断是文件还是目录。

（4）如果是文件，打印其绝对路径。

（5）如果是目录，返回第 1 步重新从开始获取文件列表直至第 5 步操作。由于目录级数未知，所以可以使用递归方法来解决。

实现的过程中需要使用 path.resolve()方法来解析路径，以遍历当前目录的上一级目录为例：

【示例 4-12】 文件遍历（fstest\file_traverse.js）

```
const fs = require('fs');
const path = require('path');
var filePath = path.resolve('../');//这里遍历的是上一级目录
fileTraverse (filePath); //调用文件遍历函数
/*定义文件遍历函数，参数 filePath 是需要遍历的文件路径 */
function fileTraverse (filePath){
    //根据文件路径读取文件，返回文件列表
    fs.readdir(filePath,function(err,files){
        if(err){
            console.warn(err)
        }else{
            //遍历读取到的文件列表
            files.forEach(function(file){
                var fullPath = path.join(filePath,file); //获取当前文件的绝对路径
                //根据文件路径获取文件信息，返回一个 fs.Stats 对象
                fs.stat(fullPath,function(eror,stats){
                    if(eror){
                        console.warn('获取文件信息失败');
                    }else{
                        if(stats.isFile()){   //如果是文件
                            console.log(fullPath);
                        }
                        if(stats.isDirectory()){//如果是目录
                            fileTraverse (fullPath);//递归，继续遍历该目录下的文件
                        }
                    }
                })
            });
        }
    });
}
```

4.3.3 文件监视

fs 模块提供了两个文件监控方法用于监视文件或目录的更改。

1. fs.watch()

其语法格式为：

```
fs.watch(filename[, options][, listener])
```

参数 filename 指定要监视的文件或目录的路径。

可选参数 options 如果是字符串，则仅用于指定文件名的字符编码。如果是对象，则可以包括 persistent（指示文件正被监视时进程是否应继续运行，默认值 true）、recursive（指示监视所有子目录还是仅监视当前目录，默认值 false）、encoding（文件名的字符编码，默认值'utf8'）等属性。recursive 选项支持仅在 macOS 和 Windows 上。

listener 是一个可选的回调函数，其包含两个参数 eventType 和 filename。前者表示事件类型，可以是'rename'（重命名）或'change'（修改）；后者是触发事件的文件的名称。在大多数平台上，当文件名在目录中出现或消失时，就会触发'rename'事件。

下面是一个监听上一级目录下文件变化的简单例子。

【示例 4-13】 监听上一级目录下文件变化（fstest\fs_watch1.js）

```
const fs = require('fs');
fs.watch('../', (eventType, filename) => {
    if (eventType=='rename'){
        console.log('发生重命名');
    }
    if (eventType=='change'){
        console.log('发生修改');
    }
    if (filename) {
        console.log(`文件名: ${filename}`);
    } else {
        console.log('文件名未提供');
    }
});
```

2. fs.watchFile()

其语法格式为：

```
fs.watchFile(filename[, options], listener)
```

参数 filename 指定要监视的文件或目录的路径。

options 参数是可选的，仅能是一个对象。options 对象包含一个 persistent 属性用于指示当文件正在被监视时进程是否应该继续运行，还存在 interval 属性用于指示轮询目标的频率（以毫秒为单位）。

回调函数 listener 也是可选的，它包含两个参数 current 和 previous，分别表示当前的 fs.Stats 对象（当前已修改的状态）和变动之前的 fs.Stats 对象（文件上一次修改的状态）。每当访问文件时都会调用 listener 回调函数。要在修改文件（而不仅仅是访问）时收到通知，则需要比较 curr.mtime 和 prev.mtime 这两个属性。下面是一个监听某文件变化的简单例子。

【示例 4-14】 监听某文件变化（fstest\fs_watch2.js）

```
const fs = require('fs');
//每隔 1 秒时间检测文件变化
fs.watchFile('demo.txt', {interval: 1000}, function (curr, prev) {
    console.log('当前的文件修改时间:' + curr.mtime + '当前的文件大小:' + curr.size);
    console.log("上一次文件修改时间:" + prev.mtime + '之前的文件大小:' + prev.size);
    fs.unwatchFile('demo.txt');    // 停止监听
});
```

对于 fs.watchFile()方法启用的监听，可使用 fs.unwatchFile()方法停止，该方法的语法格式如下：

```
fs.unwatchFile(filename[, listener])
```

参数 listener 是可选的，其指向之前使用 fs.watchFile()绑定的监听器。如果指定了 listener，则仅移除此特定监听器，否则，将移除所有监听器，从而停止监视由 filename 参数指定的文件。对未被监视的文件名调用 fs.unwatchFile()方法是空操作，而不是错误。

3. 选择 fs.watch()还是 fs.watchFile()

fs.watch()方法通过底层操作系统来通知文件改变，其比 fs.watchFile()和 fs.unwatchFile()方法更高效，应尽可能使用 fs.watch()方法。fs.watch()方法的 API 在各个平台上并非完全一致，在某些情况下不可用。

如果底层功能由于某些原因不可用，则 fs.watch()方法将无法运行。例如，当使用虚拟化软件（如 Vagrant、Docker 等）时，在网络文件系统（NFS、SMB 等）或主文件系统上监视文件或目录可能是不可靠的，在某些情况下也是不可能的。此时，就要考虑选用 fs.watchFile()方法。

fs.watchFile()方法是早期的监控方法，其没有连接操作系统的通知系统，而是通过在一个时间间隔内不停地轮询来发现文件变化，这种方法较慢且不太可靠，但它是跨平台的，因而在网络文件系统中更可靠。

4.3.4 操作 JSON 文件

JSON 是一种轻量级的数据交换格式。任何数据类型都可以通过 JSON 来表示，例如字符串、数字、对象、数组等。但是对象和数组是比较特殊且常用的两种类型。

许多软件平台和应用软件使用 JSON 格式的文件作为配置文件。这里讲解在 Node.js 中对 JSON 文件的操作方法。从 JSON 文件读取数据之后，可以使用 JSON.parse()方法将数据转换为 JavaScript 对象之后进行处理，要将数据写入 JSON 文件，则需使用 JSON.stringfy()方法将对象或数组转换成字符串。例中示范的 JSON 文件 person.json 存储的是 JSON 数组。

1. 从 JSON 文件中读取数据

本操作的关键是将要读取的数据转换为字符串，再转换为 JSON 对象，然后就可以处理数据。下面给出一个示例（在当前目录提前准备了一个名为 person.json 的 JSON 文件）。

【示例 4-15】 读取 JSON 文件（fstest\json_read.js）

```
const fs = require('fs');
fs.readFile('person.json',function(err,data){
   if(err) throw err;
   var person =JSON.parse(data.toString());//将字符串转换为 JSON 对象
   //对 JSON 数据进行处理
   for(var i = 0; i < person.length;i++){
     console.log('姓名: '+ person[i].name +'     年龄: '+ person[i].ages );
   }
});
```

提 示 **JSON.parse()方法对格式要求很严格，格式不符就会报错。特别要注意，文件如果包含中文字符，则要以无 BOM 的 UTF-8 格式保存文件。使用 Windows 的记事本将包含中文字符的文件存为 UTF-8 格式时可能会掺杂不能显示的 Unicode 字符，从而导致 JSON.parse() 对其内容解析失败。应当将该文件转换为无 BOM 的 UTF-8 格式，或者转成二进制格式并删除 BOM 符号。**

2. 往 JSON 文件中添加数据

此处的关键是将要读取的数据转换为 JSON 对象之后，将要添加的对象添加到数组对象中，再将 JSON 对象转换成字符串重新写入 JSON 文件中，示例代码如下。

【示例 4-16】 写入 JSON 文件（fstest\json_write.js）

```
const fs = require('fs');
var newobj = { "name":"刘强", "ages":21 }
fs.readFile('person.json',function(err,data){
   if(err) throw err;
   var person =JSON.parse(data.toString());//将字符串转换为 JSON 对象
   person.push(newobj);//将新的对象加到数组对象中
   var str = JSON.stringify(person); //将 JSON 对象转换成字符串重新写入 JSON 文件中
   fs.writeFile('person.json',str, function(err) {
     if(err) throw err;
     console.log("数据写入成功! ");
   });
});
```

3. 更改 JSON 文件中的指定数据

此处的关键是将要读取的数据转换为 JSON 对象之后，查找要修改的对象并对其进行修改，再将 JSON 对象转换成字符串重新写入 JSON 文件中。这里给出一个例子，仅列出其中关键代码。

【示例 4-17】 更改 JSON 文件中的数据（fstest\json_update.js）

```
for(var i = 0; i < person.length;i++){
    if(person[i].name == '张红'){
        person[i].ages = 22;
        break;
    }
}
var str = JSON.stringify(person); //将 JSON 对象转换成字符串重新写入 JSON 文件中
```

例中将数据读出来，然后对数据进行修改，将张红的年龄修改为 22，之后再将数据写回到 JSON 文件中。

4.3.5 读取 GBK 格式的文件

Node.js 目前支持 utf8、ucs2/utf16-le、ascii、binary、base64 和 hex 编码格式的文件，并不支持 GBK、GB2312 的字符编码，因而无法读取 GBK 或 GB2312 编码格式文件中的内容，需要第三方模块的支持才能读取它们，如 iconv 和 iconv-lite。iconv 使用二进制库实现，但仅支持 Linux，无法在 Windows 系统上使用。iconv-lite 是用纯 JavaScript 语言实现的，通用性更好，这里以它为例讲解中文编码格式的处理。iconv-lite 支持的编码格式比较多，列举如下。

- 所有 Node.js 原生支持的编码格式。
- 其他 Unicode 编码，如 utf16、utf16-be、utf-7、utf-7-imap。
- 所有常见单字节编码，如 Windows 125x 系列、ISO-8859 系列、Macintosh 系列、latin1 等。
- 所有常见多字节编码，如 CP932、CP936、CP949、CP950、GB2313、GBK、GB18030、Big5、Shift_JIS 和 EUC-JP。

下面给出一个从 GBK 格式文件读取内容，然后编码转存为 UTF-8 编码的例子。单独准备一个目录 gbktest，先安装 iconv-lite 包：

```
C:\nodeapp\ch04\gbktest>cnpm install iconv-lite
```

接着准备一个 GBK 格式文件，使用 Windows 记事本编辑，将其保存为默认的 ANSI 格式，也就是系统默认的编码格式，简体中文版文件的默认编码格式为 GBK。例中所用的 GBK 格式示例文件为 gbksample.txt。

【示例 4-18】 读取 GBK 格式的文件（gbktest\gbk2utf8.js）

```
const fs = require('fs');
const iconv = require('iconv-lite');    // 加载编码转换模块
fs.readFile('gbksample.txt', function(err, data){
    if (err) throw err;
    console.log(data); // 输出字节数组
    var text = iconv.decode(data, 'gbk'); // 把数组转换为 gbk 中文
    console.log(text); // 输出中文内容
    //按默认的 UTF8 字符编码写入
    fs.writeFile('utf8sample.txt',text, function(err){
       if (err) throw err;
    });
});
```

除了解码之外，iconv-lite 还支持编码，例如：

```
buf = iconv.encode("Sample input string", 'win1251');
```

4.4 实战演练——操作表格文件

实战演练——操作表格文件

CSV（Comma-Separated Values）文件以纯文本形式存储表格数据（数字和文本）。CSV 文件由任意数目的记录组成，记录间以某种换行符（记录分隔符）分隔；每条记录由字段组成，字段间的分隔符（字段分隔符）是其他字符或字符串，最常见的是逗号或 TAB（制表符）。CSV 是一种常见的数据交换格式，是电子表格（如 EXCEL）或数据库表常用的数据导出格式。

在 Node.js 官网提供了不少关于 CSV 的包，最常用的是 CSV 包。CSV 包是一个全功能的 CSV 解析工具，可以完全在浏览器中运行。它为 Node.js 提供了 CSV 的创建、解析、转换和序列化功能，且支持较大的数据集合。下面示范如何使用 CSV 包处理 CSV 文件。

4.4.1 使用 CSV 包的准备工作

CSV 包包括以下 4 个子包。

- csv-generate：用于创建 CSV 字符串和 JavaScript 对象。
- csv-parse：将 CSV 文本转换为数组或对象。
- stream-transform：一个转换框架。
- csv-stringify：将记录转换为 CSV 文本，相当于将数组或对象序列转换为 CSV 文本。

CSV 包提供第三方模块，要使用它，首先要安装它。这里创建一个名为 csvtest 的目录，在命令行中切换到该目录，执行以下安装命令（国内环境最好使用 cnpm 命令）：

```
npm install csv
```

CSV 的 4 个子包都能很好地协同工作。也可根据需要单独使用其中的子包，这样只需安装子包即可，例如以下命令安装 csv-parse 包：

```
npm install csv-parse
```

提前准备一个 CSV 文件 csvsample.csv（UTF-8 格式），将其复制到 csvtest 目录下用于实验。

4.4.2 从 CSV 文件中读取并解析数据

csv-parse 是一个将 CSV 文本转换为数组或对象的解析器。它提供了 Node.js 流 API，也提供回调 API 和同步 API 以兼顾老用户。

1. 使用流 API

流 API 是推荐的方式，基本用法如下：

```
const stream = parse([options])
```

csv-parse 解析器支持许多选项，如 delimiter 指定 CSV 文件的字段分隔符，from 和 to 指定要处理的记录范围。在下面的例子中，CSV 数据由文件可读流提供，由 readable 事件触发并通过 read()函数获取解析的数据。

【示例 4-19】 流式读取 CSV 文件（csvtest\csv_read_stream.js）

```
const fs = require('fs');
const parse = require('csv-parse'); //加载 csv-parse 模块
const output = []; //定义一个用于输出的数组
// 创建解析器，这里使用逗号作为 csv 文件的字段分隔符
const parser = parse({
  delimiter: ','
});
// 有可读数据时，读取数据将其添加到输出数组
parser.on('readable', function(){
```

```
    let record;
    while (record = parser.read()) {
      output.push(record);
    }
  })
  // 错误处理
  parser.on('error', function(err){
    console.error(err.message);
  })
  // 数据解析完毕，这里获取的是一个 JSON 数组，可以进一步处理
  parser.on('end', function(){
      console.log(output);
  })
  // 将从 CSV 文件读取的数据通过管道发送给上述可读流（解析器）
  fs.createReadStream(__dirname+'/csvsample.csv').pipe(parser);
```

提 示　　**在上述代码中，如果不加载 csv-parse 模块，而直接加载 csv 模块，创建解析器时要在 parse()方法之前加上 "csv." 前缀，使其变成 csv.parse()，其他几个模块类似。另外，如果 CSV 文件包含中文字符，则应以 UTF-8 格式保存文件。**

2. 使用回调 API

回调 API 是一种可选方案，其语法格式如下：

```
parse(data, [options], callback)
```

这里给出一个使用回调 API 读取并解析 CSV 文件的例子。

【示例 4-20】　回调方式读取 CSV 文件（csvtest\csv_read_callback.js）

```
const fs = require('fs');
const parse = require('csv-parse');
fs.readFile('csvsample.csv', function (err, data) {
    if (err) throw err;
    parse(data,{delimiter: ','},function(err1,output){
      console.log(output);
    });
});
```

3. 组合使用流 API 和回调 API

也可以将流 API 与回调 API 组合使用，输出流的用法如下：

```
const stream = parse(input, options)
```

它将输入字符串和选项对象作为参数，返回一个可读流。

输入流正相反，用法如下：

```
const stream = parse(options, callback)
```

它将选项对象和回调函数作为参数，返回一个可写流。下面是一个简单的例子：

【示例 4-21】　组合方式读取 CSV 文件（csvtest\csv_read_mixing.js）

```
const fs = require('fs');
const parse = require('csv-parse');
var parser = parse({delimiter: ','},function(err, data){
    console.log(data);
});
fs.createReadStream(__dirname+'/csvsample.csv').pipe(parser);
```

4. 使用同步 API

同步 API 比较简单，其与回调 API 相比少了 callback 参数：

```
const records = parse(data, [options])
```

使用同步 API 时加载模块要使用以下形式：

```
const parse = require('csv-parse/lib/sync');
```

4.4.3 将记录转换为 CSV 文本并保存到 CSV 文件中

csv-stringify 是一个将记录转换为 CSV 文本的转换器。它提供了 Node.js 的转换流 API，也提供便于使用的回调 API 和同步 API，并支持大数据集。流 API 是推荐的方式，基本用法如下：

```
const stream = stringify([options])
```

csv-stringify 转换器支持多个选项。这里介绍一下 CSV 记录分隔符选项 record_delimiter，其选项值除了使用指定的字符或符号外，还可以使用内置的特殊分隔符，包括'auto'、'unix'、'mac'、'windows'、'ascii'和'unicode'，默认为'auto'。

在下面的例子中，记录以数组形式通过 write()函数发送到转换流，写入操作由 readable 事件触发并通过 read()函数获取已转换的数据。转换完毕将数据写入 CSV 文件。

【示例 4-22】 写入 CSV 文件（csvtest\csv_stringify.js）

```
const fs = require('fs');
const stringify = require('csv-stringify'); //加载 csv-stringify 模块
const data = [];
//创建转换流
const stringifier = stringify({
  delimiter: ':',record_delimiter:'windows'
});
//有可读数据时逐行处理
stringifier.on('readable', function(){
  let row;
  while(row = stringifier.read()){
    data.push(row);
  }
});
stringifier.on('error', function(err){
  console.error(err.message);
});
// 数据转换完毕，可以进一步处理，这里将其保存到 csv 文件
stringifier.on('finish', function(){
  fs.writeFile('newcsv.csv', data,  function(err) {
    if (err) {
        return console.error(err);
    }
 });
})
// 将记录写到流
stringifier.write(['root','x','0','0','root','/root','/bin/bash']);
stringifier.write(['zxp','x','1022','1022','','/home/zxp','/bin/bash']);
stringifier.end();// 关闭流
```

4.4.4 对 CSV 数据进行转换处理

stream-transform 提供一个简单的对象转换框架用于实现 Node.js 转换流 API。转换必须基于用户定义的函数。流 API 是推荐的方式，基本用法如下：

```
const stream = transform(records, [options], handler, [options], [callback])
```

其中 handler 就是用于转换的处理函数。在下面的例子中，由于发送到转换流的数据形式必须是记录（数组或对象），因此要先用 csv-parse 模块将从 CSV 文件中读取的文本转换为数组，再发送到转换流，这可用链式管道操作来实现。

【示例 4-23】 转换 CSV 文件中的数据（csvtest\csv_transf.js）

```
const fs = require('fs');
```

```
const parse = require('csv-parse'); //加载csv-parse 模块
const transform = require('stream-transform');
const output = [];
const transformer = transform(function(data){
  data.push(data.shift());
  return data;
})
transformer.on('readable', function(){
  while(row = transformer.read()){
    output.push(row);
  }
})
transformer.on('error', function(err){
  console.error(err.message);
})
transformer.on('finish', function(){
  console.log(output);
})
fs.createReadStream(__dirname+'/csvsample.csv')
.pipe(parse({
    delimiter: ','
  }))
.pipe(transformer);
```

4.4.5 组合使用多个子模块来处理 CSV 数据

csv-generate 用于创建 CSV 字符串和 JavaScript 对象以实现 Node.js 可读流 API，可产生随机的或用户定义的数据集合。可将它与上述子模块组合使用，下面是一段用管道操作将它们连接起来的代码：

```
const csv = require('csv');
csv.generate  ({seed: 1, length: 20})
    .pipe(csv.parse())
    .pipe(csv.transform (function(record){
        return record.map(function(value){
        return value.toUpperCase()
    })}))
    .pipe(csv.stringify ())
.pipe(process.stdout);
```

4.5 本章小结

本章的主要内容是 Node.js 文件系统的相关知识和操作技能，主要介绍了文件的同步操作和异步操作、文件路径、文件模式、文件系统标志和文件描述符的基本知识，讲解了文件与目录的基本操作方法，示范了文件流式操作、文件遍历和文件监视的实现方法，以及实际应用中会涉及的 JSON 文件和 GBK 格式文件的操作方法，最后说明了如何使用第三方模块读写和转换 CSV 文件。

习题

一、选择题

1. 以下关于同步和异步文件操作的说法中，不正确的是（　　）。

   A. 异步操作方法支持同时处理多个任务，阻塞少、性能高、速度快

   B. 同步操作将阻塞整个进程，直到它们完成

   C. 同步操作方法不会延迟执行，所以总是比异步操作效率高

D．异步操作可以处理高并发的情况

2. Window 系统的文件权限默认是可读、可写、不可执行，权限位数字表示为（　　）。

A．0o666　　B．0o660　　C．0o754　　D．0o600

3. Node.js 文件描述符会自动递增，文件描述符一般从（　　）开始。

A．0　　B．1　　C．2　　D．3

4. 如果要修改文件而不是覆盖文件，则标志应设置为（　　）。

A．w　　B．r+　　C．wx　　D．w+

5. 以下关于文件监视不正确的说法是（　　）。

A．fs.watch()方法通过底层操作系统来通知文件改变

B．fs.watchFile()方法只适合监视文件，不能监视目录

C．fs.watch()比 fs.watchFile()方法快

D．在网络文件系统上应使用 fs.watchFile()方法

6.（　　）不是 Node.js 原生支持的编码格式。

A．utf8　　B．GBK　　C．ascii　　D．binary

二、简述题

1. 异步文件操作有什么特点?
2. Node.js 的文件路径有哪几种表示方法?
3. Node.js 为什么要使用文件描述符?
4. 简述文件操作的流接口。

三、实践题

1. 练习文件和目录基本操作的方法。
2. 熟悉文件的流式操作方法。
3. 编程实现文件遍历。
4. 熟悉 JSON 文件的读写操作。
5. 编写程序流式读取某 CSV 文件。

第 5 章 网络编程

05

学习目标

① 了解 net 模块，会构建 TCP 服务器与客户端。
② 了解 dgram 模块，会构建 UDP 服务器与客户端。
③ 了解 http 模块，初步掌握 HTTP 服务器与客户端的编程。
④ 了解 WebSocket 协议，能实现 WebSocket 服务器和客户端。
⑤ 掌握 Socket.IO 的基本使用，学会使用它编写实时聊天程序。

我国正从网络大国向网络强国阔步迈进，网络应用在网络强国建设中很重要。使用 Node.js 可以开发快速稳定的网络应用程序。TCP/IP 将不同的通信功能集成到不同的网络层次，形成了一个包括网络接口层、网络层、传输层和应用层的 4 层体系结构，能够实现不同网络的互连。Node.js 提供了 net、dgram 和 http 模块，分别用来实现 TCP、UDP 和 HTTP 的通信应用程序。TCP 和 UDP 位于传输层，能解决更底层的通信问题，如仪器设备上传数据；HTTP 位于应用层，主要提供 Web 服务。为解决浏览器与服务器之间的实时通信问题，HTML5 新增了 WebSocket 协议，Socket.IO 则是一种兼容性更好的 Web 实时通信解决方案。

网络编程

5.1 TCP 服务器与客户端

传输控制协议（Transmission Control Protocol，TCP）是传输层最重要和最常用的协议。TCP 提供面向连接的、可靠的数据传输服务，保证了端到端数据传输的可靠性。它同时也是一个比较复杂的协议，提供了传输层所需的几乎所有功能，支持多种网络应用。目前大多数 Internet 信息交付服务都使用 TCP，从而使开发人员能够专注于服务本身，而不是耗费大量时间处理传输可靠性和数据交付问题。

TCP 服务器与客户端

5.1.1 TCP 基础

位于传输层的 TCP 数据分组称为段（Segment），又译为报文段。TCP 将来自应用层的数据进行分块并封装成 TCP 段进行发送。TCP 段封装在 IP 数据报中，IP 数据报再封装成数据链路层中的帧。

由于 TCP 要提供可靠的通信机制，在传输数据之前，必须先初始化一条客户端到服务器的 TCP 连接。理论上建立传输连接只需一个请求和一个响应。但是，实际网络通信可能导致请求或响应丢失，为此 TCP 连接的建立采用三次握手方法。

这里重点讲解一下 Socket 这个概念。为区分不同应用程序（进程）之间的网络通信和连接，需要对

TCP、目的IP地址和端口号这3个参数进行标识。将这3个参数结合起来，就成为一个Socket（通常译为套接字）。可以将Socket看作是在两个应用程序进行通信连接的一个端点，一个程序将信息写入Socket中，该Socket将该信息发送到另外一个Socket中，使其能传送到其他程序中。采用Socket的本意“插座”似乎更贴切。本书直接使用Socket这个英文术语。

Socket之间的连接过程包括以下3个步骤。

（1）服务器监听。服务器端Socket处于等待连接的状态，实时监控网络状态。

（2）客户端请求。客户端Socket提出连接请求，要连接的目标是服务器端的Socket。

（3）连接确认。当服务器端Socket监听到或者说接收到来自客户端Socket的连接请求时，它就响应客户端Socket的请求，建立一个新的线程，把服务器端Socket的信息发送给客户端，一旦客户端确认了此信息，连接就建立完成。

服务器端Socket继续处于监听状态，继续接收来自其他客户端Socket的连接请求。

Node.js提供的net核心模块用于创建TCP连接和服务，该模块封装了大部分底层的类和方法。使用此模块，首先要使用以下语句导入。

```
const net = require('net');
```

该模块还可用于创建基于流的IPC（进程间通信）的服务器与客户端。这里主要讲解TCP。

5.1.2 net模块提供的API

Node.js的net模块提供简单的API来创建TCP连接和服务。

1. net.Server类

这个类用于创建TCP或IPC服务器。可以用它直接创建net.Server对象，用法如下：

```
var server = new net.Server([options][, connectionlistener])
```

参数options以对象的形式提供选项，包括以下两个属性。

- allowHalfOpen：用于设置是否允许半开的TCP连接，默认值false。
- pauseOnConnect：用于设置是否应在传入连接上暂停Socket，默认值false。如果设置为true，则与每个传入连接关联的Socket会被暂停。要从暂停的Socket开始读取数据，则需要调用socket.resume()方法。

参数connectionListener是一个客户端与服务器建立连接时的回调函数，也就是connection事件的监听器。

net.Server类实现了以下事件。

- close：当服务器关闭时被触发。如果有连接存在，则直到所有连接结束才会触发这个事件。
- connection：当一个新的连接建立时被触发，Socket是一个net.Socket的实例对象。
- error：发生错误时被触发。
- listening：当服务被绑定后调用server.listen()方法。

net.Server类提供了几个方法，如server.address()方法用于返回绑定的ip地址、地址族和服务端口；server.close()方法使服务器停止接受建立新的连接并保持现有的连接。server.listen()方法最为重要，它用来启动一个服务器来监听连接。语法格式如下：

```
server.listen(handle[, backlog][, callback])
server.listen(options[, callback])
server.listen([port[, host[, backlog]]][, callback])
```

server.listen()是一个异步方法，当服务器开始监听时，会触发listening事件。最后一个参数callback将被添加为listening事件的监听器。所有listen()方法都可使用backlog参数来指定待连接队列的最大长度，此参数的默认值是511。

2. net.createServer()方法

此方法返回的是一个net.Server类的实例（对象），该方法可以用来创建一个TCP服务器，是创建

net.Server 对象的快捷方式，用法如下：

```
net.createServer([options][, connectionlistener])
```

其参数同 net.Server 类。

3. net.Socket 类

net.Socket 类是 TCP 的 Socket 的抽象。net.Socket 也是双工流，因此它既可读也可写，而且还是一个事件触发器（EventEmitter）。

createServer()方法的回调函数的参数就是一个 net.Socket 对象（服务器所监听的端口对象）。

net.Socket 对象可以由用户创建并直接用于与服务器交互。例如，该对象由 net.createConnection()方法返回，用户可以使用它与服务器通信。

net.Socket 对象也可以由 Node.js 创建，并在收到连接时传给用户。例如，该对象被传给 net.Server 对象上触发的 connection 事件的监听器，用户可以使用它与客户端进行交互。

可以直接创建 net.Socket 对象，用法如下：

```
var client = net.Socket([options])
```

参数 options 以对象的形式提供，可用选项包括：fd 表示使用一个文件描述符包装一个已存在的 Socket，否则将创建一个新的 Socket；allowHalfOpen 指示是否允许半打开的 TCP 连接，默认值 false；readable 表示传递 fd 参数时允许读取 Socket，还是忽略 Socket，默认值 false；writable 表示传递 fd 时允许写入 Socket，还是忽略 Socket，默认值 false。

net.Socket 类实现了以下事件。

- close：当 Socket 完全关闭时发出该事件。
- connect：当一个 Socket 连接成功建立时触发该事件。
- data：当接收到数据时触发该事件。data 的参数是一个 Buffer 对象或字符串。数据编码由 socket.setEncoding()设置。注意当 Socket 发送 data 事件时，如果没有监听者，数据将会丢失。
- drain：当写入缓冲区变为空时触发该事件。
- end：当 Socket 的另一端发送一个 FIN 包时触发该事件，从而结束 Socket 的可读端。
- error：当错误发生时触发该事件。close 事件也会紧接着该事件被触发。
- ready：当 Socket 准备使用时触发该事件。connect 事件发生后立即触发该事件。
- timeout：当 Socket 超时时触发该事件。该事件仅通知用户 Socket 已闲置。用户必须手动关闭 Socket。

net.Socket 类的 socket.connect()方法比较重要，用于在指定的 Socket 上启动一个连接。该方法是异步的。当连接建立时，connect 事件将会被触发。如果连接过程存在问题，error 事件将会代替 connect 事件被触发，并将错误信息传递给 error 监听器。其用法如下：

```
socket.connect(port[, host][, connectlistener])
```

最后一个参数 connectListener 如果被指定，其将会被添加为 connect 事件的监听器。

另外，socket.write()用于在 Socket 上发送数据，用法如下：

```
socket.write(data[, encoding][, callback])
```

第 2 个参数用于指定字符串的编码，默认是 UTF-8 编码。如果全部数据都成功刷新到内核的缓冲则返回 true。如果全部或部分数据在用户内存中排队，则返回 false。当缓冲再次空闲时将触发 drain 事件。当数据最终都被发送出去之后，可选的 callback 参数将会被执行。

4. net.createConnection()方法

net.createConnection()方法与 net.Socket 类的关系等同于 net.createServer()方法与 net.Server 类的关系，该方法是创建 net.Socket 对象的快捷方式（工厂函数），执行它会立即使用 socket.connect()方法初始化连接，然后返回启动连接的 net.Socket 对象。当连接建立之后，在返回的 Socket 上将触发一个 connect 事件。若指定了最后一个参数 connectListener，则该参数将作为一个监听器被添加到 connect 事件。

其语法格式如下：

```
net.createConnection(options[, connectListener])
net.createConnection(port[, host][, connectListener])
```

另外，net.connect()方法也是该方法的别名。

5.1.3 创建TCP服务器和客户端

了解上述API之后，就可以创建自己的TCP服务器和客户端。

1. 创建TCP服务器

本例创建一个TCP服务器，并跟踪与它连接的客户端，服务器在8124端口上监听连接。

【示例5-1】 TCP服务器（tcptest\tcpsrv_demo.js）

```
const net = require('net');
var clientNo = 0;   //使用编号标识每个客户端
const server = net.createServer((client) => {
  // connection 监听器
  clientNo++;  //有客户端连接时，编号自动加1
  console.log(clientNo+'号客户端已连接');
  client.on('end', () => {
    console.log(clientNo+'号客户端已断开连接');
  });
  client.write(clientNo+'号客户端，你好！ \r\n');
  client.pipe(client);//通过管道操作将客户端发来的数据返回给客户端
  client.on('data', (data) => {
    console.log(clientNo+'号客户端发来的数据：' + data.toString());
  });
});
server.on('error', (err) => {
  throw err;
});
server.listen(8234, () => {
  console.log('TCP服务器已启动');
});
```

使用net.createServer()方法创建一个服务器，这实际上是通过new net.Server()创建net.Server对象的快捷方式。net.createServer()方法的回调函数的参数是一个Socket（net.Socket对象），Socket可用于与服务器进行交互。可使用write()方法在Socket上发送数据。

创建TCP服务器之后，就能够通过server.listen()方法在指定的端口进行监听。回传给客户端的数据，可以使用管道操作，因为Socket就是流。

2. 创建TCP客户端

可以使用Telnet或其他工具软件来访问TCP服务器，也可以使用Node.js构建一个TCP客户端，来实现TCP客户端和TCP服务器的通信。首先创建一个连接TCP客户端的Socket对象，然后使用Socket对象的connect()方法连接一个TCP服务器，示例代码如下。

【示例5-2】 TCP客户端（tcptest\tcpclnt_demo.js）

```
const net = require('net');
var client = net.Socket(); // 创建TCP客户端
// 设置连接的服务器
client.connect(8234, '127.0.0.1', ()=> {
    console.log('连接到服务器');
    client.write('我是一个TCP客户端');//向服务器发送数据
});
```

```
// 监听服务器传来的数据
client.on('data', (data) =>{
   console.log('服务器返回的数据：' + data.toString());
});
// 监听 end 事件
client.on('end',  ()=> {
   console.log('数据结束');
});
```

3. 测试

打开两个命令行窗口，在其中一个窗口运行服务器程序：

```
C:\nodeapp\ch05\tcptest>node tcpsrv_demo.js
TCP 服务器已启动
```

再在另一个窗口中运行客户端程序：

```
C:\nodeapp\ch05\tcptest>node tcpclnt_demo.js
连接到服务器
服务器返回的数据：1 号客户端，你好!
```

此时运行服务器程序的窗口中也显示了以下信息：

```
1 号客户端已连接
1 号客户端发来的数据：我是一个 TCP 客户端
```

这表明服务器已经接收到来自客户端的数据，客户端也已经接收到来自服务端的数据。

5.1.4 接收和处理物联网数据

物联网应用中有些设备数据要上传到服务器，可以使用 Node.js 构建 TCP 服务器来接收并处理这些数据。设备上传的是二进制数据，但一般以十六进制的形式发送数据。例如，一个监控设备通过 TCP 上传数据。这些数据以十六进制形式表示，然后按照约定进行解析，例如：

```
00031600340000000101270252004200
```

要将其中第 19 至 23 位需要解析为一个十进制数据。

Socket 是一个流，可以使用 socket.setEncoding()方法来设置发送数据的编码。默认情况下没有设置字符编码，流数据返回的是 Buffer 对象。如果设置了字符编码，则流数据返回指定编码的字符串。例如，utf-8 编码会将数据解析为 UTF-8 数据，并返回字符串，hex 编码则会将数据编码成十六进制字符串。

下面示范 TCP 服务器和客户端之间发送并接收、处理十六进制数据。服务器端程序代码如下：

【示例 5-3】 接收和处理设备上传数据的服务器（tcptest\tcpsrv_hex.js）

```
const net = require('net');
const server = net.createServer((client) => {
  console.log('设备已连接');
  client.on('end', () => {
   console.log('设备已断开连接');
  });
  client.setEncoding('hex');
  client.on('data', (data) => {
   const buf = Buffer.from(data);
   var str = buf.toString();
   console.log('设备发来的数据：' +str);
   var sixteen = str.substring(18,22);
   var ten = parseInt(sixteen,16);//将十六进制数转换为十进制数
   console.log('待转换十六进制数：' +sixteen);
   console.log('转换为十进制数：'+ ten );
  });
});
```

```
server.on('error', (err) => {
  throw err;
});
server.listen(8234, () => {
  console.log('服务器已启动');
});
```

客户端程序代码如下，用于模拟设备上传数据：

【示例 5-4】 模拟设备上传数据（tcptest\tcpcli_hex.js）

```
const net = require('net');
var client = net.Socket(); // 创建 TCP 客户端来模拟设备
// 设置连接的服务器
client.connect(8234, '127.0.0.1',  ()=> {
  console.log('连接到服务器');
  client.write('0003160034000000010127025200 4200','hex');//向服务器上传十六进制数据
});
// 监听服务器返回的数据
client.on('data', (data) =>{
  console.log('服务器返回的数据：' + data.toString());
});
// 监听 end 事件
client.on('end',  ()=> {
    console.log('数据通信结束');
});
```

然后在两个命令行窗口中分别测试服务器程序和客户端程序。其中服务器端会显示解析的结果：

```
C:\nodeapp\ch05\tcptest>node tcpsrv_hex.js
服务器已启动
设备已连接
设备发来的数据：00031600340000000101270252004200
待转换十六进制数：0127
转换为十进制数：295
```

5.2 UDP 服务器与客户端

UDP 服务器与客户端

用户数据报协议（UDP），是一种面向无连接的传输层协议，提供不可靠的消息传送服务。与 TCP 相比，UDP 非常简单，占用资源更少，传输速度更快。

5.2.1 UDP 基础

与 TCP 不同，UDP 提供的是一种无连接的、不可靠的数据传输方式。UDP 每次数据的发送和接收，只构成一次通信。数据在传输之前通信双方不需要建立连接。接收方在收到 UDP 数据报之后不需要给出任何应答。UDP 只是提供了利用校验和检查数据完整性的简单差错控制，属于一种尽力而为的数据传输方式。

UDP 的不可靠特性不代表它不可靠，这并不影响 UDP 的可用性。在没有可靠性的情况下，UDP 避免了 TCP 面向连接的消耗，从而能提高传输效率，非常适用于简单查询和响应类型的通信，如广播、路由、多媒体等广播形式的通信任务。另外，UDP 的可靠性保证和流控制可以由 UDP 用户（即应用程序）来决定。

应用程序使用 UDP 传送数据也采用与 TCP 类似的封装过程，UDP 数据与 TCP 数据基本一致，唯一不同的是 UDP 传输给 IP 的数据单元称作 UDP 数据报（Datagram）。

UDP 使用端口号为不同的应用保留其各自的数据传输通道，这一点非常重要。与 TCP 一样，UDP 也使用 Socket，只不过是无连接的数据报 Socket，对应于无连接的 UDP 服务应用。

Node.js 提供 dgram 核心模块来实现 UDP 通信。使用此模块，首先要使用以下语句导入。

```
const dgram = require('dgram');
```

5.2.2 dgram 模块提供的 API

dgram 模块提供了 UDP 数据报 Socket 的实现 API。

dgram.Socket 类提供了实现 UDP 应用的基本框架。dgram.Socket 对象是一个封装了数据报功能的事件触发器。dgram.Socket 实例是由 dgram.createSocket()方法创建的。创建 dgram.Socket 实例不需要使用 new 关键字。

dgram.Socket 类实现了以下事件。

- close：使用 close()方法关闭一个 Socket 之后触发该事件。该事件一旦触发，这个 Socket 上将不会触发新的 message 事件。
- error：发生任何错误都会触发该事件。事件发生时，事件处理函数仅会接收到一个 Error 参数。
- listening：当一个 Socket 开始监听数据报信息时触发该事件。该事件会在创建 UDP Socket 之后被立即触发。
- message：当有新的数据报被 Socket 接收时触发该事件。可以将 msg（消息）和 rinfo（远程地址信息）参数传递到该事件的处理函数中。rinfo 以对象的形式提供，包括 address（发送方地址）、family（地址类型，IPv4 或 IPv6）、port（发送方端口）和 size（消息大小）。

dgram.Socket 类提供了多个方法，这里介绍几个常用的方法。

1. socket.bind()方法

socket.bind()方法用于设置 Socket 在指定的端口和地址上监听数据报信息，使 Node.js 进程保持运行以接收数据报信息。其语法格式如下：

```
socket.bind([port][, address][, callback])
```

参数 port 为要绑定的端口，address 为绑定的 IP 地址，回调函数 callback 没有参数，当绑定完成时会被调用。如果 port 参数未指定或值为 0，操作系统会尝试绑定一个随机的端口。若 address 参数未被指定，操作系统会尝试在所有地址上监听数据报信息。绑定完成时会触发一个 listening 事件，并会调用 callback 方法。

socket.bind()方法也可以使用以下语法格式：

```
socket.bind(options[, callback])
```

其中参数 options 是必须指定的，以对象的形式提供，包含 port、address 或 exclusive 属性。exclusive 属性用于配合 cluster 模块使用 dgram.Socket 对象，默认为 false。

2. socket.send()方法

socket.send()方法用于在 Socket 上发送一个数据报，语法格式如下：

```
socket.send(msg[, offset, length], port[, address][, callback])
```

主要参数说明如下。

- msg：指定要发送的消息，可以是 Buffer 对象和字符串。
- offset：指定消息的开头在缓冲区中的偏移量。
- length：消息的字节数。
- port：目标端口。
- address：目标主机名或 IP 地址。
- callback：当消息被发送时会被调用。

应当设置目标的 port 和 address 参数。如果 Socket 之前未通过调用 bind()方法进行绑定，Socket 将会被一个随机的端口号赋值并绑定到所有接口的地址上（对于 UDP4 Socket 是 0.0.0.0，对于 UDP6 Socket 是::0）。

确定数据报被发送的唯一方式就是指定 callback 参数。有错误发生时，该错误会作为 callback 函数的第 1 个参数。若 callback 未被指定，该错误会以 error 事件的方式投射到 Socket 上。

3. dgram.createSocket()方法

dgram.createSocket()方法用于创建dgram.Socket对象，一旦创建了Socket，调用socket.bind()方法会指示 Socket 开始监听数据报消息。其语法格式如下：

```
dgram.createSocket(options[, callback])
```

参数 options 以对象形式提供，其属性包括 type（udp4 或 udp6）和 reuseAddr（若设置为 true，socket.bind()会重用地址，即使另一个进程已经在它上面绑定了一个 Socket，默认值 false）。可选参数 callback 是一个回调函数，其为 message 事件绑定一个监听器。

dgram.createSocket()方法还有另一种用法：

```
dgram.createSocket(type[, callback])
```

用于创建一个特定类型的 dgram.Socket 对象，type 参数可以是 udp4 或 udp6。

5.2.3 创建 UDP 服务器和客户端

这里创建一个 UDP 服务器，在 41124 端口上监听数据报信息，准备接收数据报信息。UDP 服务器程序的代码如下。

【示例 5-5】 UDP 服务器（udptest\udpsrv_demo.js）

```
const dgram = require('dgram');
const server = dgram.createSocket('udp4');//创建 dgram.Socket 对象
server.on('error', (err) => {
  console.log(`服务器异常：\n${err.stack}`);
  server.close();
});
server.on('message', (msg, rinfo) => {
  var strmsg = msg.toString();
  server.send(strmsg, rinfo.port, rinfo.address); //将接收到的消息返回给客户端
  console.log(`服务器接收到来自 ${rinfo.address}:${rinfo.port} 的 ${strmsg}`);
});
server.on('listening', () => {
  const address = server.address();
  console.log(`服务器监听 ${address.address}:${address.port}`);
});
server.bind(41234);
```

接着创建一个 UDP 客户端，向服务器的指定端口发送数据报信息，UDP 客户端程序的代码如下。

【示例 5-6】 UDP 客户端（udptest\udpclnt_demo.js）

```
const dgram = require('dgram');
const message = Buffer.from('你好！我是一个 UDP 客户端');
const client = dgram.createSocket('udp4');
client.on('close',()=>{
    console.log('socket 已关闭');
});
client.on('error',(err)=>{
    console.log(err);
});
client.on('message',(msg,rinfo)=>{
    if(msg=='exit') client.close();
    var strmsg = msg.toString();
    console.log(`接收到来自：${rinfo.address}:${rinfo.port} 的消息： ${msg}`);
});
client.send(message, 41234, 'localhost', (err) => {//向服务器发送消息
```

```
    if(err) client.close();
});
```

UDP 服务器和客户端本质上都是一个 Socket，均使用 dgram.createSocket()方法来创建。发送的 UDP 数据报可以是字符串，也可以是一个 Buffer 对象。

然后在两个命令行窗口中分别测试服务器程序和客户端程序。其中服务器端输出的内容如下：

```
C:\nodeapp\ch05\udptest>node udpsrv_demo.js
服务器监听 0.0.0.0:41234
服务器接收到来自 127.0.0.1:51238 的消息：你好！我是一个 UDP 客户端
```

5.2.4 通过 UDP 实现文件上传

如果要传输数据而且对数据完整性要求不高，则可以考虑 UDP。例如，通过 TCP 传输大文件，要保证可靠性，每个包都会有一定的开销；如果改用 UDP，虽然可能会有数据丢失，但是能获得很高的传输速率。这里结合 Node.js 文件系统来创建一个简单的 UDP 服务器来上传文件。文件传输涉及文件读写，可以通过文件操作的流接口来实现。UDP Socket 本身也是流，可以通过流将数据发送到 UDP 服务器，从而实现文件的上传。

文件上传服务器程序代码如下。

【示例 5-7】 文件上传服务器（udptest\udpsrv_file.js）

```
const dgram = require('dgram');
const fs = require('fs');
var port = 41234;
var server = dgram.createSocket('udp4');
var writeStream = fs.createWriteStream('upfile');//创建一个可写流
server.on('error', (err) => {
    console.log(`服务器异常：\n${err.stack}`);
    server.close();
  });
server.on('message', function(msg, rinfo) {//message 事件触发
    process.stdout.write(msg.toString());//将接收到的数据输出到终端
    writeStream.write(msg.toString()); //将接收到的数据写入可写流
});
server.on('listening', function() {
    console.log('文件传输服务器已准备好：', server.address());
});
server.bind(port);
```

文件上传客户端程序代码如下。

【示例 5-8】 文件上传客户端（udptest\udpclnt_file.js）

```
const dgram = require('dgram');
const fs = require('fs');
var remoteIP = '127.0.0.1';
var port = 41234;
var defaultSize = 16;//流读取的默认块大小
var readStream = fs.createReadStream(__filename);//从当前文件创建一个可读流
var client = dgram.createSocket('udp4');
readStream.on('readable', function() {//可读流准备好之后就开始发送数据
    sendData();
});
function sendData() {
  var message = readStream.read(defaultSize);
  if (!message) {
    return client.unref(); //完成文件传输之后，关闭 Socket
  }
```

```
    client.send(message,0,message.length, port, remoteIP, function (err, bytes) {
      sendData();
    });
  }
```

这里传送的是当前文件（用__filename 获取），也可以传送指定的任意文件。流读取要指定读取的字节数，这样可以对文件流按块读取并使用 socket.send()方法向服务器端发送，读取文件返回的是 Buffer 对象，Buffer 对象可以直接作为参数传给 socket.send()方法。

在两个命令行窗口中分别测试服务器程序和客户端程序，服务器端会显示读取的所有文件内容，并在当前目录下生成一个名为 upfile 的文件来保存所接收的文件内容，这就相当于实现了一个简单的 FTP 服务器，将客户端的文件上传到服务器上。

5.3 HTTP 服务器和客户端

HTTP 服务器和客户端

Web 服务的重要性不言而喻，构建 Web 应用程序要使用 HTTP。Node.js 提供的核心模块 http 可用来实现基本的 HTTP 服务，使用 Node.js 开发的 Web 应用程序时不需要额外部署 Web 服务器。

5.3.1 HTTP 基础

HTTP 是一种通用的、无状态的、与传输数据无关的应用层协议。HTTP 基于请求/响应（Request/Response）模式实现，相当于客户/服务器模式。它为客户/服务器通信提供了握手方式及报文传送格式，支持客户端（浏览器）与服务器之间的通信。客户端与服务器之间的 HTTP 交互过程如下。

（1）客户端与服务器建立 TCP 连接。

（2）客户端向服务器发送 HTTP 请求报文。

（3）服务器向客户端返回 HTTP 响应报文。

（4）关闭 HTTP 连接。当 HTTP 服务器响应了客户端的请求之后便关闭连接，直到收到下一个请求才重新建立连接。

HTTP 服务的基本功能是获取来自客户端的请求内容，处理这些数据后向客户端返回数据，即进行响应。

Node.js 提供用来实现 HTTP 通信的 http 模块。使用此模块前要首先使用以下语句导入。

```
const http = require('http');
```

作为基于 TCP 的应用层协议，HTTP 的实现离不开 TCP/IP 簇。Node.js 的 http 模块也依赖提供 TCP 通信支持的 net 模块。在 Node.js 中，http 模块通过 net 模块传输数据，得到数据之后对数据进行解析。

使用 HTTP 服务时，往往需要使用 Node.js 其他模块提供的功能。例如，使用 url.parse()方法将 URL 字符串转换成 URL 对象，使用 querystring.parse()方法将字符串转换成 JavaScript 对象。这些模块及其方法都在前面的章节中讲解过。

5.3.2 实现 HTTP 服务器

Node.js 的 http 模块通过 API 来创建 HTTP 服务。

1. http.Server 类

http.Server 类提供了实现 HTTP 服务器的基本框架。它提供了一个监听端口的底层 Socket 和接收请求，并将响应发送给客户端连接的处理程序。当服务器正在监听时，Node.js 应用程序并没有结束。http.Server 类继承自 net 模块的 net.Server 类，并具有以下额外的事件。

- request：当有请求时会触发该事件，提供两个参数 request 和 response，分别为 http.IncomingMessage 对象和 http.ServerResponse 对象，表示请求和响应的信息。注意每个连接可能有多个请求。

- connect：客户端请求 HTTP 的 CONNECT 方法时触发该事件。触发此事件后，请求的 Socket 没有 data 事件监听器，这意味着它需要绑定才能处理发送到服务器该 Socket 上的数据。它具有 3 个参数：request 表示 HTTP 请求的参数（http.IncomingMessage 对象）；socket 是 net.Socket 对象，是服务器和客户端之间的网络 Socket；head 是 Buffer 对象，是隧道流的第 1 个数据包（可能为空）。
- connection：当 TCP 建立连接时触发该事件，其提供了一个参数 socket，通常是 net.Socket 对象。
- close：当服务器关闭时触发该事件。
- clientError：如果客户端连接触发 error 事件，则会在此处转发。此事件的监听器负责关闭或销毁底层 Socket。默认行为是尽可能使用 HTTP 的“400 Bad Request”响应关闭 Socket，否则立即销毁 Socket。

http.Server 类常用的方法有两个，一个是 server.listen()，用于启动 HTTP 服务器监听连接，此方法与 net.Server 类中的 server.listen()方法相同；另一个是 server.close()，用于停止服务器接受新连接，该方法与 net.Server 类中的 server.close()方法相同。

http.Server 类主要完成两项任务，一是基于 TCP 连接建立一个网络监听器，二是监听自身的 request 请求事件。当客户端请求到来时，http.Server 实例会首先监听到 connection 事件，建立起 TCP 连接并在连接监听器（connectionListener）中暴露 Socket 对象。接下来，http 模块通过 Socket 对象与客户端进行数据交互。收到请求后，http.Server 实例会触发自身的 request 事件，调用请求监听器（requestListener），即创建 http.Server 实例时传入的回调函数。

2. http.IncomingMessage 类

http.IncomingMessage 是 stream.Readable 的子类，也就是只读的。这个类的实例，即 http.IncomingMessage 对象由 http.Server 或 http.ClientRequest 创建，并作为第 1 个参数分别传输给 request 和 response 事件。可以将该对象理解为另一端 Socket 发送来（或返回来）的数据，并不一定代表请求对象（HTTP 请求分为两部分：请求头和请求体），有时候也代表响应对象（HTTP 响应也分为两部分：响应头和响应体）。该对象可用于访问响应状态、消息头以及数据，实现了可读流接口，并具有额外的事件、方法和属性。

额外的事件包括以下两个。

- aborted：当请求中止时被触发。
- close：表明底层连接已关闭。每个响应只触发一次此事件。

额外的属性见表 5-1。

表 5-1　http.IncomingMessag 属性

属性	说明
complete	收到并成功解析的完整 HTTP 消息
headers	请求或响应的消息头对象，包括消息头的名称和值的键值对。注意消息头的名称都是小写的
rawHeaders	原始请求头/响应头的列表，与接收到的完全一致。注意键和值位于同一列表中，消息头名称不是小写的，并且不会合并重复项
method	HTTP 请求方法，用字符串表示，如'GET'、'POST'
url	请求的 URL 字符串，仅包含实际 HTTP 请求中存在的 URL。
socket	与连接关联的 net.Socket 对象
statusCode	3 位 HTTP 响应状态码，例如 404。仅对从 http.ClientRequest 对象获取的响应有效
statusMessage	HTTP 响应状态消息（原因短语），例如 OK 或 Internal Server Error。仅对从 http.ClientRequest 对象获取的响应有效

3. http.ServerResponse 类

当 HTTP 服务器接收到一个 request 事件时，它在内部创建 http.ServerResponse 类的实例（对象），该对象作为第 2 个参数被传递到 request 事件处理程序。可以使用该对象指定要发送到客户端的响应。它继承自流，并额外实现事件、方法和属性。

额外的事件包括以下两个。

- close：调用 response.end()方法，或者能够刷新之前已终止的底层连接。
- finish：响应发送后触发该事件。

关于响应头的额外方法列举如下。

- response.setHeader(name, value)：设置一个特定的响应头。
- getHeader(name)：获取已在响应中设置的某个响应头。
- removeHeader(name)：移除已在响应中设置的某个响应头。
- response.addTrailers(headers)：将 HTTP 尾部响应头（一种在消息末尾的响应头）添加到响应中。
- response.writeHead(statusCode,[reasonPhrase],[headers])：将某个响应头写入请求。

关于响应体的方法列举如下。

- response.write(data,[encoding])：发送响应体，也就是向请求客户端发送相应内容（正文），data 参数可以是 Buffer 对象或字符串，encoding 为编码。可以多次调用该方法以提供连续的响应体片段。
- response.writeContinue()：向客户端发送 HTTP/1.1 100 Continue 消息，表示应发送请求体。
- response.end([data][,encoding][,callback])：结束响应，向服务器表明已发送所有的响应头和响应体。必须在每个响应上调用此方法，否则客户端永远处于等待状态。如果指定了 data 参数，则相当于调用 response.write(data, encoding)方法之后再调用 response.end(callback)方法。如果指定了 callback 参数，则当响应流完成时将调用它。

额外的属性列举如下。

- response.statusCode：刷新响应头时将发送到客户端的状态码。如 200 表示成功，404 表示未找到等。
- response.statusMessage：刷新响应头时将发送到客户端的状态消息。如果保留为 undefined，则将使用状态码的标准消息。

4. http.createServer()方法

要启动 HTTP 服务器，首先需要使用 http.createServer()方法创建一个 http.Server 对象。该方法的用法如下。

```
http.createServer([options][, requestlistener])
```

其中 options 是可选的，以对象的形式指定要使用的 http.IncomingMessage 类和 http.ServerResponse 类，一般不用设置，除非要对这两个类进行扩展。requestListener 参数是在 request 事件被触发时执行的回调函数，此回调函数接收两个参数，第 1 个是代表客户端请求的 http.IncomingMessage 对象，第 2 个是用来指定和发送响应的 http.ServerResponse 对象。

5. 创建 HTTP 服务器

这里创建一个简单的 HTTP 服务器，使用 http.createServer()方法创建一个 http.Server 对象，然后在该对象上使用 listen()方法开始监听，服务器收到客户端请求之后，返回问候信息。

【示例 5-9】 HTTP 服务器（httptest\httpsrv_demo.js）

```
const http = require('http');
const server = http.createServer((req,res)=>{
  console.log('Web 客户端 URL: '+req.url);
```

```
    //设置响应头信息
    res.writeHead(200,{'Content-Type':'text/html;charset=utf-8'});
    res.write('Hello!<br>');
    res.end('响应完毕\n');
}).listen(8080,()=>{
    console.log('服务器正在 8080 端口上监听! ');
});
```

打开命令行窗口，运行该程序，然后使用浏览器访问网址 http:127.0.0.1:8080 进行实际测试，命令行窗口显示如下信息：

```
C:\nodeapp\ch05\httptest>node httpsrv_demo.js
服务器正在 8080 端口上监听!
Web 客户端 URL: /
Web 客户端 URL: /favicon.ico
```

5.3.3 实现 HTTP 客户端

通常使用浏览器作为 HTTP 客户端，当然也可通过 Node.js 来实现 HTTP 客户端。Node.js 的 http 模块也提供 API 以创建 HTTP 客户端。

1. http.ClientRequest 类

http.ClientRequest 类提供了实现 HTTP 客户端的基本框架。可以通过 http.request()方法创建并返回一个 http.ClientRequest 对象，作为 HTTP 客户端，启动、监控和处理来自服务器的响应。

该对象表示正在进行的请求，且其请求头已进入队列。实际的请求头将与第 1 个数据块一起发送，或者调用 request.end()方法时发送。

要获得响应，需为请求对象添加 response 事件监听器。当接收到响应头时，则 response 事件会从请求对象被触发。response 事件执行时包含一个参数，该参数是 http.IncomingMessage 对象。在 response 事件期间，可以添加监听器到响应对象，如监听 data 事件。如果没有添加 response 事件处理函数，则响应将被完全丢弃。

http.ClientRequest 类继承自流，其额外实现了事件、方法和属性。

（1）额外的事件。

- abort：当请求被客户端中止时被触发。此事件仅在首次调用 abort()方法时被触发。
- connect：每次服务器使用 CONNECT 方法响应请求时都会触发该事件。如果未监听此事件，则接收 CONNECT 方法的客户端将关闭其连接。
- continue：当服务器发送“100 Continue”HTTP 响应时被触发。
- response：当收到此请求的响应时被触发。此事件仅触发一次。
- socket：将 Socket 分配给此请求后被触发。
- timeout：当底层 Socket 因处于不活动状态而超时时被触发。这只会通知 Socket 已空闲。必须手动中止请求。

（2）额外的方法。

用于请求头的方法列举如下。

- request.setHeader(name, value)：设置一个特定的请求头。
- request.getHeader(name)：读取请求中的一个请求头。
- request.flushHeaders()：刷新请求头。Node.js 通常会缓冲请求头，直到调用 request.end()方法或写入第 1 个请求数据块，才会将请求头和数据打包到单个 TCP 数据包中。

用于请求体的方法列举如下。

- request.write(chunk[, encoding][, callback])#：发送一个请求体的数据块。通过多次调用此方

法，可以将请求体发送到服务器。

- request.end([data[, encoding]][, callback])：完成发送请求。如果部分请求体还未发送，则将它们刷新到流中。如果请求被分块，则发送终止符 '0\r\n\r\n'。如果指定了 data 参数，则相当于调用 request.write(data, encoding)方法之后再调用 request.end(callback)方法。
- request.abort()：终止当前的请求。
- request.setTimeout(timeout,[callback])：为请求设置 Socket 超时时间。

2. http.request()方法

要构建一个 HTTP 客户端，需要使用 http.request()方法创建一个 ClientRequest 对象。该方法的用法有两种：

```
http.request(options[, callback])
http.request(url[, options][, callback])
```

其中 options 参数是一个对象，其属性定义了如何将客户端的 HTTP 请求打开并发送到服务器，包括 host、path、method、port 等。callback 是一个回调函数，客户端在将请求发送到服务器后，处理从服务器返回的响应时调用此回调函数，此回调函数的唯一参数是一个 IncomingMessage 对象，该对象是来自服务器的响应。

第 2 种用法中的参数 url 用于指定请求的目的地址，可以是字符串或 URL 对象。参数 url 如果使用的是 URL 对象，则会被自动转换为普通的 options 对象。如果同时指定了 url 和 options 这两个参数，则对象会被合并，其中 options 对象中的属性优先于 url 参数提供的对象属性。

3. 创建 HTTP 客户端

这里创建一个简单的 HTTP 客户端，使用 http.request()方法创建一个 http.ClientRequest 对象，然后将数据写入请求体并发送到 HTTP 服务器。

【示例 5-10】 HTTP 客户端（httptest\httpclnt_demo.js）

```
const http=require('http');
const querystring = require('querystring');
const postData = querystring.stringify({'msg': '你好！我是 HTTP 客户端'});
const options = {
  hostname: '127.0.0.1',
  port: 8080,
  path: '/upload',
  method: 'POST',
  headers: {
    'Content-Type': 'application/x-www-form-urlencoded;charset=utf-8',
    'Content-Length': Buffer.byteLength(postData)
  }
};
const req = http.request(options, (res) => {
  console.log(`状态码: ${res.statusCode}`);
  console.log(`响应头: ${JSON.stringify(res.headers)}`);
  res.setEncoding('utf8');
  res.on('data', (chunk) => {
    console.log(`响应体: ${chunk}`);
  });
  res.on('end', () => {
    console.log('响应中已无数据');
  });
});
req.on('error', (e) => {
  console.error(`请求遇到问题: ${e.message}`);
});
// 将数据写入请求体
```

```
req.write(postData);
req.end();
```

确认之前的 HTTP 服务器程序正在运行，打开另一个命令行窗口，运行此客户端程序，请求服务器成功后会显示如下信息：

```
C:\nodeapp\ch05\httptest>node httpcli_demo.js
状态码: 200
响应头: {"content-type":"text/html;charset=utf-8","date":"Thu, 20 Jun 2019 06:19
:51 GMT","connection":"close","transfer-encoding":"chunked"}
响应体: Hello!<br>
响应体: 响应完毕
响应中已无数据
```

5.3.4 HTTP 服务器获取并解析请求内容

HTTP 客户端向服务器之间发起请求时最常用的方法是 GET 和 POST，前者是从指定的资源请求数据，后者是向指定的资源提交要被处理的数据。HTTP 服务器收到请求之后，需要获取并解析请求的内容。

1. 获取并解析 GET 请求内容

GET 请求内容被直接嵌入到 URL 路径中发送。例如：

```
/test/demo_form.asp?name1=value1&name2=value2
```

路径中“?”符号后面的部分以键值对的形式提供请求内容，可以手动解析这些内容，Node.js 的 url 模块中的 parse()函数就提供了这个功能。下面给出简单的示例。

服务器端程序的代码如下。

【示例 5-11】 GET 请求服务器（httptest\httpsrv_get.js）

```
const http = require('http');
const url  = require('url');
var server = http.createServer((req,res)=>{
    let reqUrl = decodeURI(req.url);//对 url 进行解码（url 会对中文进行编码）
    reqUrl = url.parse(reqUrl);//解析 URL 字符串并创建一个 URL 对象
    console.log(reqUrl);
    res.end('提交成功！');//回应客户端
}).listen(8080);
```

客户端程序的代码如下。

【示例 5-12】 GET 请求客户端（httptest\httpclnt_get.js）

```
const http=require('http');
//注意使用 encodeURI()方法对含有中文字符的 URL 进行编码
var options = {
    hostname: '127.0.0.1',
    port: 8080,
    path: encodeURI('/index.html?page=12&stats=打开')
};
http.get(options, (res) => {
  res.setEncoding('utf8');
  res.on('data', (chunk) => {
    console.log(chunk.toString());
  });
}).on('error', (e) => {
  console.error(`出现错误: ${e.message}`);
});
```

由于请求参数直接暴露在 URL 上，所以 GET 方法不能用来传递敏感信息。

2. 获取并解析 POST 请求内容

POST 请求内容均位于请求体，Node.js 不会自动解析请求体，需要手动解析。与 GET 请求不同的是，服务端接收的 POST 请求参数不是一次就可以完全获取的，往往需要多次，通常 POST 请求发送的数据要比 GET 请求大得多。数据量越大，则请求次数越多。

服务器接收 POST 请求内容的流程如下。

（1）服务器收到数据时，通过监听 request 对象的 data 事件来获取数据。

（2）对于多次发送的情况，每收到一部分数据，request 对象的 data 事件会被触发一次，同时通过回调函数可以获取该部分的数据。完整的数据需要服务器端拼接。

（3）当接收数据完毕之后，会执行 request 的 on 事件。

服务器端首先需要对获取的 POST 数据进行解码（中文数据提交时会进行 URL 编码），这可使用 decodeURI()函数，然后通过 querystring 模块的 parse()方法将请求数据转换为对象。

下面给出简单的示例。服务器端程序的代码如下。

【示例 5-13】 POST 请求服务器（httptest\httpsrv_post.js）

```
const http = require('http');
const querystring = require('querystring');
var server = http.createServer((req,res)=>{
    let data = '';//创建空字符串用于累加获取的数据
    req.on('data',(chunk)=>{
        data += chunk; //chunk 默认是一个二进制数据，与字符串拼接时其会自动转换为字符串
    });
    req.on('end',()=>{
        data = decodeURI(data);//对 url 进行解码（url 会对中文进行编码）
        console.log(data);
        let dataObj = querystring.parse(data); //使用 querystring 将数据转换为对象
        console.log(dataObj);
        res.end('提交成功！');//回应客户端
    });
}).listen(8080);
```

客户端程序的代码如下。

【示例 5-14】 POST 请求客户端（httptest\httpclnt_post.js）

```
const http=require('http');
const querystring = require('querystring');
//将要提交的数据转换为查询字符串
const postData = querystring.stringify({
    'name': 'Gates',
    'title': '博士'
});
const options = {
  hostname: '127.0.0.1',
  port: 8080,
  method: 'POST',
};
const req = http.request(options, (res) => {
  res.setEncoding('utf8');
  res.on('data', (chunk) => {
    console.log(chunk.toString());
  });
});
req.write(postData);// 将数据写入请求体
req.end();
```

5.4 使用 WebSocket 实现浏览器与服务器的实时通信

WebSocket 是 HTML5 新增的一种网络通信协议，其实现了浏览器与服务器之间的全双工通信，具有高实时性和资源消耗少的优点，主要用于浏览器与服务器之间的实时通信。

使用 WebSocket 实现浏览器与服务器的实时通信

5.4.1 WebSocket 简介

WebSocket 协议的推出主要是为了突破 HTTP 的局限性，节省服务器资源和带宽，并且更实时地进行通信。

1. 为什么需要 WebSocket 协议

HTTP 是一种单向的网络协议，在建立连接后，仅在 Web 客户端向 Web 服务器发出请求的情况下，Web 服务器才能返回数据，然后客户端与服务器之间的连接会断开。Web 服务器不能主动推送数据给 Web 客户端，且如果客户端需与服务器再次通信，应发起新的连接。

采用 HTTP，当客户端与服务器之间需要即时交流时，无论是客户端想知道服务器的最新状态，还是服务器向客户端实时推送数据，使用的均是轮询技术，客户端按照时间间隔（如每 2 秒）向服务器发出 HTTP 请求，然后由服务器将最新的数据返回给客户端。

总的来说，HTTP 存在以下问题。

- 每次客户端和服务器端的交互都是一次 HTTP 的请求和应答的过程，增加了每次传输的数据量，浪费带宽资源。
- 不是真正的实时技术，只是模拟实时的效果，轮询会造成同步延迟。
- 编程比较复杂，尤其是要模拟比较真实的实时效果时。

WebSocket 协议可以解决这些问题，其使 B/S（浏览器/服务器）架构具备像 C/S（客户/服务器）架构的实时通信能力。浏览器和服务器只需要完成一次握手，两者之间就可以直接建立持久性的连接，并进行双向数据传输，既减少了资源的开销，又解决了两端的实时数据传输问题。WebSocket 使数据交换变得更加简单，允许服务器主动向客户端推送数据。与 HTTP 相比，WebSocket 在数据传输的稳定性和数据传输量的大小方面具有优势。

2. WebSocket 协议的实现机制

WebSocket 连接本质上仍然是 TCP 连接，其通过 HTTP 握手之后建立长连接，以实现真正的 Web 实时通信。其通信过程如图 5-1 所示。

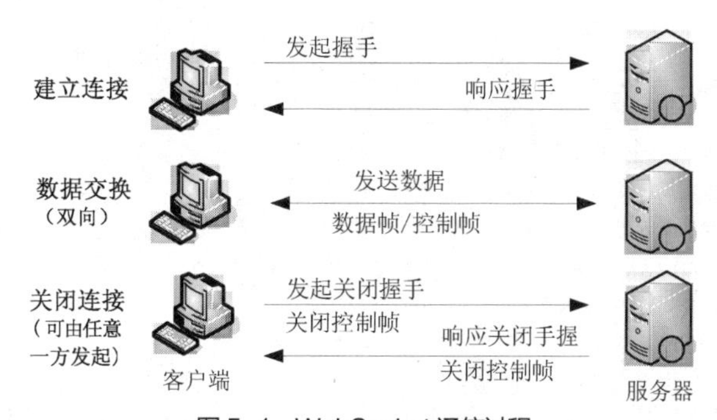

图 5-1 WebSocket 通信过程

（1）由客户端发起握手，建立连接阶段必须依赖 HTTP 进行一次握手，客户端向服务器发起的 HTTP 请求与通常的 HTTP 请求不同，包含了一些附加头信息，其中“Upgrade: WebSocket”表明这是一个申请协议升级，服务器解析这些附加的头信息然后将产生的应答信息返回给客户端，两端之间的WebSocket连接就建立起来了，服务器也完成了协议升级，由HTTP升级为WebSocket。连接会一直保持，直到客户端或者服务器任何一方主动关闭。

（2）进入数据交换阶段，客户端与服务端可以互相主动发送消息。此阶段数据直接通过TCP通道传输，不再依赖HTTP。WebSocket的数据传输是以帧（Frame）的形式传输的。

（3）关闭连接，可以由任意一端发起关闭连接的命令。

WebSocket协议用ws表示，加密的WebSocket协议用wss协议，就像普通的HTTP用http表示，加密的HTTP用https表示一样。Websocket可以与HTTP共用一个端口。

要注意Websocket与Socket的区别。WebSocket是一个TCP之上的典型应用层协议。Socket并不是一个协议，而是一个接口，是应用层与TCP/IP簇通信的中间软件抽象层，位于传输层。

3. WebSocket协议的应用场合

WebSocket协议主要用于需要实时通信的Web应用，常见的应用场合如下。

- 实时通信：聊天应用。
- 实时展示和分析：典型的有实时计数器、图表、日志客户端等。此类应用由服务器将数据推送到客户端。
- 文档协同：允许多个用户同时编辑一个文档，且用户能够看到每个用户做出的修改。

WebSocket协议不适合那些不支持HTML5或对HTML5支持不够充分的浏览器，在构建Web应用时要考虑这一点。

5.4.2 使用Node.js实现WebSocket服务器和客户端

WebSocket与HTTP一样采用的是客户/服务器模式。要使用WebSocket接口构建Web应用，就需要构建一个实现了WebSocket规范的服务器，服务器的实现不受平台和开发语言的限制，只需遵从WebSocket规范，目前已有部分比较成熟的服务器解决方案。就Node.js来说，比较有影响的WebSocket库非常多，如ws、WebSocket-Node、faye-websocket-node和socket.io。ws是一个简单易用、快速且经过全面测试的WebSocket客户端和服务器实现方案，下面以ws库为例讲解使用Node.js实现WebSocket服务器和客户端。

首先做好实验准备，这里新建一个用于实验的目录wstest，并在其中安装ws包。

```
C:\nodeapp\ch05>mkdir wstest && cd wstest
C:\nodeapp\ch05\wstest>cnpm install ws
```

1. 实现WebSocket服务器

这里给出比较简单的WebSocket服务器实现代码。

【示例5-15】 WebSocket服务器（wstest\ws_server.js）

```
const WebSocket = require('ws');  //加载ws模块
// 创建Websocket服务器并在8080端口监听
const wss = new WebSocket.Server({ port: 8080 });
console.log('服务器正在8080端口上监听！');
// 当有客户端连接到服务器
wss.on('connection', function connection(ws) {
// 通过ws（客户端）对象获取客户端发送的信息
  ws.on('message', function incoming(message) {
    console.log('收到: %s', message);
    //主动推送信息给客户端
    ws.send(message);
  });
});
```

注意其中的ws是客户端实例。

使用以下方法创建一个 WebSocket 服务器实例：

```
new WebSocket.Server(options[, callback])
```

参数 options 是以 JSON 对象形式表示的选项，其中 host 指定要绑定的服务器主机名，port 指定要绑定的服务器端口，server 指定一个外部的 HTTP 服务器，noServer 指定是否启用无服务器模式。port、server 或 noServer 这 3 个参数必须提供一个，否则会抛出错误。如果设置 port，则程序自动创建、启动和使用 HTTP 服务器。如需使用外部 HTTP 服务器，可以指定 server 或 NoServer 参数，此时必须手动启动 HTTP 服务器。noServer 模式允许 WebSocket 服务器与 HTTP 服务器完全分离，可以使多个 Websocket 服务器共享一个 HTTP 服务器。在非 noServer 模式下运行时，callback 参数将被添加到 HTTP 服务器上监听事件的监听器中。

WebSocket 服务器内置以下事件。

- close：服务器关闭时被触发。
- connection：成功握手连接时触发。可注入参数 socket 和 request（http.IncomingMessage）。
- error：发生错误时被触发，可注入一个 Error 对象。
- headers：握手前被触发，允许在发送 HTTP 头之前检查和修改标题。
- listening：绑定端口时被触发。

2. 实现 WebSocket 客户端

这里给出一个对应的 WebSocket 客户端实现代码。

【示例 5-16】 WebSocket 客户端（wstest\ws_client.js）

```
const WebSocket = require('ws');
const ws = new WebSocket('ws://localhost:8080');
ws.on('open', function open() {
  console.log('已连接上服务器');
  ws.send(Date.now());
});
ws.on('close', function close() {
  console.log('连接已断开');
});
ws.on('message', function incoming(data) {
  console.log(`往返时延: ${Date.now() - data} ms`);
  setTimeout(function timeout() {
    ws.send(Date.now());
  }, 1000);
});
```

使用以下方法创建 WebSocket 客户端实例：

```
new WebSocket(address[, protocols][, options])
```

其中参数 address 为 Websocket 服务器地址。options 是以 JSON 对象表示的选项，如 handshakeTimeout 指定超时时间（ms），perMessageDeflate 指定是否开启压缩（默认 true）。

它内置以下事件。

- close：连接关闭时被触发，有两个参数 code（状态码）和 reason（原因）。
- error：发生错误时被触发，有一个参数 error（错误）。
- message：接收到服务器消息时被触发，有一个参数 data，表示接收到的数据，类型可以是字符串、Buffer、ArrayBuffer。
- open：连接建立时被触发。

3. 测试

分别在两个命令行窗口运行 WebSocket 服务器和客户端实例，两个窗口显示如下。

服务器端：

```
C:\nodeapp\ch05\wstest>node ws_server.js
```

```
服务器正在 8080 端口上监听!
收到: 1560310767039
收到: 1560310767546
收到: 1560310768054
```

客户端：

```
C:\nodeapp\ch05\wstest>node ws_client.js
已连接上服务器
往返时延: 3 ms
往返时延: 4 ms
往返时延: 3 ms
```

5.4.3 浏览器客户端

5.4.2 小节的 WebSocket 客户端是基于 Node.js 构建的，主要用于测试。实际应用中，一般使用浏览器作为 WebSocket 客户端。由于 HTML5 网页可以直接使用 WebSocket 的 API，因此支持 HTML5 的浏览器都可作为 WebSocket 客户端，目前大部分浏览器，如 Chrome、Mozilla、Opera 和 Safari 都支持 WebSocket 接口。HTML5 网页使用 JavaScript 代码来调用 WebSocket 的 API。

在创建 WebSocket 客户端对象之后，可以通过 onopen、onmessage、onclose、onerror 等事件实现对 WebSocket 的响应。这些事件与前面讲解的 WebSocket 客户端内置事件 open、message、close、error 是等效的。下面给出将网页作为 WebSocket 客户端的例子。

【示例 5-17】 浏览器客户端（wstest\brw_client.html）

```
<!DOCTYPE html>
<head>
    <meta charset="UTF-8">
    <meta name="viewport" content="width=device-width, initial-scale=1.0">
    <meta http-equiv="X-UA-Compatible" content="ie=edge">
    <title>WebSocket</title>
</head>
<body>
    <h1>WebSocket 实时通信测试</h1>
    <input id="sendTxt" type="text"/>
    <button id="sendBtn">发送</button>
    收到: <input id="recvTxt" type="text"/>
    <div id="stat"></div>
    <script type="text/javascript">
        var ws = new WebSocket("ws://127.0.0.1:8080");
        ws.onopen = function(){
            console.log('websocket open');
            document.getElementById("stat").innerHTML = "已连接上";
        }
        ws.onclose = function(){
            console.log('websocket close');
            document.getElementById("stat").innerHTML = "连接断开";
        }
        ws.onmessage = function(event){
            console.log(event.data);
            document.getElementById("recvTxt").value = event.data;
        }
        document.getElementById("sendBtn").onclick = function(){
            var txt = document.getElementById("sendTxt").value;
            ws.send(txt);
        }
    </script>
```

```
    </body>
    </html>
```

首先需要使用 new WebSocket()方法申请一个 WebSocket 对象，对象的参数是需要连接的 WebSocket 服务器的地址，使用协议 ws://作为开头。

所有的操作都是采用事件的方式触发的，这样就不会阻塞 UI（用户界面）解析，从而使 UI 有更快的响应时间，用户得到更好的用户体验。例如，当 WebSocket 创建成功时，会触发 onopen 事件，对该事件的响应的代码可以在 ws.onopen = function(){ }函数中编写：

```
ws.onopen = function(){
    console.log('websocket open');
}
```

连接建立以后，浏览器和服务器就可以通过 TCP 连接直接交换数据。可以通过 send()方法向服务器发送数据，并通过 onmessage 事件来接收服务器返回的数据。

使用浏览器打开该网页进行实际测试，结果如图 5-2 所示。

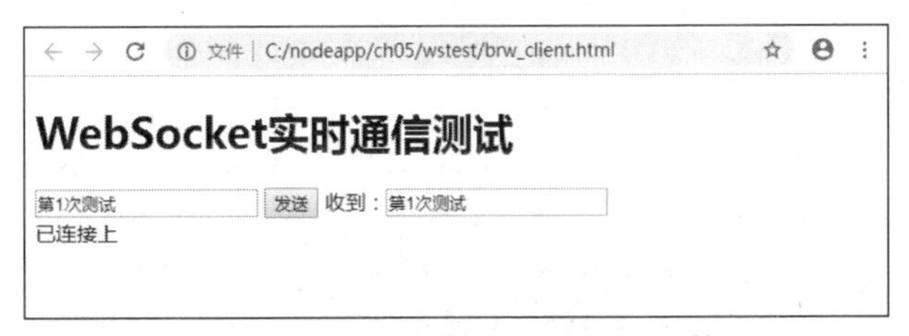

图 5-2　通过网页进行 WebSocket 通信

另外，WebSocket 对象的 readyState 属性返回实例对象的当前状态，共有以下 4 种。

- CONNECTING：值为 0，表示正在连接。
- OPEN：值为 1，表示连接成功，可以通信。
- CLOSING：值为 2，表示连接正在关闭。
- CLOSED：值为 3，表示连接已经关闭，或者打开连接失败。

5.4.4　Socket.IO

Socket.IO（也可使用全小写 socket.io）是一个支持客户端与服务器之间实时、双向、基于事件的通信的库。它包括 Node.js 服务器 API 和 JavaScript 客户端库。Socket.IO 并非 WebSocket 的完全实现，虽然它实际上尽可能使用 WebSocket，但是它为每个包添加特定的元数据：包类型、名称空间和确认 ID。这就是 WebSocket 客户端不能成功连接到 Socket.IO 服务器，Socket.IO 客户端也不能连接到 WebSocket 服务器的原因。

并不是所有的浏览器都支持 HTML5，这就影响了 WebSocket 的实时通信应用。Socket.IO 不仅简化了 API 接口，使得操作更容易，而且让那些不支持 WebSocket 协议的浏览器会将 WebSocket 连接自动降为 Ajax 连接，最大限度地保证了兼容性。Socket.IO 的目标是统一通信机制，使所有浏览器和移动设备都可以进行实时通信，为开发者提供客户端与服务器端一致的编程体验。Socket.IO 的另一个优点是支持任何形式的二进制文件传输，例如图片、视频、音频等。下面讲解 Socket.IO 的基本使用方法。

1. 安装 Socket.IO

Socket.IO 服务器 API 需要安装 socket.io 包：

```
npm install --save socket.io
```

JavaScript 客户端默认由服务器的/socket.io/socket.io.js 提供。也可以通过 CDN 来引用。

如果使用 Node.js 编译，或者使用像 webpack 或 browserify 这样的打包器，则可以安装 socket.io-client 包：

```
npm install --save socket.io-client
```

Socket.IO 应用系统由两部分组成，socket.io 是服务器端，用于集成到 HTTP 服务器；socket.io-client 是客户端，用于加载到浏览器中。

2. Socket.IO 服务器

Socket.IO 服务器必须绑定一个 http.Server 实例，因为 WebSocket 协议是构建在 HTTP 之上的，所以在创建 WebSocket 服务时需调用 HTTP 模块并调用其 createServer()方法，将生成的变量 server 作为参数传入 Socket.IO。

```
const server = require('http').createServer();
const io = require('socket.io')(server);
server.listen(8000);
```

也可在 Express 框架中使用，用法如下：

```
const app = require('express')();
const server = require('http').Server(app);
const io = require('socket.io')(server);
server.listen(8000);
```

注意在上述代码中一定不能将 server.listen(8000)改为 app.listen(8000)。

3. Socket.IO 客户端

客户端通常使用的是标准化的 JavaScript 库，需对外公开 io 这一命名空间，例如：

```
<script src="/socket.io/socket.io.js"></script>
<script>
  var socket = io('http://localhost');
  socket.on('news', function (data) {
    console.log(data);
    socket.emit('my other event', { my: 'data' });
  });
</script>
```

如果用 Node.js 编译，则使用 require 导入相应模块：

```
const io = require('socket.io-client');
```

4. 触发和接收事件

Socket.IO 可以触发和接收事件。当两端连接成功时，服务器会监听到 connection 和 connect 事件，客户端会监听到 connect 事件，断开连接时服务器对应的客户端 Socket 与客户端均会监听到 disconcect 事件。除了默认的事件之外，还可以触发自定义的事件。

```
// 这里是隐式绑定 http.Server，io(<port>)将自动创建一个 HTTP 服务器
var io = require('socket.io')(8000);
io.on('connection', function (socket) {
  io.emit('this', { will: 'be received by everyone'});//触发 this 事件发送消息
  socket.on('primsg', function (from, msg) {//接收由 primsg 事件发送的消息
    console.log('I received a private message by ', from, ' saying ', msg);
  });
  socket.on('disconnect', function () {
    io.emit('user disconnected');
  });
});
```

触发自定义事件的用法如下：

```
socket.emit(eventName [, ... args] [, ack])
```

该方法将一个事件发送到由字符串名称标识的 Socket，一般用来发送消息。其中参数 eventName 表示事件名称；args 是发送的消息或数据，可以包括若干参数，并支持所有可序列化的数据结构，包括 Buffer；ack 是可选的，是一个回调函数。该方法返回的是一个 Socket。

对应接收数据的应该是 Socket，通常使用以下方法接收由指定事件发送的消息和数据：

```
socket.on(eventName, callback)
```

为给定的事件注册一个新的处理程序，该方法返回的也是一个 Socket。其中参数 eventName 表示

事件名称；callback 是针对该事件的回调函数。该回调函数可以没有参数，也可以包括两个参数，分别表示消息来源和消息内容。

建立连接之后，服务器和客户端都可以使用上述方式收发消息。

5. 发送和接收数据

服务端和客户端的 Socket 是一个关联的 EventEmitter 对象，客户端 Socket 发出的事件可以被服务器的 Socket 接收，服务器 Socket 发出的事件也可以被客户端接收。基于这种机制，可以实现双向交流。可以使用 send()或 emit()方法发送数据。其中 send()方法使用默认事件，用法如下：

```
socket.send([... args] [, ack])
```

与 emit()方法相比，send()方法缺少一个自定义事件名称的参数。如果希望得到客户端已经接收到信息的反馈，只需要使用 send()或 emit()方法的最后一个参数来传递函数。

服务器（app.js）代码示范如下：

```
var io = require('socket.io')(80);
io.on('connection', function (socket) {
  socket.on('ferret', function (name, fn) {//传递一个 fn 函数
    fn('woot');//指定用于响应的确认信息
  });
});
```

客户端（index.html）代码如下：

```
<script>
  var socket = io(); //没有任何参数的 io()会自动发现 HTTP 服务
  socket.on('connect', function () {
  //可以避免监听 connect 事件，而是直接监听 ferret 事件
    socket.emit('ferret', 'tobi', function (data) {
      console.log(data); // 数据将为'woot'
    });
  });
</script>
```

6. 广播消息

要广播消息，只需要给 emit()或 send()方法添加一个 broadcast 标记。广播意味着将消息发送给除发送者以外的所有客户端。服务器端的示例代码如下：

```
var io = require('socket.io')(8000);
io.on('connection', function (socket) {
  socket.broadcast.emit('user connected');
});
```

7. 命名空间

Socket.IO 可以为 Socket 定义命名空间（Namespace），意味着可以为 Socket 指派不同的端点或路径。这有助于最小化 TCP 连接的数量，从而通过引入通信通道之间的分离在应用中进行隔离。也就是说，在不同的域中发出的消息，只有同一域的 Socket 能够收到。

将默认的命名空间称为 /，它是 Socket.IO 客户端默认要连接的命名空间，也是服务器默认要监听的命名空间。默认命名空间由 io.sockets 或更简洁的 io 标识，以下两个语句将事件发送到连接到 / 路径的所有 Socket：

```
io.sockets.emit('hi', 'everyone');
io.emit('hi', 'everyone'); // 短格式
```

在下面的例子中，一个 connection 事件发送给每个命名空间，每个 Socket 实例接收该事件发送的消息和数据。

```
io.on('connection', function(socket){
  socket.on('disconnect', function(){ });
});
```

要设置自定义名称空间，必须在服务器端调用 of()方法：

```
const nsp = io.of('/my-namespace');
nsp.on('connection', function(socket){
  console.log('someone connected');
});
nsp.emit('hi', 'everyone!');
```

在客户端，要通知 Socket.IO 客户端连接到该命名空间：

```
const socket = io('/my-namespace');
```

如果要控制一个特定应用的所有消息与事件，则使用默认的命名空间。如果希望利用第三方代码，或者编写要与他人共享的代码，Socket.IO 提供为 Socket 指定命名空间的途径。这有助于复用单个连接。初始化命名空间的方法如下：

```
server.of(nsp)
```

参数 nsp 以字符串的形式标识命名空间，该方法返回一个命名空间。一个连接上可以拥有多个命名空间。

8. 房间

在每个命名空间中，还可以定义多个频道，使 Socket 能够进入和离开，每个频道就是一个房间（Room）。使用方法 join()加入一个房间，例如：

```
io.on('connection', function(socket){
  socket.join('someroom');
});
```

这个方法的最后一个参数还可以是一个回调函数。

广播或发出事件时也可以简单地使用 to()或 in()方法，这两个方法的功能相同：

```
io.to('someroom').emit('someevent');
```

这表示进入 someroom 房间会触发 someevent 事件。

使用 leave()方法离开房间，用法同 join()方法。

Socket.IO 中的每个 Socket 由一个随机的唯一的标识符 Socket#id 标识。为了方便，每个 Socket 自动进入由这个 id 标识的房间。这可以使对其他 Socket 广播消息变得容易：

```
io.on('connection', function(socket){
  socket.on('say to someone', function(id, msg){
    socket.broadcast.to(id).emit('my message', msg);
  });
});
```

一旦断开连接，Socket 自动离开所有房间。

5.5 实战演练——构建实时聊天室

实战演练——构建实时聊天室

Socket.IO 为浏览器和服务器提供了双向通信机制，这意味着服务器可以推送消息给使用浏览器的客户端，无论何时发布一条消息，服务器都可以接收到消息并将其推送给连接到服务器的客户端，因此特别适合构建基于 Web 的实时聊天系统。这里示范创建一个基本的公共聊天室，用户输入的消息会发送到聊天消息区，所有进入该聊天室的其他用户都能看到该信息。进入聊天室以后，系统默认会自动给用户分配一个名为“匿名”的用户名，用户可以修改自己的用户名。

5.5.1 准备 Web 框架

构建 Web 应用最便捷的途径是使用 Web 框架，本案例基于 Node.js 的 Web 框架 Express。本书第 8 章将详细讲解该框架，这里读者只需按照示范操作即可。

1. 创建项目

首先准备一个空目录来存放项目所有文件。这里创建一个名为 chatapp 的目录，在命令行中切换到该目录，执行创建项目的命令：

```
C:\nodeapp\ch05>mkdir chatapp && cd chatapp
C:\nodeapp\ch05\chatapp>npm init
```

在该目录下生成一个名为 package.json 的配置文件，其内容如下：

```
{
  "name": "chatapp",
  "version": "1.0.0",
  "description": "socket.io app",
  "main": "index.js",
  "scripts": {
    "test": "echo \"Error: no test specified\" && exit 1"
  },
  "author": "",
  "license": "ISC"
}
```

执行以下命令安装 Express 框架，并将依赖信息保存到 package.json 文件。

```
C:\nodeapp\ch05\chatapp>cnpm install --save express
```

2. 简单的 Web 应用

新建一个 index.js 文件来创建应用，内容如下：

```
const app = require('express')();
const server = require('http').Server(app);
app.get('/', function(req, res){
  res.send('<h1>Hello world</h1>');
});
server.listen(8000, function(){
  console.log('监听端口 *:8000');
});
```

上述代码首先创建一个名为 app 的 Express 实例，并将 app 作为 HTTP 服务器的回调函数；接着使用 app.get()方法定义了一个路由 / 来处理首页访问；最后使 HTTP 服务器监听端口 8000。

在命令行窗口中运行 node index.js 命令，使用浏览器访问应用进行实测，结果如图 5-3 所示。

图 5-3　使用浏览器访问进行实测

3. 发布 HTML 网页

前两步在 index.js 文件中通过 res.send()方法返回一个 HTML 字符串。如果将整个应用的 HTML 代码都放到应用程序代码里，会影响代码的结构。最简单的方法是新建 HTML 文件用于服务器响应客户端的请求。这里新建一个名为 index.html 的网页文件，其内容如下：

```
<!doctype html>
<html>
  <head>
  </head>
  <body>
   <section id="input_zone">
      <input id="message" class="vertical-align" type="text" />
      <button id="send_message" class="vertical-align" type="button">发送</button>
    </section>
```

```
  </body>
</html>
```

在 index.js 文件中改用 app.sendFile()方法向客户端发送网页文件：

```
app.get('/', function(req, res){
   res.sendFile(__dirname + '/index.html');
});
```

在命令行窗口中按<Ctrl>+<C>组合键终止之前的 Node.js 程序，然后再次运行 node index.js 命令，刷新页面，显示结果如图 5-4 所示，可见发送网页成功。

图 5-4　访问新的网页

5.5.2　编写服务器端程序

在上述 index.js 文件的基础上编写聊天室的服务器端程序。首先需要安装 socket.io 包：

```
cnpm install --save socket.io
```

然后将 index.js 文件的内容修改如下：

【示例 5-18】　聊天室服务器（chatapp\index.js）

```
const express = require('express');
const app = express();
const server = require('http').Server(app);
//通过中间件函数托管静态文件
app.use(express.static('static'));
//显示网页客户端文件 index.html
app.get('/', function(req, res){
  res.sendFile(__dirname + '/index.html');
});
server.listen(8000, function(){
  console.log('监听端口 *:8000');
});
//创建 socket.io 实例
const io = require("socket.io")(server);
//当有连接打开时
io.on('connection', (socket) => {
    console.log('有新用户接入！');
    //设置默认用户名
    socket.username = "匿名";
    //监听到 change_username 事件时，实时修改用户名
    socket.on('change_username', (data) => {
       socket.username = data.username;
    });
    //监听到 new_message 事件时，广播客户端发送的新消息
    socket.on('new_message', (data) => {
       io.sockets.emit('new_message', {message : data.message, username : socket.
```

```
username});
        });
    });
```

考虑到 index.html 文件需包含 CSS 文件和 jQuery 库文件，因此将它们存放在 static 子目录中，为使这些静态文件对外开放访问，需使用 Express 中的 express.static()内置中间件函数来托管。为使用 express.static()，需要使用 Express 实例，将原 index.js 文件的第 1 行修改如下：

```
const express = require('express');
const app = express();
```

传入"server" HTTP 服务器对象，初始化 socket.io 的一个实例。

```
const io = require("socket.io")(server);
```

通过监听 connection 事件来接收 socket，并处理 socket 的事件。代码中给出的注释比较详细。

5.5.3 编写客户端程序

客户端程序采用网页的形式，其中由 JavaScript 脚本控制客户端与服务器端和其他客户端的交互。

【示例 5-19】 聊天室客户端（chatapp\index.html）

```
<!DOCTYPE html>
<html>
  <head>
    <meta http-equiv="Content-Type" const="text/html;charset=UTF-8" />
    <link rel="stylesheet" type="text/css" href="style.css" >
    <script src="/socket.io/socket.io.js"></script>
    <title>简易聊天室</title>
  </head>
  <body>
    <header>
      <h1>聊天室</h1>
    </header>
    <section>
      <div id="change_username">
       <input id="username" type="text" />
       <button id="send_username" type="button">设置用户名</button>
      </div>
    </section>
    <section id="chatroom">
    </section>
    <section id="input_zone">
      <input id="message" class="vertical-align" type="text" />
      <button id="send_message" class="vertical-align" type="button">发送</button>
    </section>
    <script src="./jquery-2.0.3.min.js"></script>
    <script>
    $(function(){
    //建立连接
    var socket = io.connect('http://localhost:8000');
    //按钮和输入区
    var message = $("#message");
    var username = $("#username");
    var send_message = $("#send_message");
    var send_username = $("#send_username");
    var chatroom = $("#chatroom");
    //发出 new_message 事件，发送消息
    send_message.click(function(){
      socket.emit('new_message', {message : message.val()})
    });
```

```
      //监听 new_message 事件
      socket.on("new_message", (data) => {
        message.val('');
        chatroom.append("<p class='message'>" + data.username + ": " + data.message + 
"</p>");
      });
      //发出 change_username 事件，发送用户名信息
      send_username.click(function(){
        socket.emit('change_username', {username : username.val()})
      });
    });
    </script>
    </body>
  </html>
```

这里使用以下语句加载了 Socket.IO 客户端：

```
<script src="/socket.io/socket.io.js"></script>
```

然后使用以下语句连接 Socket.IO 服务器：

```
var socket = io.connect('http://localhost:8000');
```

已加载的 Socket.IO 客户端暴露了一个 io 全局变量后连接服务器。

再处理各种事件和消息，代码中已经给出详细注释。

5.5.4 测试

重新运行 index.js 程序，在浏览器中打开两个标签页，均访问 http://127.0.0.1:8000，就可以进行多人聊天了，如图 5-5 所示。

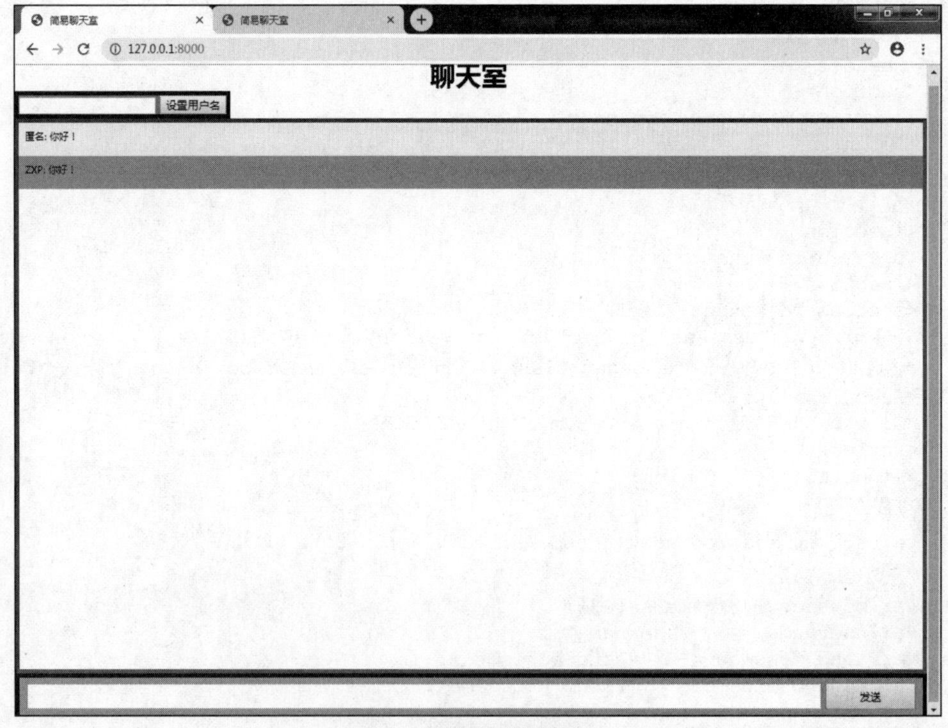

图 5-5　测试聊天应用程序

这个程序非常简单，主要示范 Socket.IO 的基本使用。还可以将其改进为一个更实用的多人聊天室，如当用户连接和断开连接时广播消息、显示在线用户、增加显示用户“正在输入”功能、通过数据库来

存储用户和聊天信息及用户登录等。

以增加显示用户“正在输入”功能为例，在服务器端添加以下监听事件：

```
socket.on('typing', (data) => {
  //监听到typing事件,广播方式发出typing事件来发送当前用户名
  socket.broadcast.emit('typing', {username : socket.username})
});
```

在客户端增加以下代码：

```
//发出typing事件，键盘输入会触发
message.bind("keypress", () => {
    socket.emit('typing');
});
//监听typing事件
socket.on('typing', (data) => {
  //将某某用户正在输入的提示信息写入反馈区
});
```

5.5 本章小结

编写网络应用程序的前提是要了解网络的基本原理和 TCP/IP 簇，如果这方面的知识欠缺，则需要进一步学习。Node.js 提供的 net、dgram 和 http 模块分别用来实现基本的 TCP、UDP 和 HTTP 应用程序，属于比较低层次的模块，主要提供简单的后端服务，如果要实现复杂的应用，则工作量相当大，因此实际的应用程序开发大都采用更高层次的模块或框架。如 http 模块不提供处理路由、cookie、缓存等的调用，而 Express 有助于快速实现完整的 Web 服务。Node.js 的核心模块中关于网络的还有 dns、http2、https。WebSocket 协议解决了浏览器与服务器之间的实时通信问题，而 Socket.IO 又是类 WebSocket 的解决方案，目标是使所有浏览器和移动设备都可以进行实时通信。

习题

一、选择题

1. 以下关于 net 模块的说法中，不正确的是（　　）。
   A. server.listen()方法用来启动一个服务器来监听连接
   B. net.createConnection()方法是创建 net.Socket 对象的快捷方式
   C. server.close()方法停止服务器接受建立新的连接并终止已经存在的连接
   D. net.Socket 是双工流，可读也可写
2. （　　）不是 Socket（套接字）的组成部分。
   A. TCP　　B. 源 IP 地址　　C. 目的 IP 地址　　D. 端口号
3. 以下关于 dgram 模块的说法中，正确的是（　　）。
   A. 创建 dgram.Socket 实例需要使用 new 关键字
   B. 当有新的数据报被 Socket 接收时触发 message 事件
   C. 当一个 Socket 开始监听数据报信息时触发 data 事件
   D. socket.send()方法在 Socket 上发送一个数据报时必须先使用 socket.bind()方法进行绑定
4. 以下关于 http 模块的说法中，不正确的是（　　）。
   A. server.listen()方法用于启动 HTTP 服务器监听连接
   B. http.ClientRequest 类提供了实现 HTTP 客户端的基本框架
   C. 每次有请求时都会触发 connection 事件

D. 启动 HTTP 服务器需要使用 http.createServer()方法创建一个 http.Server 对象

5. 以下关于 WebSocket 协议的说法中，不正确的是（　　）。

A. WebSocket 协议主要用于需要实时通信的 Web 应用

B. Websocket 不能与 HTTP 共用一个端口

C. WebSocket 连接本质上仍然是 TCP 连接

D. WebSocket 客户端不能成功连接到 Socket.IO 服务器

二、简述题

1. 什么是 Socket？Socket 可使用管道操作吗？
2. 为什么需要 WebSocket 协议？
3. 简述 WebSocket 协议的实现机制。
4. 什么是 Socket.IO？

三、实践题

1. 创建 TCP 服务器和客户端并进行测试。
2. 创建 UDP 服务器和客户端并进行测试。
3. 创建 HTTP 服务器和客户端并进行测试。
4. 基于 ws 模块实现 WebSocket 服务器和客户端并进行测试。
5. 基于 socket.io 模块实现 Socket.IO 服务器和客户端并进行测试。

第 6 章 SQL数据库操作

06

学习目标

① 了解 MySQL 数据库，会使用 Node.js 连接和访问 MySQL 数据库。
② 了解 Node.js 的 ORM 框架，掌握 Sequelize 框架的用法。
③ 了解 Node.js 异步编程方法，能够编写数据库操作的异步代码。

大多数应用程序都会通过数据库来存取数据。数据库可以分为两类，一类是 SQL 数据库，另一类是 NoSQL 数据库。SQL 是 Structured Query Language（结构化查询语言）的缩写。它具有专门为数据库建立的操作命令集，是一种非过程化、一致性的数据库语言，也是关系数据库的公共语言。SQL 数据库通常指支持 SQL 的关系数据库。MySQL 是目前流行的开源关系数据库，适合作为 Web 应用的高性能数据库后端。本章主要以 MySQL 数据库为例，介绍 Node.js 应用程序如何连接和操作 SQL 数据库。考虑到 Node.js 的数据库操作是异步执行的，本章还专门讲解了 Node.js 异步编程方法，掌握这些方法，读者能够更优雅地编写异步代码。本章内容学习起来有一定难度，要求读者发扬执着专注、精益求精、一丝不苟、追求卓越的工匠精神。

SQL 数据库操作

6.1 操作 MySQL 数据库

MySQL 是一个多线程的 SQL 数据库服务器。MySQL 的执行性能高，运行速度快，并且容易使用。在 Node.js 程序中，可通过相应的数据库驱动连接和操作 MySQL 数据库。

操作 MySQL 数据库

6.1.1 MySQL 服务器安装和基本使用

考虑到初学者，这里讲解一下 MySQL 服务器的安装和基本使用方法。

1. 安装 MySQL 服务器

如果已有 MySQL 数据库服务器，则可以直接使用 MySQL，否则需要安装 MySQL。MySQL 社区版遵循 GPL 许可协议，由庞大、活跃的开源开发人员社区提供支持，用户可以从其官网上免费下载。安装包分为两类，一类是免安装的软件包压缩版本（ZIP Archive），需要自行配置；另一类是安装版本（MSI Installer）。这里选择安装版本，以在 Windows 7 系统中安装 MySQL 5.7.26 社区版为例。软件下载之后即可开始安装，具体过程说明如下。

（1）安装该版本之前需要确认系统已安装 Visual C++ 2013 运行库和 Microsoft.NET Framework 4.5.2（或更高版本）。如果没有，则需要提前安装这些依赖库。注意不同的 MySQL 版本对依赖库的要求不同。

（2）运行安装包，启动安装向导。

（3）进入“License Agreement”界面，勾选“I accept the license terms”复选框，单击“Next”按钮。

（4）出现“Choosing a Setup Type”界面，选中“Server only（仅安装 MySQL 服务器）”单选项，单击“Next”按钮。

（5）出现“Installation”界面，单击“Next”按钮开始安装。

（6）安装完毕，进入 MySQL 初始设置界面。首先是“High Availability”界面，这里保持默认设置，即独立的服务器（Standalone MySQL Server）。

（7）单击“Next”按钮，出现图 6-1 所示的“Type and Networking”界面，设置服务器配置类型和网络。这里保持默认设置，服务器类型为开发计算机（Development Computer），MySQL 服务器端口为 3306，并使 Windows 防火墙放行该端口流量。

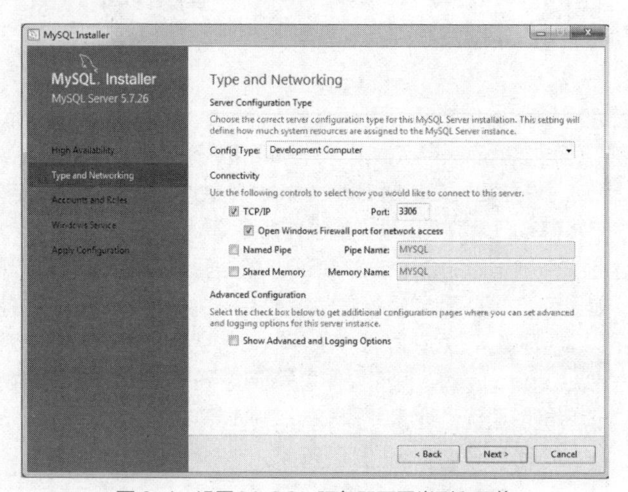

图 6-1　设置 MySQL 服务器配置类型和网络

（8）单击“Next”按钮，出现“Accounts and Roles”界面，可以设置 root 账户密码，还可以添加用户账户。这里将 root 账户密码设置为 abc123。

（9）单击“Next”按钮，出现“Windows Service”界面，保持默认设置，将 MySQL 服务器配置为 Windows 服务，并使其开机自动启动。

（10）单击“Next”按钮，出现“Apply Configuration”界面，单击“Execute”按钮执行上述配置，配置完成之后，单击“Finish”按钮结束 MySQL 服务器的安装和初始配置。

2. 使用命令行界面操作 MySQL

MySQL 服务器内置命令行接口，可以直接通过命令行窗口管理和操作 MySQL。为更方便地使用命令行，打开环境变量配置界面，找到系统变量下的“Path”环境变量，将 MySQL 程序路径 C:\Program Files\MySQL\MySQL Server 5.7\bin 追加到“Path”环境变量中。

在命令行窗口中执行以下命令，根据提示输入密码，进入 MySQL 控制台：

```
mysql -h hostname -u username -p
```

-h 选项设置 MySQL 服务器名称或 IP 地址，本地操作可以省略该选项；-u 选项设置 MySQL 用户账户；-p 选项设置密码。进入 MySQL 控制台后可以直接管理和操作 MySQL，执行命令 help 会给出命令参考信息。常用的命令有：

```
mysql->CREATE DATABASE dbname;//创建数据库
mysql->CREATE TABLE tablename;//创建表
mysql->SHOW DATABASES;//显示可用的数据库列表
mysql->USE dbname;//选择数据库
mysql->SHOW TABLES;//显示可用的表
mysql->DESCRIBE tablename;//显示表的信息
```

最实用的命令行操作是数据库的导出和导入。MySQL 提供专门的导出工具 mysqldump，导出整个数据库的命令如下：

```
mysqldump -u 用户名 -p 数据库名 > 导出的文件名
```

导出某个表：

```
mysqldump -u 用户名 -p 数据库名 表名> 导出的文件名
```

导入数据库的操作要麻烦一些，首先需创建数据库，进入 MySQL 控制台后可使用 source 命令导入数据库。笔者准备了一个 MySQL 数据库文件用于后续实验，整个导入过程示范如下。

```
mysql> create database testmydb;  //创建数据库
Query OK, 1 row affected (0.01 sec)
mysql> use testmydb;   //选择数据库
Database changed
mysql> set names utf8;   //设置数据库编码
Query OK, 0 rows affected (0.00 sec)
mysql> source c:/nodeapp/ch06/testmydb.sql  //从外部文件导入数据库（注意 sql 文件的路径）
```

一种更简便的导入方法是先创建数据库（如果在 MySQL 控制台上操作需要先退出 MySQL 控制台），再直接执行以下命令：

```
mysql -u 用户名 -p 密码 数据库名 < 导入的数据库文件
```

3. 使用图形界面工具管理 MySQL

MySQL Workbench 是官方提供的图形界面客户端，适合数据库管理员、程序开发人员和系统规划师进行 MySQL 的可视化设计、模型建立和数据库管理。使用它可执行复杂的 MySQL 迁移任务，更加方便地导入导出数据。用户可以到官方网站下载其社区版，需要注意 Workbench 应与相应的 MySQL 服务器的版本匹配。针对 MySQL 5.7.26 社区版，笔者使用的是 Workbench 6.3.10 社区版，其基本界面如图 6-2 所示，使用非常简单。这个工具能够有效地帮助用户开发和测试 MySQL 数据库操作程序。

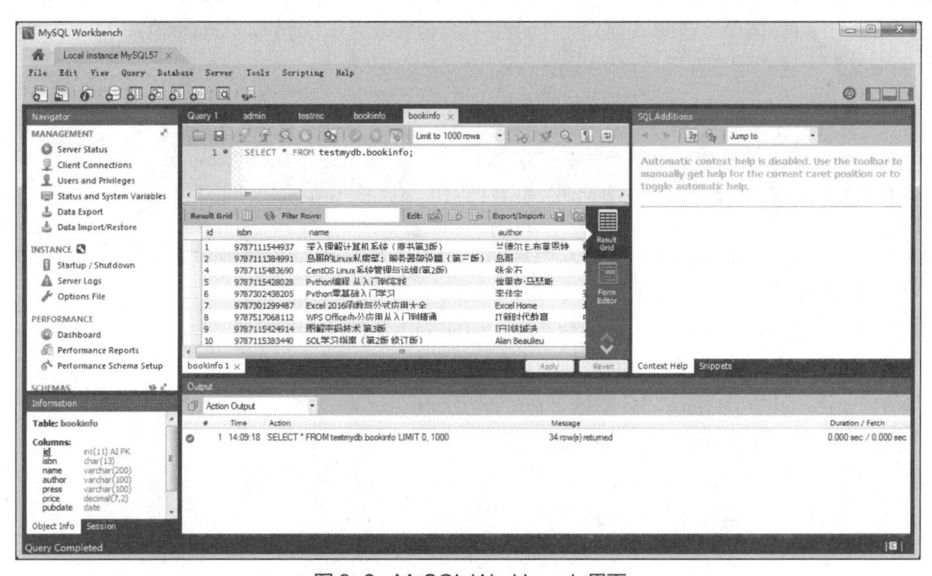

图 6-2　MySQL Workbench 界面

6.1.2 Node.js 的 MySQL 驱动

在 Node.js 程序中要实现 MySQL 数据库的连接和操作，需使用相应的数据库驱动。Node.js 的原生 MySQL 驱动库名为 mysql，是由 JavaScript 编写的，不需要编译，其使用方法非常简单。而 MySQL2 项目是原生 MySQL 驱动项目的升级版本，其兼容 mysql 并支持其主要特性，提供新的特性，如更快更好的性能、预处理语句、对编码和排序规则的扩展支持、Promise 包装器、SSL 与认证开关、自定义流等。本章以 MySQL2 为例进行讲解，要使用它，需要对其进行安装，驱动库名称为 mysql2：

```
npm install mysql2
```

这里准备一下实验环境：

```
C:\nodeapp\ch06>mkdir mysqltest  &&  cd mysqltest
C:\nodeapp\ch06\mysqltest>cnpm install mysql2
```

6.1.3 连接 MySQL 数据库

1. 建立连接

下面给出一个示例，示范推荐的连接建立方法：

【示例 6-1】 显式建立连接（mysqltest\conn_create1.js）

```
const mysql = require('mysql2');
//创建到数据库的连接
const connection = mysql.createConnection({
  host: 'localhost',
  user: 'root',
  password : 'abc123',
  database: 'testmydb'
});
connection.connect(function(err) {
  if (err) {
    console.error('连接错误: ' + err.stack);
    return;
  }
  console.log('连接 ID: ' + connection.threadId);
});
```

也可以通过执行查询操作来隐式建立一个连接（没有显式连接代码），代码示范如下：

【示例 6-2】 隐式建立连接（mysqltest\conn_create2.js）

```
var mysql      = require('mysql2');
var connection = mysql.createConnection(...);//此处省略连接选项代码
connection.query('SELECT * FROM `bookinfo`',function(err, results) {
    console.log(results); // 结果包括由 MySQL 服务器返回的行
});
```

选择显式或隐式连接方法取决于如何处理错误。但无论哪种类型的连接，其错误都是致命的。

2. 设置连接选项

在建立新的连接时，可以设置的选项非常多。这里列出常用的连接选项。

- host：连接的数据库地址，默认为 localhost。
- port：连接地址对应的端口，默认 3306。
- user：用于连接的 MySQL 用户名。
- password：用户的密码。
- database：所需连接的数据库的名称（可选项）。
- charset：连接的编码形式（默认为 utf8_general_ci），决定整理排序规则。

- timezone：MySQL 服务器上配置的时区（默认 local），用于服务器日期时间（date/time）值与 JavaScript 日期对象之间的相互转换。
- dateStrings：将强制日期类型（TIMESTAMP、DATETIME 或 DATE）作为字符串（而不是 JavaScript 日期对象）返回。默认 false，表示作为 JavaScript 日期对象返回。
- connectTimeout：设置连接时，返回失败前的未响应等待时间，单位为毫秒，默认为 10 000。

3. 终止连接

终止连接的方法有两种。调用 end()方法可以正常地终止一个连接：

```
connection.end(function(err) {
  // 连接终止
});
```

这种方法能够确保在向 MySQL 服务器发送 COM_QUIT（退出）包之前执行剩余的所有查询。

如果在发送 COM_QUIT 包之前发生了致命错误，那么可以通过回调函数中的 err 参数进行捕获，但是无论怎样连接都会关闭。

另一种终止连接的方法是调用 destroy()方法。该方法会立即终止底层 Socket。另外，destroy()方法不会触发更多的事件和回调函数。

```
connection.destroy();
```

和 end()方法不同，destroy()方法不使用回调函数。

6.1.4 执行数据库操作

执行数据库操作最基本的方法是在一个对象（如连接、连接池）中调用.query()方法。所有增查改删（CRUD）操作都通过这个方法执行 SQL 语句实现。该方法有 3 种形式，这里以查询操作为例进行示范。

1. 第 1 种形式：.query(sqlString, callback)

第 1 个参数是 SQL 字符串，第 2 个参数是回调函数。该回调函数又包含 3 个参数，第 1 个参数 err 表示查询期间发生的错误，第 2 个参数 results 表示查询结果，第 3 个参数 fields 表示返回结果字段的信息。下面是一个简单的例子：

【示例 6-3】 记录查询（mysqltest\record_get.js）

```
const mysql = require('mysql2');
//建立连接
const connection = mysql.createConnection({
  host: 'localhost',
  user: 'root',
  password : 'abc123',
  database: 'testmydb'
});
connection.connect();
//执行查询操作
connection.query('SELECT * FROM `bookinfo` WHERE `press` = "人民邮电出版社"', function
(err, results, fields) {
    if (err) throw err;
    console.log('-------查询记录----------');
    console.log('查询结果:',results);
    console.log('查询结果字段:',fields);
});
connection.end();   //终止连接
```

2. 第 2 种形式：.query(sqlString, values, callback)

参数 values 表示占位符值，上例中查询语句改为：

```
connection.query('SELECT * FROM `bookinfo` WHERE `press` = ?', ['人民邮电出版社'],
```

```
function (err, results, fields) {
    });
```

3. 第 3 种形式：.query(options, callback)

将第 1 个参数改为选项，查询时使用不同的高级可选项，如转义查询值、重叠列名的连接、超时和类型转换等，例如：

```
    connection.query({
      'SELECT * FROM `bookinfo` WHERE `press` = ?',
      timeout: 40000, // 40s
      values: ['人民邮电出版社']
    }, function (err, results, fields) {
    });
```

4. 第 2 种和第 3 种形式的结合

可以将第 2 种和第 3 种形式结合起来使用，其中占位符的值不在选项对象中提供，而是通过第 2 个参数来传递。如果选项对象提供占位符值，则第 2 个参数会覆盖它，例如：

```
    connection.query({
        'SELECT * FROM `bookinfo` WHERE `press` = ?',
        timeout: 40000, // 40s
      },
      ['人民邮电出版社'],
      function (err, results, fields) {
    );
```

5. 只有单个占位符的查询

如果查询只有一个占位符（？），且值参数不为 null、undefined 或数组，则该值参数可以作为第 2 个参数被直接传递给.query()，例如：

```
    connection.query('SELECT * FROM `bookinfo` WHERE `press` = ?', '人民邮电出版社',
function (err, results, fields) {
    });
```

6. 并行执行查询

MySQL 协议是串行的，这就意味着需要多个连接来并行执行查询。可以使用连接池来管理连接，最简单的方法是为每个 HTTP 请求创建一个连接。

6.1.5 记录的增查改删操作

在 6.1.4 小节中说明了使用.query()方法执行 SQL 语句可实现增查改删操作，关键是编写不同的 SQL 语句。这里给出增加、修改和删除操作的示例代码。

1. 增加记录

【示例 6-4】 记录添加（mysqltest\record_add.js）

```
    //此处省略建立连接代码
    //定义增加记录的 SQL 语句和参数
    var  addSql = ' INSERT INTO `bookinfo`(`isbn`, `name`, `author`, `press`, `price`,
`pubdate`) VALUES(?,?,?,?,?,?)';
    var  addSql_Params = ['9787115488435', '人工智能（第 2 版）','史蒂芬•卢奇','人民邮电出版
社',108.00,'2018-09-01'];
    //通过查询命令执行增加操作
    connection.query(addSql,addSql_Params,function (err, results) {
        if (err) throw err;
        console.log('-------插入记录----------');
        console.log('插入记录的 ID:',results.insertId);
        console.log('插入结果:',results);
    });
```

```
connection.end();
```

如果将一个记录行插入到一个有自增主键的表中，可以通过 results.insertId 属性获得插入记录的 ID。当处理大数字时（超过 JavaScript 的 Number 类型的精度），需要在连接数据库时启用 supportBigNumbers 选项，以便将插入行的 ID 作为字符串类型读取出来，否则会抛出一个错误。当从数据库中查询的数字是一个 Big Number 类型时，也需要将 supportBigNumbers 选项设置为 true，否则查询出来的数据由于精度限制，会进行四舍五入。

2. 修改记录

【示例 6-5】 记录修改（record_update.js）

```
//此处省略建立连接代码
//定义修改记录的 SQL 语句和参数
var updateSql = 'UPDATE bookinfo SET author = ?,price = ? WHERE id = ?';
var updateSql_Params = ['[日]结城浩',87.5,9];
//通过查询命令执行修改操作
connection.query(updateSql,updateSql_Params,function (err, results) {
    if (err) throw err;
    console.log('-------修改记录----------');
    console.log('修改所影响的行数:',results.affectedRows);
    console.log('修改所改变的行数:',results.changedRows);
});
connection.end();
```

可以通过 results.affectedRows 属性从 INSERT、UPDATE 或 DELETE 子句中获取受影响的行数。可以通过 results.changedRows 属性从 UPDATE 子句中获取被改变的行数。被改变的行数不同于受影响行数，不计入包括那些值没有改变而被更新的行。

3. 删除记录

【示例 6-6】 记录删除（mysqltest\record_del.js）

```
//此处省略建立连接代码
//定义删除记录的 SQL 语句
var  delSql = 'DELETE FROM bookinfo WHERE id = 11';
//通过查询命令执行删除操作
connection.query(delSql,function (err, results) {
    if (err) throw err;
    console.log('-------删除记录----------');
    console.log('删除的行数:',results.affectedRows);
});
connection.end();
```

6.1.6 防止 SQL 注入攻击

为了防止 SQL 注入攻击，当需要在 SQL 查询中使用用户数据时，应当提前对这些值进行转义。转义可以通过 mysql.escape()、connection.escape()或 pool.escape()方法来实现，例如：

```
var userId = 'some user provided value';
var sql    = 'SELECT * FROM users WHERE id = ' + connection.escape(userId);
connection.query(sql, function(err, results) {
  // ...
});
```

另外，也可以将符号“?”作为查询字符串中的占位符以替代要转义的值，例如：

```
connection.query('SELECT * FROM users  WHERE id = ?', [userId], function(err, results)
{
  // ...
});
```

使用多个占位符时传入的值会依次填入。例如，下列查询中 foo、bar、baz 和 id 分别等于 a、b、c 和 userId：

```
    connection.query('UPDATE users SET foo = ?, bar = ?, baz = ? WHERE id = ?', ['a',
'b', 'c', userId], function(err, results) {
      // ...
    });
```

这看起来与 MySQL 中的预处理语句相似，但该语句内部其实使用了 connection.escape()方法。

如果用户提供了不可信的 SQL 标识符（数据库名、表名、列名），应该使用 mysql.escapeId(identifier)、connection.escapeId(identifier)或 pool.escapeId(identifier)方法对其进行转义，例如：

```
    var sorter = 'date';   //这是一个列名
    var sql    = 'SELECT * FROM posts ORDER BY ' + connection.escapeId(sorter);
    connection.query(sql, function(err, results) {
      // ...
    });
```

escapeId()转义方法还支持添加限定符，这会将两部分内容都进行转义，例如：

```
    var sorter = 'date';
    var sql    = 'SELECT * FROM posts ORDER BY ' + connection.escapeId('posts.' + sorter);
    // 等同于：SELECT * FROM posts ORDER BY 'posts'.'date'
```

另外，还可以将符号“??”作为占位符来替代要转义的 SQL 标识符，例如：

```
    var userId = 1;
    var columns = ['username', 'email'];
    var query = connection.query('SELECT ?? FROM ?? WHERE id = ?', [columns, 'users',
userId], function(err, results) {
      // ...
    });
```

6.1.7 使用流式查询

有时可能需要查询大量的记录，可以考虑采用流式处理。例如：

```
    var query = connection.query('SELECT * FROM posts');
    query
      .on('error', function(err) {
        //处理错误，这之后会触发 'end' 事件
      })
      .on('fields', function(fields) {
        // 处理字段数据
      })
      .on('result', function(row) {
        connection.pause();//如果处理过程涉及 I/O 操作，暂停连接会很有用
        processRow(row, function() {
          connection.resume();
        });
      })
      .on('end', function() {
        //所有行都已经接收完毕
      });
```

通常会在接收到一定数量的行之后使用 pause()方法来暂停连接，这个数量取决于行数量和大小。注意暂停的时间不要太长。pause()和 resume()方法基于底层的 Socket 和解析器运行。在调用 pause()方法之后需保证不会继续触发'result'事件。使用流式查询时注意不能为 query()调用提供回调函数。查询到数据会触发'result'事件，INSERT/UPDATE 查询成功时也会触发该事件。

6.1.8 使用预处理语句

在 MySQL 中使用预处理语句可以避免每次执行 SQL 语句都进行语法分析，从而提高性能，还可

以防止 SQL 注入攻击，参数值可以包含转义符和定界符。预处理语句通过在一个对象（如连接、连接池）中调用.execute()方法来执行。该方法的语法与.query()方法相同，例如：

```
connection.execute(
  'SELECT * FROM 'table' WHERE 'name' = ? AND 'age' > ?',
  ['Rick C-137', 53],
  function(err, results, fields) {
    console.log(results);
  }
);
```

.execute()方法在内部进行预处理后再执行查询操作。如果再次执行同一 SQL 语句，它将直接从 LRU（最近最少使用）缓存中提取结果，这会节约查询准备时间，提高性能。

6.1.9 使用连接池

连接池是创建和管理一个连接的缓冲池的技术，这些连接可被任何需要它们的线程使用。连接池有助于减少连接到 MySQL 服务器花费的时间，这是通过重用之前的连接实现的，连接使用完毕后会保留打开状态而不是关闭。这降低了查询的延迟，可以避免因建立新的连接而产生的开销。这里给出一个例子。

【示例 6-7】 建立和使用连接池（mysqltest\pool_test.js）

```
const mysql = require('mysql2');
//创建连接池
const pool = mysql.createPool({
  host: 'localhost',
  user: 'root',
  password: 'abc123',
  database: 'testmydb',
  waitForConnections: true,
  connectionLimit: 10,
  queueLimit: 0
});
//使用连接池
pool.query('SELECT * FROM 'bookinfo' ', function (err, results, fields) {
   console.log('查询结果:',results);
});
```

连接池不会预先创建所有连接，而是按需创建它们，直到达到连接数上限。可以采用与连接相同的方式使用连接池，通过执行 pool.query()或 pool.execute()方法来隐式建立一个连接池。

还可以手动从连接池中获取一个连接并随后返回它。例如：

```
pool.getConnection(function(err, conn) {
   conn.query(/* ... */);   // 使用连接
   pool.releaseConnection(conn);   // 完成之后释放连接，将它返还给连接池
})
```

连接池接受所有与连接相同的配置选项，并支持以下额外的选项：

- acquireTimeout：在连接获取期间，发生超时之前的毫秒数，默认值为 10000。这与 connectTimeout 略有不同，因为从连接池获取连接并不总会创建连接。
- waitForConnections：当无连接可用或连接数达到上限时是否等待，默认值为 true，连接池会将请求加入队列，待连接可用之时再触发操作；如果为 false，连接池将立即返回错误。
- connectionLimit：所允许创建的最大连接数量，默认值为 10。
- queueLimit：调用 getConnection 方法返回错误之前，连接池允许进入队列的最大请求数量。默认为 0，不限制。

6.2 优雅地编写异步代码

优雅地编写异步代码

与JavaScript一样，Node.js所有代码都是单线程执行的，所有网络操作和数据库操作都必须异步执行，这样可以应对高并发的访问，适合I/O密集型应用。回调函数是异步编程最基本的方法，但这种方法不利于代码的阅读和维护，其各个部分之间高度耦合，流程不够清晰，而且每个任务只能指定一个回调函数。

异步编程中最常见的问题便是“回调地狱”（Callback Hell），这是由异步代码执行时间的不确定性及代码间的依赖关系导致的。在某些情况下，回调嵌套较多，代码就会非常烦琐，在复杂场景的Node.js代码中，层层嵌套的情况非常容易出现。除了“回调地狱”，在异步代码中捕获异常也比较麻烦，往往需要开发人员手动编写捕获异常的代码，这也不利于程序维护，而且不符合编码规范。为解决这些问题，JavaScript不断改进异步编程方法，推出以同步方式编写异步代码的解决方案。下面逐一讲解主流的异步代码编程解决方案，然后示范以同步方式编写MySQL数据库访问程序。

提 示　　这些方案实质上只是改变了代码编写方式，简化和优化代码的写法，使开发人员以更优雅的方式编写异步代码，以解决异步代码的流程控制问题，降低了异步编程难度。但程序本质上还是异步执行的，这些方案并没有对程序本身进行优化，也没有提高应用程序性能。

6.2.1 Promise

Promise 是改进异步编程最基本的解决方案，其与传统的回调函数和事件编程相比更为合理。Promise对象表示一个异步操作的最终完成（或失败）及其结果值。Promise有各种开源实现方案，这些方案在ES6（ES 2015）中被统一规范，目前Promise获得Node.js的支持。Promise也是其他异步代码改进方案的基础。

1. 什么是Promise

顾名思义，Promise是一个许诺或承诺，是对未来事情的承诺，承诺不一定能完成，但是无论是否能完成都会有一个结果。就像我们答应别人办某件事，无论最终是否能够办成事情，都要对别人有个交代。Promise对象代表一个异步操作，有以下3种状态。

- 等待（Pending）：初始状态，没有实现也没有被拒绝。
- 实现（Fulfilled）：操作已成功完成。
- 被拒绝（Rejected）：操作失败。

只有异步操作的结果才可以决定当前是哪一种状态，任何其他操作都无法改变这个状态。

等待中的 Promise 要么成功实现并提供一个值，要么被拒绝并提供一个原因（错误）。只要其中任何一种情况发生，状态就“凝固”了，不会再改变，并一直保持这个结果。从语法上讲，作为一个对象，可以通过Promise获取异步操作的消息。对于结果，需要使用then()方法进行处理。对于错误，可以使用catch()方法捕获。Promise的工作机制如图6-3所示。

简化回调嵌套只是Promise的一项基本功能，Promise最关键的是状态，Promise通过维护和传递状态的方式使回调函数能够及时被调用，这比直接传递回调函数要简单和灵活得多。

2. 创建Promise对象

要使用Promise，首先需要将异步操作封装成一个Promise对象。Promise是一个构造函数，它接收一个参数，这个参数是一个函数，并且该函数需要传入以下两个参数。

- resolve：异步操作执行成功后的回调函数。

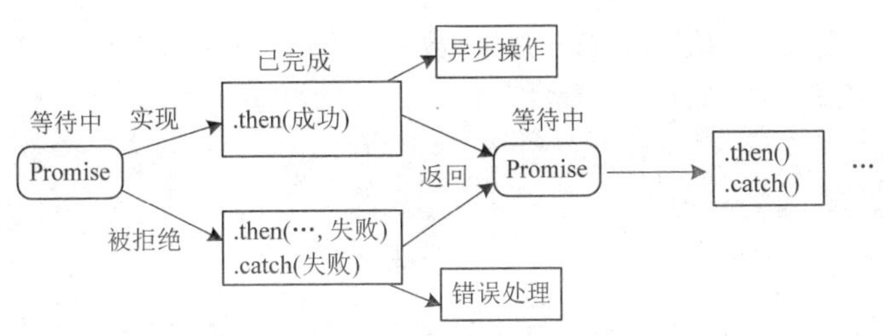

图 6-3　Promise 的工作机制

- reject：异步操作执行失败后的回调函数。

下面示范创建 Promise 对象。

```
let promise = new Promise((resolve, reject) => {
    //执行异步操作代码
    if (/*成功 */) {
        resolve(value);     //异步操作执行成功后的回调函数
    }else {
        reject(error);     //异步操作执行失败后的回调函数
});
```

3. Promise 的方法

Promise 提供几种方法来处理异步操作结果。

（1）then()方法。

创建 Promise 对象的两个参数 resolve 和 reject 只是将异步操作结果传递出去，对结果的处理需要调用 then()方法，下面是该方法的示例：

```
promise.then((value) => {          //成功
    console.log('成功',value);
},(error) => {                     //失败
    console.err('失败',error);
})
```

then()方法就是将原方案的回调代码写法分离出来，在异步操作执行完后，用链式调用的方式执行回调函数。Promise 将包含了 then()方法的对象或函数称为 thenable。

（2）catch()方法。

Promise 对象的 catch()方法用于捕获错误，用法如下：

```
promise.then((value) => {
    console.log('成功',value);
}).catch((error) => {
    console.err('失败',error);
})
```

catch()方法只有 1 个参数，该参数和 then()方法的第 2 个参数一样，可指定 reject 参数的回调函数。

（3）Promise.resolve()方法。

用于返回一个由给定值决定的 Promise 对象。如果该值是 thenable（即带有 then()方法的对象），则返回的 Promise 对象的最终状态由 then()方法决定；否则返回的 Promise 对象状态为成功，并且将该值传递给对应的 then()方法。如果不知道一个值是否是 Promise 对象，通常使用 Promise.resolve(value)方法返回一个 Promise 对象，这样就能将该值以 Promise 对象的形式使用。

（4）Promise.reject()方法。

返回一个状态为失败的 Promise 对象，并将给定的失败信息传递给对应的处理方法。

（5）Promise.all()方法。

all 本意是所有的，如果创建多个 Promise 对象，可以使用该方法统一创建，将它们包装成一个

Promise 对象集合，并在一起执行。all()方法的参数是一个 Promise 对象数组。下面是一个简单的例子：

【示例 6-8】 包装 Promise 对象集合（asynctest\promise_all.js）

```
var promise1 = Promise.resolve(70);
var promise2 = 82;
var promise3 = new Promise(function(resolve) {
  setTimeout(resolve,1000,95);    //1 秒之后执行
});
Promise.all([promise1, promise2, promise3]).then(function(values) {
  console.log(values);
});// 输出数组: [ 70, 82, 95 ]
```

只有 Promise 对象集合中所有 Pomise 对象都成功时状态才会变为成功，一旦有任何一个对象失败则状态将立即转变为失败。

（6）Promise.race()方法。

race 的本意是赛跑，该方法的参数也是一个 Promise 对象数组，与 Promise.all()方法不同的是，数组中的所有 Promise 对象同时开始执行，返回的状态由数组中最先执行完毕的 Promise 对象所决定，也就是谁跑得快，以谁为准执行回调。

4. Promise 的链式操作

Promise 所有 API 都返回当前实例，因此可以采用连续的 then/catch 链式操作来编写回调代码。Promise.resolve()方法会使之后的 then()方法连续执行，Promise.reject()方法会使之后的 catch()方法执行。

可以在 then()方法中返回数据，且该数据会以参数的形式传入下一个 then()方法。

另外，Promise 对象的错误会一直向后传递，直到被捕获。也就是说，错误总是会被下一个 catch()语句捕获。

6.2.2 Generator

Generator 也是一种常用的异步代码编程解决方案，是从 ES6（ES 2015）开始引入的，它借鉴了 Python 的 Generator 的概念和语法。

1. 什么是 Generator

顾名思义，Generator 就是一个生成器。它同时也是一个状态机，其内部拥有值和相关状态，生成器返回一个迭代器（Iterator）对象，可以编写程序通过该对象遍历相关的值和状态，以保证正确的执行顺序。Generator 本质上是一个函数，其最大的特点是可以被中断，然后再恢复执行，就像一个人在工作，有人给他打电话，只好停下手中的工作，接完电话，再从停下来的地方接着工作。

新建一个 Promise 对象之后，它就会处于等待状态并开始执行，直到状态改变才能进行下一步操作。而 Generator 函数可以由用户执行中断，去执行其他操作，然后从中断处恢复执行。

2. Generator 函数声明及其执行

Generator 的声明方式类似一般的函数声明，只是多了一个星号（*），而且除了 return 语句，还可以使用 yield 语句多次返回值。这里给出一个例子。

【示例 6-9】 Generator 函数声明及其执行（asynctest\generator_test.js）

```
function* genFunc(score) {  //声明 Generator 函数声明
  yield '积分'+score;
  yield '积分'+(score + 10);
  return '积分'+(score + 20);
  yield '积分'+(score + 30);
}
var gen = genFunc(10);  // 调用之后返回了一个迭代器对象
```

```
console.log(gen.next()); // 返回对象{ value: '积分 10', done: false }
console.log(gen.next()); // 返回对象{ value: '积分 20', done: false }
console.log(gen.next()); // 返回对象{ value: '积分 30', done: false }
console.log(gen.next()); // 返回对象{ value: undefined, done: true }
```

以上代码定义了一个名为 genFunc 的 Generator 函数，该函数调用之后返回一个迭代器对象（即 gen）。第 1 次调用 next()方法执行第 1 条 yield 语句，输出当前的值及其状态 done（迭代器是否遍历完成）。每调用一次 next()，就执行一次 yield 语句，并在该处暂停，执行到 return 语句就完成并退出该函数，后续即使仍有 yield 语句操作也不会再执行该语句。本例第 4 次执行 next()方法时，Generator 函数已经执行完毕，因而返回值 undefined。return 语句可以返回给定值，并且终结 Generator 函数遍历。

yield 本意为"生产"，实际就是暂缓执行的标识，每执行一次 next()方法，相当于指针移动到下一个 yield 位置。它本身并不产生返回值。yield 交出执行权，next()方法恢复执行权。

另外，还可以使用 yield*将一个 Generator 放到另一个 Generator 函数中执行，在 yield*位置展开另一个 Generator 函数的状态，例如：

```
function* showWords() {          //显示字数
    yield '开始计数';
    yield* showNumbers();
    return '结束计数';
}
function* showNumbers() {    //返回字数
    yield 10;
    yield 16;
}
```

普通函数不能暂停执行，而 Generator 函数可以，这是 Generator 函数最显著的特色。

3. 调用 Generator 对象

调用 Generator 对象有两种方法。

一种是不断地调用 next()方法。next()方法会执行 Generator 的代码，每次遇到 yield 就返回一个对象（形式为{value: x, done: true/false}），然后"暂停"，返回的 value 就是 yield 的返回值，done 表示该 Generator 对象是否已经执行结束了。如果 done 为 true，则 value 就是 return 的返回值。当 done 为 true 时，该 Generator 对象就已经全部执行完毕，不再继续调用 next()了。yield 本身没有返回值，或者总是返回 underfined。next()方法可以包含一个参数，该参数作为上一个 yield 的返回值。由于 next()方法的参数表示上一个 yield 表达式的返回值，所以在第一次使用 next()方法时，传递参数是无效的。

另一种方法是直接用循环语句 for ... of 自动遍历 Generator 对象。与 next()方法不同的是，这种方式不需要判断 done 状态，只会返回值，且会忽略 return 返回的值，将示例 6-9 代码中的 next()语句改为如下代码：

```
for (let obj of gen) {
  console.log(obj);
  break; // 关闭迭代器，触发 return
}    //最终返回:积分 10
```

4. 使用 Generator 解决异步回调问题

因为 Generator 可以在执行过程中多次返回，所以它看上去就像一个可以记住执行状态的函数，利用这一点就可以实现需要用面向对象才能实现的功能。而在 Node.js 应用程序中，Generator 更多的是用来解决异步编程的"回调地狱"和异步流程控制问题。

Generator 非常适合异步操作的"同步"代码编写方式，可以将异步操作写在 yield 语句中，在调用 next()方法后再向后执行。yield 除了使用表达式之外，还可以使用 Promise 对象。由 yield 对表达式求值并返回，调用 next()方法会返回一个 Promise 对象，接着调用 then()方法，并在回调函数中通过 next()方法将结果传回 Generator。Generator 与 Promise 对象联合使用，会大大改进异步代码编写流程。

在实际应用中，往往并不直接使用 Generator，而是借助第三方模块来改进异步编程，最典型的就是下面要介绍的 co 模块。

6.2.3 co 模块

Promise 和 Generator 都改进了异步代码的编写流程，但它们的执行阶段分别需要调用 then()和 next()方法，如果需要执行的异步操作代码比较多，则又需要单独编写大量的执行代码。而 co 模块能提供一种更友好的方式来编写异步代码，解决 Generator 的自动执行问题，从而实现接近同步的调用方式。Co v4 依赖 Promise 对象，是通向更高级的 async/await 解决方案的敲门砖，且兼容性较好。

1．co 模块实现思路

co 模块将 Generator 函数包装成一个 Promise 对象，作为参数传递给 co()方法，在 co()方法内部自动执行 yield，以将异步操作改为“顺序”执行。co()方法包括一个 Generator 函数，co()方法在 Generator 函数中使用 yield 指向 Promise 对象，通过递归调用 next()方法将每一个 Promise 的值返回，从而实现异步转“同步”的代码编写方式。

co()方法返回一个 Promise 对象，可以调用 then()和 catch()方法对 Generator 函数返回的结果进行传递，以方便后续的成功处理或者错误处理。

2．co 模块的基本使用

要使用 co 模块，首先需要安装相应的包：

```
npm install co
```

然后在程序中导入该模块：

```
const co = require('co');
```

下面给出使用 co()方法执行 Generator 并返回一个 Promise 对象的简单示例代码。

【示例 6-10】 co 返回一个 Promise 对象（asynctest\co_promise.js）

```
co(function* () {   //声明一个 co-generator 函数
  var result = yield Promise.resolve(true);
  return result;
}).then(function (value) {
  console.log(value);
}, function (err) {
  console.error(err.stack);
});
```

如果要将 co-generator 函数转换为普通函数并返回 Promise 对象，需要使用 co.wrap(fn*)方法，例如：

```
var fn = co.wrap(function* (val) {
  return yield Promise.resolve(val);
});
fn(true).then(function (val) {
});
```

3．可用的 yield 对象

使用 co 模块时 yield 后的异步操作需要遵循一定的规范，co 模块目前支持的对象类型有 Promise、Thunks（函数）、数组（并行执行）、对象（并行执行）、Generator（代理）和 Generator 函数（代理），还支持对象嵌套，这就意味着可以在数组中嵌套对象，在对象中再嵌套 Promise。Thunks 是只有一个回调函数参数的函数，主要是为了向后兼容，未来会被弃用。

数组用于并行完成所有的 yield 异步操作，例如：

```
co(function* () {
  var res = yield [
```

```
    Promise.resolve('路人甲'),
    Promise.resolve('路人乙'),
  ];
  console.log(res); // => ['路人甲', '路人乙']
});
```

对象与数组类似，也用于并行处理，例如：

```
co(function* () {
    var res = yield {
      男配: Promise.resolve('路人甲'),
      女配: Promise.resolve('路人乙'),
    };
    console.log(res); // 返回 : { '男配': '路人甲', '女配': '路人乙' }
  });
```

4. co 模块的错误捕获

可以使用 try/catch 语句块来捕获错误，例如：

【示例 6-11】 co 模块的错误捕获（asynctest\co_catch.js）

```
const co = require('co');
co(function *(){
  try {
    yield Promise.reject(new Error('发生错误！'));
  } catch (err) {
    console.error(err.message); // "发生错误！"
  }
}).catch(onerror);
function onerror(err) {
  // 记录未捕获的错误，co 模块不会抛出未处理的任何错误，需要自己处理所有错误
  console.error(err.stack);
}
```

6.2.4 async/await

比上述异步代码改进解决方案更优秀的是 async/await，这个组合也被视为异步编程的终级解决方案。async/await 是由 ES2017 推出的，Node.js 从 7.6.0 版本开始支持这个特性。async 是“异步”的意思，async 用于声明一个函数是异步的。而 await 可看作是 async wait 的缩写，意思是等待一个异步方法执行完成。await 只能在 async 函数中使用，而且 async、await 大都与 Promise 一起使用。

可以通过 async/await 为异步操作写出同步风格的代码，且该方案比其他方案更加简洁，逻辑更加清晰，特别适合级联调用（多个调用依次发生）的异步操作场景，最常用的就是用多层 async 函数的同步写法代替传统的回调嵌套。

1. async/await 的特点

async/await 具有以下特点：

- async/await 从上到下顺序执行，就像写同步代码一样，这样更符合编写代码的习惯。
- async/await 可以传递的参数数量不受限制，参数被作为普通局部变量处理，可使用由 let 或者 const 关键字定义的块级变量。
- 同步代码和异步代码可以一起编写，只是要注意异步过程需要包装成一个 Promise 对象并置于 await 关键字后面。
- async/await 基于协程（Coroutine）的机制，是对异步过程更精确的一种描述。
- async/await 是对 Promise 的改进。它们不过是语法糖（Syntactic Sugar），本质上仍然是 Promise。

2. async/await 的基本用法

这里给出一个简单的例子来示范 async/await 的基本用法：

【示例 6-12】 async/await 基本用法（asynctest\async_basic.js）

```
function resolveAfter1Seconds() {    //将异步过程包装为 Promise
  return new Promise(resolve => {
    setTimeout(() => {
      resolve('已成功');
    }, 1000);
  });
}
async function asyncFunc() {    //定义 async 函数
  console.log('正在执行 async 函数');
  var result = await resolveAfter1Seconds();   // await 表达式
  console.log(result);  // 输出“已成功”
}
asyncFunc();   //调用 async 函数
console.log('async 函数代码开始执行');
```

这是最基本的 async/await 代码结构，基本编写步骤如下。

（1）首先使用 Promise 对象包装异步操作过程，用法与 Promise 类似，不过参数个数不限。

（2）定义异步的 async 函数，可以像写同步代码那样定制异步操作流程。

（3）像普通函数一样调用 async 函数。

在没有 await 的情况下执行 async 函数，async 函数会立即执行，返回一个 Promise 对象，并且不会阻塞当前线程。而 async 函数内部由 await 操作符指定的异步过程工作在相应的协程上，会阻塞等待异步任务的完成再返回。示例 6-12 最后一行代码会在 async 函数开始执行之后，await 语句执行之前执行，这说明 async 函数本身会立即返回，并不会阻塞主线程。执行上述代码的输出结果如下：

```
> "正在执行 async 函数"
> "async 函数代码开始执行"
> "已成功"
```

3. async 函数

定义 async 函数的语法格式如下：

```
async function name([param[, param[, ... param]]]) { statements }
```

其中 name 为函数名称，param 表示要传递给函数的参数名称，statements 为函数体语句。

函数的返回值为 Promise 对象，这是其与普通函数的本质区别。如果返回的不是 Promise 对象，则 async 会将它通过 Promise.resolve()方法包装成 Promise 对象，如语句 return data 相当于返回了 Promise.resolve(data)。如果没有返回值，则相当于返回了 Promise.resolve(undefined)。

由于 async 函数返回的是 Promise 对象，因此在 async 函数外部就可以使用 Promise 本身的方法来获取返回值。例如，示例 6-12 中调用 async 函数的代码可扩展为：

```
asyncFunc().then(data => {
    console.log(data);     // 获取 async 函数返回的内容
}).catch(error => {
    console.log(error);   // 捕获 async 函数的错误
});
```

一个 async 函数一般包括一个 await 表达式，其用于暂停 async 函数的执行，等待传入的 Promise 完成，然后恢复 async 函数的执行，并返回完成的值。当然 async 函数也可以不包括任何 await 表达式，但是这样没有什么实际意义。

4. await 操作符

await 操作符用于等待一个 Promise 对象，语法格式如下：

```
[rv] = await expression;
```

参数 expression 为表达式，可以是一个 Promise 对象，也可以是要等待的任何值。如果参数是 Promise 对象，则返回 Promise 的完成值，否则返回值为参数本身。await 只能在 async 函数内部使用，不能在普通函数中使用，否则会报错。

await 操作符后的表达式应为 Promise 对象，如果不是，则它将被转换成 Promise 对象。当 Promise 对象处于等待（Pending）状态时，相应的协程会交出控制权，进入等待状态。此时 async 函数的执行暂停，会阻塞其后面的代码，会等待 Promise 完成（成功或失败）的消息，当 Promise 对象完成时，就恢复 async 函数的执行。恢复时，如果 Promise 对象完成成功（Resolved），await 表达式的值即为已完成的 Promise，可以从中获取相应的数据；如果 Promise 失败（Rejected），await 表达式会抛出失败的值。

5. async/await 的错误处理

await 只关心异步过程成功的消息（Resolved），获取相应的返回值，对于失败消息（Rejected），则需要选择适当的方法自行处理，具体有以下几种方法。

（1）在 async 函数外部，对 async 函数返回的 Promise 对象，采用 catch()方法进行错误处理，这是推荐的方法。本书在介绍 async 函数时已经示范过。

（2）在 async 函数内部使用 await 表达式，采用 try/catch 语句块同步进行错误处理。例如：

```
async function getProcessedData(url) {
  let v;
  try {
    v = await downloadData(url);
  } catch(e) {
    v = await downloadFallbackData(url);
  }
  return processDataInWorker(v);
}
```

这种方式还可以将同步和异步代码都放在 try/catch 语句块中，以捕获更多的错误。

（3）await 后面的 Promise 对象自行处理错误，也就是将异步过程包装为 Promise 对象，在该对象的函数定义中处理错误。

6. async/await 的串行、并发和并行操作

使用 async/await 可以很容易地支持串行（Sequential）、并发（Concurrent）和并行（Parallel）操作流程。串行是指按顺序执行每一个任务。并发是指轮换执行多个任务，因轮换速度比较快，看起来好像多个任务同时执行。并行是指真正地同时执行多个任务。

如果一个 async 函数中有多个 await 语句，程序会变成完全的串行操作。为发挥 Node.js 的异步优势，当异步操作之间不存在结果的依赖关系时，可以使用 Promise.all()方法实现并行。Promise.all()中的所有方法是同时执行的，这样先执行 async 函数将多个 Promise 合起来发起请求，再进行 await 操作。并发也是将多个 Promise 合起来发起请求。下面给出一个完整的示例，以便于读者理解这些操作流程。

【示例 6-13】 async/await 串行、并发和并行操作（asynctest\async_adv.js）

```
var resolveAfter2Seconds = function() { //将第 1 个定时器（异步过程）包装为 Promise
  console.log("开始慢的 Promise");
  return new Promise(resolve => {
    setTimeout(function() {
      resolve("慢");
      console.log("慢的 Promise 完成");
    }, 2000);
  });
};
var resolveAfter1Second = function() {//将第 2 个定时器（异步过程）包装为 Promise
  console.log("开始快的 Promise");
```

```
  return new Promise(resolve => {
    setTimeout(function() {
      resolve("快");
      console.log("快的 Promise 完成");
    }, 1000);
  });
};
var sequentialStart = async function() {// 定义串行处理的 async 函数
  console.log('==串行处理开始==');  // 1. 第 1 条 log 语句几乎立即返回值
  const slow = await resolveAfter2Seconds();
  console.log(slow); // 2. 执行完第 1 条 log 语句过了 2 秒返回值
  const fast = await resolveAfter1Second();
  console.log(fast); // 3. 执行完第 1 条 log 语句过了 3 秒返回值
}
var concurrentStart = async function() { // 定义并发处理的 async 函数
  console.log('==并发处理从 await 开始==');  // 1. 第 1 条 log 语句几乎立即返回值
  const slow = resolveAfter2Seconds(); // 立即启动第 1 个定时器
  const fast = resolveAfter1Second(); //立即启动第 2 个定时器
  console.log(await slow); // 2. 执行完第 1 条 log 语句过了 2 秒返回值
  console.log(await fast); // 3. 执行完第 1 条 log 语句过了 2 秒之后,在执行完第 2 条 log 语句
                           //之后立即返回值，因为 fast 已经成功完成了
}
var concurrentPromise = function() {  //并发处理的 Promise
  console.log('==并发处理从 awaitPromise.all 开始==');
  return    Promise.all([resolveAfter2Seconds(),     resolveAfter1Second()]).then
((messages) => {
     console.log(messages[0]); // 慢
     console.log(messages[1]); // 快
  });
}
var parallel = async function() {// 定义并行处理的 async 函数
  console.log('==并行处理从 Promise.all 开始==');
  // 并行开始两个任务，等待两个任务都完成
  await Promise.all([
      (async()=>console.log(await resolveAfter2Seconds()))(),
      (async()=>console.log(await resolveAfter1Second()))()
  ]);
}
var parallelPromise = function() {//并行处理的 Promise，此函数不处理错误
  console.log('==并行处理从 Promise.then 开始==');
  resolveAfter2Seconds().then((message)=>console.log(message));
  resolveAfter1Second().then((message)=>console.log(message));
}
sequentialStart(); //2 秒后调用串行处理函数，返回"slow"，再过 1 秒后，返回"fast"
// 等待上述任务完成
setTimeout(concurrentStart, 4000); // 2 秒后返回"slow"，接着返回"fast"
// 再次等待
setTimeout(concurrentPromise, 7000); // 与上述 concurrentStart 相同
// 再次等待
setTimeout(parallel, 10000); // 真正并行：10 秒后返回"fast"，再过 1 秒多之后返回"slow"
// 再次等待
setTimeout(parallelPromise, 13000); // 与并行处理相同
```

6.2.5 使用 Promise 包装器操作 MySQL 数据库

MySQL2 项目支持基于 Promise 的 API，它们支持主流的异步代码编程方案 Promise、co 和 ES2017 async/await。除了 errback 接口之外，还有一个精简的包装器来提供基于 Promise 的 API。下面给出几个相关的示例。考虑到要使用 MySQL2，需要加载 mysql2/promise 模块，这些例子位于 mysqltest 目录中。

1. 使用基本的 Promise

下面是一个使用 Promise 操作 MySQL 数据库的示例。

【示例 6-14】 使用 Promise 操作数据库（mysqltest\promise_mysql.js）

```
const pool = require('mysql2/promise').createPool({
    user: 'root',
    password: 'abc123',
    database: 'testmydb',
});
pool.getConnection()
  .then(conn => {
    const res = conn.query('SELECT * FROM 'bookinfo'');
    conn.release();
    return res;
  }).then(result => {
    console.log(result);
  }).catch(err => {
    console.log(err); //以上任何连接时或查询时错误
  });
```

第 1 行也可改写为以下两行：

```
const mysql = require('mysql2');
const pool = mysql.createPoolPromise({
```

如果不使用连接池，直接使用连接：

```
const mysql = require('mysql2/promise');
mysql.createConnection({ /* 连接参数*/ })
  .then(conn => conn.query(' SELECT * FROM 'bookinfo''))
  .then(([rows, fields]) => console.log(rows));
```

2. 使用 ES2017 async/await

下面是一个使用 async/await 操作 MySQL 数据库的示例。

【示例 6-15】 使用 async/await 操作数据库（mysqltest\async_mysql.js）

```
async function getData(){    //声明一个 async 函数
    const mysql = require('mysql2/promise');
    const pool = mysql.createPool({ user: 'root',password: 'abc123', database:
'testmydb'});
    // 并行执行
    var results = await Promise.all([pool.query('SELECT * FROM 'bookinfo' WHERE
'press' = "人民邮电出版社"'), pool.query('SELECT * FROM 'bookinfo' WHERE 'press' = "清华
大学出版社"')]);
    await pool.end();   //并行执行结束后关闭连接池
    return results;   //返回结果（Promise 对象）
  };
  getData().then(data => {  // 调用 async 函数并获取 async 函数返回的内容
    console.log(data[0]);  //第 1 个查询的结果
    console.log(data[0]); //第 2 个查询的结果
}).catch(error => {
```

```
    console.log(error);   // 捕获 async 函数的错误
});
```

3. 使用 co 模块

需要在项目目录下安装 co 模块。注意这里导入的是 mysql2 模块，而不是 mysql2/promise 模块。

【示例 6-16】 使用 co 模块操作数据库（mysqltest\co_mysql.js）

```
const mysql = require('mysql2');
const co = require('co');
co(function * () {   //声明一个 co-generator 函数
  const c = yield mysql.createConnectionPromise({user: 'root', password: 'abc123',database: 'testmydb' }); //获取连接
  const rows = yield c.query('SELECT * FROM 'bookinfo' WHERE 'press' = "人民邮电出版社"'); //执行查询语句
  console.log(rows);
  console.log(yield c.execute('SELECT * FROM 'bookinfo' WHERE 'press' = "清华大学出版社"')); //执行预处理语句
  yield c.end(); //终止连接
});
```

例中使用 4 个 yield 语句依次执行 4 个任务，实现了以“同步”方式编写异步代码。

6.3 使用 Node.js ORM 框架操作关系数据库

使用 Node.js ORM 框架操作关系数据库

前面在介绍 MySQL 数据库操作时，使用的是 Node.js 数据库驱动，这需要直接操作 SQL 语句，显得比较烦琐。如果选择一个合适的 ORM（Object Relationship Mapping）框架，则可以使用面向对象的方式来操作数据表，这样就能够更好地适配 Node.js 程序，并提高开发效率。Node.js 社区提供很多操作关系数据库的 ORM 框架，这里选择功能比较丰富的 Sequelize 进行讲解。

6.3.1 Sequelize 简介

ORM 可译为对象关系映射，是通过描述对象和数据库之间映射的元数据，将程序中的对象自动持久化到关系数据库中的一种模式。ORM 有以下两大优势。

- 可以像操作对象一样操作数据库。在关系数据库和对象之间建立了映射，用户操作数据库时就不需要与复杂的 SQL 语句打交道，只要像平时操作对象一样即可，ORM 会自动生成安全、可维护的 SQL 代码。
- 提高开发效率。ORM 还可以自动对实体对象与数据库中表进行字段与属性的映射，开发应用程序时就可省去专用的数据访问层。

ORM 对数据库进行高层封装，不足之处主要是会牺牲程序的执行效率。

Sequelize 是一款基于 Promise 的支持异步操作的 Node.js ORM 框架，其支持 Postgres、MySQL、SQLite 和 Microsoft SQL Server 等多种数据库，具有强大的事务支持、关联关系、读取和复制等功能，很适合作为 Node.js 后端数据库的存储接口，有助于提高 Node.js 应用程序的开发效率。

6.3.2 Sequelize 的基本使用

Sequelize 是在 SQL 上进行抽象和封装的 ORM 框架，其可建立与数据库中的表形成关系数据映射的模型，然后使用 Sequelize 提供的 API 来操作模型，从而操作数据库中的表。

1. 安装 sequelize 库及数据库驱动

Sequelize 可以通过 npm 和 Yarn 两种方式获取。这里建立一个目录用于实验，采用 npm 方式安装：

```
C:\nodeapp\ch06>mkdir ormtest && cd ormtest
C:\nodeapp\ch06\ormtest>cnpm install --save sequelize
```

除了安装 sequelize 库之外，还要为操作的数据库安装相应的 Node.js 数据库驱动，不同的数据库产品需要特定的驱动：

```
npm install --save pg pg-hstore # Postgres 数据库
npm install --save mysql2  #MySQL 数据库
npm install --save mariadb   #MariaDB 数据库
npm install --save sqlite3   # SQLite
npm install --save tedious # Microsoft SQL Server
```

这里以 MySQL 数据库为例：

```
C:\nodeapp\ch06\ormtest>cnpm install --save mysql2
```

2. 建立连接

要连接到数据库，必须创建 Sequelize 实例。创建 Sequelize 实例有两种方式，一种是使用连接参数，另一种是使用连接 URL，用法如下：

```
const Sequelize = require('sequelize');
// 第 1 种方式：单独传递参数
const sequelize = new Sequelize('database', 'username', 'password', {
  host: 'localhost',
  dialect: /*可以是'mysql'、'mariadb'、'postgres'或'mssql'中任何一个 */
});
// 第 2 种方式：传递连接 URL
const sequelize = new Sequelize('postgres://user:pass@example.com:5432/dbname');
```

值得注意的是，要使用 SQLite，应当安装以下方式建立连接：

```
const sequelize = new Sequelize({
  dialect: 'sqlite',
  storage: 'path/to/database.sqlite'   //SQLite 数据库文件路径
});
```

如果从单个进程连接到数据库，应当仅创建一个 Sequelize 实例。Sequelize 将在初始化时设置连接池。连接池可通过构造器的选项参数（使用 options.pool）配置。

如果要从多个进程连接到数据库，则必须为每个进程创建一个实例，但是每个实例应设置最大连接池大小。例如，如果希望最大连接池大小为 90，并且有 3 个进程，则每个进程的 Sequelize 实例最大连接池大小为 30。

可以使用 authenticate()方法来测试连接。

Sequelize 实例默认会保持连接打开状态，并为所有查询使用同一连接。如果需要关闭连接，则可以调用 sequelize.close()函数。这是一个异步函数，返回一个 Promise 对象。

连接数据库初始化时，Sequelize 会设置一个连接池，所以为每个数据库创建一个实例即可。

这里给出一个连接 MySQL 的示例：

【示例 6-17】 使用 Sequelize 连接数据库（ormtest\pool_test.js）

```
const Sequelize = require('sequelize');
const sequelize = new Sequelize('testmydb', 'root', 'abc123', {
  //连接选项
  host: 'localhost', // 数据库地址
  dialect: 'mysql', // 指定连接的数据库类型
  pool: {
    max: 5, // 连接池的最大连接数量
    min: 0, // 连接池的最小连接数量
```

```
      idle: 10000 // 如果一个线程 10 秒内没有被使用，那么就释放线程
    }
  });
  //测试连接
  sequelize
    .authenticate()
    .then(() => {
      console.log('成功建立连接');
    })
    .catch(err => {
      console.error('未能连接到数据库：', err);
    });
```

3. 定义模型

模型就是扩展 Sequelize.Model 的类，是 ORM 应用的基础。定义模型有两种方式，一种是使用 Sequelize.Model.init(attributes, options)函数，例如：

```
const Model = Sequelize.Model;
class User extends Model {}
User.init({
  // 属性设置
  name: {
    type: Sequelize.STRING,
    allowNull: false
  },
  email: {
    type: Sequelize.STRING
    // allowNull（允许空值）默认为 true
  }
}, {
  sequelize,
  modelName: 'user'   //此处定义模型名
  // 选项
});
```

另一种是使用 sequelize.define('name', {attributes}, {options})来定义模型。将以上代码改写如下：

```
const User = sequelize.define('user', {  // user 为模型名
  // 属性
  name: {
    type: Sequelize.STRING,
    allowNull: false
  },
  email: {
    type: Sequelize.STRING
  }
}, {  // 选项
});
```

实际上 sequelize.define 会从内部调用 Model.init()方法。

上述代码使 Sequelize 在数据库中建立一个名为 users 的表，该表有两个字段 firstName 和 lastName。表名默认自动产生，使用模型名的小写形式并填加 s 后缀，例如 User 模型对应的表名为 users。这可以通过 freezeTableName 选项改变。freezeTableName: true 表示禁止修改表名，表名不加后缀 s。还可使用 tableName 选项指定自定义的表名。

Sequelize 默认会为每个模型定义字段 id（主键）、createdAt（创建时间）和 updatedAt（更新时间）。这也可以通过选项来修改。

Sequelize 构造函数使用 define 选项改变所有定义模型的默认选项（全局选项），例如：

```
const sequelize = new Sequelize(connectionURI, {
  define: {
```

```
    //timestamps（时间戳）选项决定是否创建 createdAt 和 updatedAt 字段，默认为 true
    timestamps: false
  }
});
// 由于 timestamps 设置为 false，以下模型定义不会创建 createdAt 和 updatedAt 字段
class Foo extends Model {}
Foo.init({ /* ... */ }, { sequelize });
// 在定义模型时将 timestamps 直接设置为 true，会创建 createdAt 和 updatedAt 字段
class Bar extends Model {}
Bar.init({ /* ... */ }, { sequelize, timestamps: true });
```

默认使用小驼峰样式自动添加属性，如果要改成下划线样式，可定义选项：underscored: true，这样 updatedAt 属性名将变为 updated_at。

4. 将模型与数据库同步

如需要 Sequelize 根据模型定义自动创建或修改表，可以使用同步方法 sync()，例如：

```
// 选项 force: true 表示如果表已经存在，在新建前会删除表
User.sync({ force: true }).then(() => {
  // 数据库中的表与模型定义一致
  return User.create({
    name: '小莉',
    email: 'xiaoli@abc.com'
  });
});
```

也可以先定义好表结构，再定义 Sequelize 模型，这时可以不使用 sync()方法。是否使用 sync()方法在定义阶段没有什么区别，直到真正开始操作模型时，才会触及表的操作，但是要尽量保证模型和表的同步（可以借助一些迁移工具）。自动建表功能有一定风险，需谨慎使用。

如果使用了 Sequelize 的关联（Associations），则必须通过 sync()方法生成表结构。还可以使用 sequelize.sync()方法自动同步所有的模型。在生产环境中，要考虑使用迁移方法，而不是同步方法。

5. 数据的增查改删

选择 ORM 框架 Sequelize 来操作数据库，读写的都是 JavaScript 对象，Sequelize 将对象转换成数据库中的行。下面给出部分数据操作示例。

```
// 创建新的用户
User.create({ name: "小彤", email: "xiaotong@abc.com" }).then(() => {
  console.log("已添加");
});
// 查找所有用户
User.findAll().then(users => {
  console.log("所有用户:", JSON.stringify(users, null, 4));
});
// 将没有邮箱的用户的邮箱改为 it@abc.com
User.update({ email: "it@abc.com" }, {
  where: {
    email: null
  }
}).then(() => {
  console.log("已改完");
});
// 删除名为“小红”的用户
User.destroy({
  where: {
    name: "小红"
  }
}).then(() => {
```

```
  console.log("已删除");
});
```

Sequelize 提供了许多查询选项，还支持原生的 SQL 查询。

6. Promise 和 async/await

Sequelize 使用 Promise 来控制异步操作流程，上述增查改删操作都使用了 then()方法。这就意味着，如果 Node.js 版本支持，可以使用 ES2017 async/await 语法来编写 Sequelize 所用的异步调用代码。Sequelize 的所有 Promise 对象也是 Bluebird 的 Promise 对象，也可以使用 Bluebird API 来操作。Sequelize 返回的 Promise 对象也可以通过 co 模块来操作。

6.3.3 使用 Sequelize 的关联

Sequelize 支持高级操作，这里重点讲解一下 Sequelize 关联的使用。Sequelize 支持一对一、一对多、多对多的表间关联操作，这也是关系数据库的精华所在。

1. 基本概念

（1）源和目标。

大多数关联用到的是源和目标模型。假使要在两个模型 User 和 Project 之间添加关联：

```
class User extends Model {}
User.init({
  name: Sequelize.STRING,
  email: Sequelize.STRING
}, {
  sequelize,
  modelName: 'user'
});
class Project extends Model {}
Project.init({
  name: Sequelize.STRING
}, {
  sequelize,
  modelName: 'project'
});
User.hasOne(Project);
```

调用函数（这里是 hasOne()）的 User 模型是源，作为函数参数传递的 Project 模型是目标。

（2）外键。

Sequelize 创建模型之间的关联时，将自动创建带有约束的外键引用。例如：

```
class Task extends Model {}
Task.init({ title: Sequelize.STRING }, { sequelize, modelName: 'task' });
class User extends Model {}
User.init({ username: Sequelize.STRING }, { sequelize, modelName: 'user' });
User.hasMany(Task); // 自动将 userId 添加到 Task 模型
Task.belongsTo(User); //也会自动将 userId 添加到 Task 模型
```

创建 Task 和 User 模型之间的关联会在 tasks 表中插入外键 userId，并将该外键作为对 users 表的引用，相当于使用 CREATE TABLE 在 tasks 表中定义字段如下：

```
"user_id" INTEGER REFERENCES "users" ("id") ON DELETE
```

默认情况下，如果引用的 users（用户）表被删除，则 userId 会被设置为 NULL；如果 userId 更新，则 users 表的 ID 也将随着更新。这可以通过在关联调用时使用 onUpdate 和 onDelete 选项来改变。

2. 一对一关联

一对一关联是通过单个外键连接的两个模型之间的关联，有两种实现方式。

（1）belongsTo 关联。

belongsTo 关联在源模型上存在一对一关系的外键。一个简单的例子是 Player 通过 players 表的外键作为 Team 的一部分。

```
class Player extends Model {}
Player.init({/* 属性定义 */}, { sequelize, modelName: 'player' });
class Team extends Model {}
Team.init({/* 属性定义 */}, { sequelize, modelName: 'team' });
Player.belongsTo(Team); // 向 Team 模型添加 teamId 属性以保存 Team 的主键值
```

默认情况下，将从目标模型名称和目标主键名称生成 belongsTo 关系的外键。默认采用驼峰式命名法，例如 teamId；但是如果源模型配置为 underscored: true，那么外键将是 snake_case 字段，例如 team_uuid。

（2）hasOne 关联。

hasOne 关联是在目标模型上存在的一对一关系的外键的关联，下面举例说明：

```
const User = sequelize.define('user', {/* ... */})
const Project = sequelize.define('project', {/* ... */})
Project.hasOne(User)   // 单向关联
```

hasOne 将向 User 模型添加 projectId 属性。此外，Project.prototype 将根据传递给 define()的第 1 个参数获取 getUser 和 setUser 的方法。如果启用 underscore 样式，则添加的属性将是 project_id。外键将放在 users 表上。

也可以明确定义外键，例如处理一个现有的数据库：

```
Project.hasOne(User, { foreignKey: 'initiator_id' })
```

即使被称为 hasOne 关联，对于大多数一对一关系来说，通常需要实现 belongsTo 关联，因为 belongsTo 关联会在 hasOne 关联要添加到目标的源上添加外键。

（3）hasOne 和 belongsTo 之间的区别。

虽然两种都用于一对一关系，但是它们适用于不同的场景。hasOne 和 belongsTo 将关联键插入到不同的模型中。hasOne 在目标模型中插入关联键，而 belongsTo 在源模型中插入关联键。下面通过一个示例说明 belongsTo 和 hasOne 的用法。

```
const Player = this.sequelize.define('player', {/* 属性定义 */})
const Coach  = this.sequelize.define('coach', {/* 属性定义 */})
const Team  = this.sequelize.define('team', {/* 属性定义 */});
```

Player（运动员）模型中关于其 Team 的信息存储为 teamId 列。关于每个 Team 的 Coach（教练）的信息作为 coachId 列存储在 Team 模型中。这两种情况都需要不同种类的一对一关系，因为外键关系每次出现在不同的模型上。

当有关关联的信息存在于源模型中时，可以使用 belongsTo 关联。例中 Player 适用于 belongsTo 关联，因为它具有 teamId 列。

```
Player.belongsTo(Team) // teamId 将被添加到源模型 Player 中
```

当有关关联的信息存在于目标模型中时，可以使用 hasOne 关联。例中 Coach 适用于 hasOne 关联，因为 Team 模型将其 Coach 的信息存储为 coachId 列。

```
Coach.hasOne(Team) // coachId 将被添加到目标模型 Team 中
```

3. 一对多关联

一对多关联将一个源与多个目标连接起来，多个目标连接到同一个特定的源，例如：

```
const User = sequelize.define('user', {/* ... */})
const Project = sequelize.define('project', {/* ... */})
Project.hasMany(User, {as: 'Workers'})
```

hasMany()用于定义一对多关联，例中将属性 projectId 或 project_id 添加到 User 模型。Project 模型的实例将获得访问器 getWorkers 和 setWorkers。

有时可能需要在不同的列上关联记录，可以使用 sourceKey 选项指定源键：

```
const City = sequelize.define('city', { countryCode: Sequelize.STRING });
const Country = sequelize.define('country', { isoCode: Sequelize.STRING });
```

```
// 可以根据国家代码连接国家和城市
Country.hasMany(City, {foreignKey: 'countryCode', sourceKey: 'isoCode'});
City.belongsTo(Country, {foreignKey: 'countryCode', targetKey: 'isoCode'});
```

4. 多对多关联

多对多关联用于将源与多个目标相连接，目标也可以连接到多个源，例如：

```
Project.belongsToMany(User, {through: 'UserProject'});
User.belongsToMany(Project, {through: 'UserProject'});
```

这将创建一个新的模型 UserProject，该模型有两个相同的外键 projectId 和 userId。必须定义 through 选项。

上述语句将方法 getUsers、setUsers、addUser、addUsers 添加到 Project 模型，将 getProjects、setProjects、addProject 和 addProjects 添加到 User 模型。

有时在关联中使用模型时需要对它们进行重命名。可以通过使用别名（as）选项将 users 定义为 workers，projects 定义为 tasks，还将手动定义要使用的外键：

```
    User.belongsToMany(Project, { as: 'Tasks', through: 'worker_tasks', foreignKey: 
'userId' })
    Project.belongsToMany(User, { as: 'Workers', through: 'worker_tasks', foreignKey: 
'projectId' })
```

foreignKey 选项表示在 through 关系中设置源模型键，otherKey 允许在 through 关系中设置目标模型键。

6.4 实战演练——图书借阅记录管理

实战演练——图书借阅记录管理

学习以上内容之后，这里示范一个简单的 ORM 操作，利用 Sequelize 操作 MySQL 数据库。这个示例记录图书的借阅信息，为简化实验过程，只有两个表 books（图书）和 readers（读者），它们之间是一对多的关系，一种图书可以对应多个读者，使用自动建立表结构的方案。在实际的应用程序开发中，往往将数据部分独立出来，作为模型部分，这样有利于各模块的解耦和扩展。

6.4.1 编写模型部分代码

首先为每个表定义数据模型：

【示例 6-18】 定义图书数据模型（ormtest\book_model.js）

```
const Sequelize = require('sequelize');
module.exports = (sequelize) => {
   var Book = sequelize.define('book', {
      isbn: { type: Sequelize.STRING },
      name: { type: Sequelize.STRING },
      author: { type: Sequelize.STRING },
      press: { type: Sequelize.STRING },
      price: { type: Sequelize.DECIMAL(10, 2) },
      pubdate: { type: Sequelize.DATEONLY }
   });
   return Book;
};
```

【示例 6-19】 定义读者数据模型 ormtest\reader_model.js

```
const Sequelize = require('sequelize');
module.exports = (sequelize) => {
   var Reader = sequelize.define('reader', {
      name: { type: Sequelize.STRING },
      mobile: { type: Sequelize.STRING },
```

```
        email: { type: Sequelize.STRING }
    });
    return Reader;
};
```

然后建立连接并同步数据模型：

【示例 6-20】 同步数据模型（ormtest\mydb.js）

```
const Sequelize = require('sequelize');
const sequelize = new Sequelize('testmydb', 'root', 'abc123', {
  //连接选项
  host: 'localhost', // 数据库地址
  dialect: 'mysql', // 指定连接的数据库类型
  define: {
    'charset':'utf8'      //解决中文输入问题
  },
  pool: {     // 建立连接池
    max: 5, // 连接池的最大连接数量
    min: 0, // 连接池的最小连接数量
    idle: 20000 // 如果一个线程在 20 秒内没有被使用过，那么释放线程
  }
});
const Book = require('./book_model')(sequelize);//导入 Book 模型
const Reader = require('./reader_model')(sequelize);//导入 Reader 模型
Book.hasMany(Reader);    //一种图书有多个读者
Reader.belongsTo(Book);  //一个读者对应一种图书
sequelize.sync();     //自动同步所有的模型，使用关联时要使用。首次添加数据后可将其注释
exports.Book = Book;
exports.Reader = Reader;
```

Sequelize 在 MySQL 数据库自动建立表结构默认是不支持中文的，这里一定要在连接选项中设置字符集 UTF-8。示例 6-20 最后两行代码将模型导出，以供应用程序调用。

6.4.2 编写数据操作部分代码

Sequelize 返回的是 Promise 对象，可以用 then()和 catch()方法分别实现异步响应成功和失败，使用 ES2017 async/await 语法则更加简单。这里仅给出部分数据操作示例代码，没有编写通用的数据访问接口程序，在示例中使用了 Promise 和 async/await 两种语法，使用 async/await 完成数据操作，使用 then()和 catch()方法输出结果。

添加数据可以直接利用关联操作，相关的示例代码如下：

【示例 6-21】 添加数据（ormtest\addBook.js）

```
const Book  = require('./mydb').Book;
const Reader  = require('./mydb').Reader;
async function addBook() {
  const result = await Book.create(
    {
      isbn:"9787115474582",
      name:"Docker 实践",
      author:"尹恩 · 米尔",
      press:"人民邮电出版社",
      price:79.00,
      pubdate:"2018-02-01",
      readers: [{
        name:"张三" ,
```

```
        mobile:"123456789012"
      },{
        name:"李四" ,
        mobile:"123888888881"
      }]
    },
    { include: [Reader] }  // 指定关联关系，读者数据自动插入到读者表
  );
  return result;
}
addBook().then(data => {
  console.log("添加的数据:", JSON.stringify(data, null, 4)); // 获取返回的内容
}).catch(error => {
  console.log(error);   // 捕获错误
});
```

运行此程序后，将同步数据模型 mydb.js 文件中的 sequelize.sync(); 语句注释或直接删除获取数据更为简单，示例代码如下：

【示例 6-22】 获取数据（ormtest\getBook.js）

```
const Book  = require('./mydb').Book;
const Reader  = require('./mydb').Reader;
async function getBook() {
  const result = await Book.findAll();
  return result;
}
getBook().then(data => {
  console.log("查询的数据:", JSON.stringify(data, null, 4)); // 获取返回的内容
}).catch(error => {
  console.log(error);   // 捕获错误
});
```

更改数据需要给出匹配的条件，示例代码如下：

【示例 6-23】 更改数据（ormtest\updateBook.js）

```
const Book  = require('./mydb').Book;
const Reader  = require('./mydb').Reader;
async function updateBook() {
  const result = await Book.update(
    { price:98.00 },
    { where: { id: 1 } }
  );
  return result;
}
updateBook().then(data => {
  console.log("修改数据的 ID:", JSON.stringify(data, null, 4)); // 获取返回的内容
}).catch(error => {
  console.log(error);   // 捕获错误
});
```

删除数据与修改数据类似：

【示例 6-24】 删除数据（ormtest\delBook.js）

```
const Book  = require('./mydb').Book;
const Reader  = require('./mydb').Reader;
async function delBook() {
  const result = await Book.destroy(
    { where: { id: 1 } }
  );
  return result;
}
```

```
delBook().then(data => {
  console.log("删除数据的 ID:", JSON.stringify(data, null, 4)); // 获取返回的内容
}).catch(error => {
  console.log(error);   // 捕获错误
```

值得一提的是，在采用 MVC 架构开发的 Node.js 应用程序中，往往是一个数据表对应一个模型文件，Sequelize 支持导入模型文件，可将模型定义存储在单个文件中，使用 import()方法导入。该方法返回的对象与被导入的文件的函数定义的对象完全相同。例如：

```
const Reader = sequelize.import(__dirname + "/path/to/models/reader")
```

模型已经在/path/to/models/reader.js 文件中定义：

```
module.exports = (sequelize, DataTypes) => {
  class Reader extends sequelize.Model { }
  Reader.init({
    name: DataTypes.STRING,
    mobile: DataTypes.STRING,
    email: DataTypes.STRING
  }, { sequelize });
  return Reader;
}
```

6.5 本章小结

本章的主要内容是编写 Node.js 程序操作关系数据库。关系数据库适合事务要求比较多的场景，如财务管理、订单管理、积分管理等。MySQL 是比较典型的关系数据库，掌握它之后，对其他关系数据库操作也会触类旁通。而 ORM 框架进一步抽象了 SQL 语句，将其封装为方便操作的对象，掌握 Sequelize 框架，就能在 Node.js 程序中连接和访问主流的关系数据库。本章还介绍了异步代码的编写方法，也就是使用同步的、更符合思维习惯的方式优雅地编写异步代码，使参数传递更方便、顺序和流程更清晰，其中 Promise 是基础，async/await 是首选的方案。

习题

一、选择题

1. 以下关于通过 MySQL2 连接和操作 MySQL 数据库的说法中，不正确的是（　　）。
   A．连接选项 dateStrings 用于强制将日期类型作为字符串返回
   B．所有的增查改删（CRUD）操作都通过.query()方法执行 SQL 语句来实现
   C．除了使用转义方法之外，还可以使用预处理语句防止 SQL 注入攻击
   D．终止连接会执行所有剩余的查询
2. 有关 Promise 的叙述中，不正确的是（　　）。
   A．首先需要将异步操作封装成一个 Promise 对象
   B．操作可以改变 Promise 对象的状态
   C．Promise 对象的错误会一直向后传递，直到被捕获
   D．Promise 通过维护和传递状态的方式使回调函数能够及时被调用
3. 有关 async/await 的叙述中，不正确的是（　　）。
   A．async/await 本质上仍然是 Promise
   B．async 函数的返回值为 Promise 对象
   C．await 操作符后面的表达式是 Promise 对象
   D．await 除了在 async 函数内部使用外，还可以在普通函数中使用

4. 以下关于 ORM 框架 Sequelize 的叙述中，正确的是（　　）。

A. Sequelize 构造函数使用 define 选项改变所有定义模型的默认选项（全局选项）

B. 自动建表功能非常实用，没有任何风险

C. Sequelize 不支持多对多的表间关联操作

D. 如果已经定义好表结构，则不能定义 Sequelize 模型

二、简述题

1. MySQL 数据库操作如何防止 SQL 注入攻击?
2. 为什么要使用连接池?
3. 什么是 Promise? 什么是 Generator?
4. async/await 有哪些特点?
5. 什么是 ORM?
6. Sequelize 模型如何与数据库同步?
7. Sequelize 支持哪几种关联?

三、实践题

1. 安装 MySQL，并练习使用命令行界面操作 MySQL。
2. 掌握通过 MySQL2 驱动对 MySQL 的增查改删操作。
3. 练习使用 Promise、co 和 ES2017 async/await 基于 MySQL2 操作 MySQL 数据库。
4. 在本章的实战演练的基础上编写一个查询出版社为人民邮电出版社，价格高于 50.00 元的图书的查询程序（在代码中使用 Sequelize.Op 中的操作符）。

第 7 章 MongoDB数据库操作

07

学习目标

① 了解 MongoDB 数据库，会安装和使用 MongoDB 数据库。

② 了解 MongoDB 原生驱动，会连接和访问 MongoDB 数据库。

③ 了解 Mongoose 对象模型库，掌握其操作 MongoDB 数据库的用法。

在第 6 章讲解了 SQL 数据库的操作，本章讲解 NoSQL 数据库。NoSQL 是 Not Only SQL 的缩写，意为“不仅仅是 SQL”，泛指非关系型的数据库。它使用非关系型的数据存储，可以为海量数据建立快速、可扩展的存储库。MongoDB 是 Node.js 力荐的非关系数据库，适合作为 Web 应用的可扩展的高性能数据库后端。本章主要以 MongoDB 数据库为例，介绍在 Node.js 应用程序中如何连接和操作 NoSQL 数据库。本章内容有助于系统观念和系统思维的培养。只有用普遍联系的、全面系统的、发展变化的观点观察事物，才能把握事物发展规律。

MongoDB 数据库操作

7.1 MongoDB 数据库基础

与 SQL 数据库比起来，多数读者对 NoSQL 数据库要生疏一些。在讲解 MongoDB 数据库之前，先介绍一下 NoSQL 数据库。

MongoDB 数据库基础

7.1.1 NoSQL 数据库简介

随着 Web 2.0 的兴起，传统的关系数据库面对 Web 2.0 应用，特别是超大规模和高并发的 SNS（社交网络服务）类型的动态网站显得力不从心，遇到了很多难以克服的问题，而非关系型的数据库由于其本身的特点得到了非常迅速的发展。NoSQL 数据库的产生就是为了应对大规模数据集合带来的挑战，尤其是大数据应用难题。NoSQL 数据库可以分为以下 4 种类型。

- 键值（Key-Value）存储数据库：使用哈希表，用一个特定的键和一个指针指向特定的数据。键值模型易于部署，如果只对部分值进行查询或更新，效率就比较低。典型的产品包括 Redis、Voldemort、Oracle BDB。
- 列存储数据库：通常用于应对分布式存储的海量数据。键仍然存在，但是它们的特点是指向多个列。这些列是由列家族安排的。典型的产品包括 Cassandra、HBase 和 Riak。
- 文档型数据库：数据模型是版本化的文档，这种半结构化的文档以特定的格式存储，如 JSON。

文档型数据库可以看作是键值数据库的升级版，其允许嵌套键值，比键值数据库的查询效率更高。典型的产品包括 CouchDB 和 MongoDB。

- 图形（Graph）数据库：使用灵活的图形模型，能够扩展到多个服务器上。

NoSQL 数据库没有标准的查询语言（SQL），因此进行数据库查询时需要指定数据模型。许多 NoSQL 数据库都提供 REST 接口或查询 API，如 Neo4J、InfoGrid 和 Infinite Graph。

总的来说，NoSQL 数据库具有高可扩展性、分布式计算、无复杂关系、低成本的优势，且架构灵活，适合组织半结构化数据，主要适用于以下情形。

- 数据模型比较简单。
- 需要灵活性更强的 IT 系统。
- 对数据库性能要求较高。
- 不需要高度的数据一致性。
- 特定键容易映射到复杂值的环境。

例如，通过第三方平台访问和抓取的数据，如用户的个人信息、社交网络、地理位置、用户生成的数据和用户操作日志，就特别适合使用 NoSQL 数据库处理。

7.1.2 MongoDB 数据库简介

Mongo 并非芒果的意思，而是源于 Humongous（巨大）一词。MongoDB 是一个基于分布式文件存储的数据库产品，由 C++语言编写，旨在为 Web 应用提供可扩展的高性能数据存储解决方案。它是介于关系数据库和非关系数据库之间的产品，是非关系数据库中功能最丰富、最类似关系数据库的产品。它支持的数据结构非常松散，是类似 JSON 的 BSON 格式，因此可以存储比较复杂的数据类型。MongoDB 最大的特点是其支持的查询语言非常强大，其语法类似面向对象的查询语言，几乎可以实现关系数据库单表查询的绝大部分功能，而且支持对数据建立索引。

1. MongoDB 的优势

MongoDB 的优势主要体现在：JSON 文档模型、动态的数据模式、二级索引强大、查询功能、自动分片、水平扩展、自动复制、高可用、文本搜索、企业级安全、聚合框架 MapReduce、大文件存储 GridFS。MongoDB 支持多种编程语言，如 Ruby、Python、Java、C++、PHP、C#等，当然也得到了 Node.js 的鼎力支持。

2. MongoDB 的应用场合

MongoDB 特别适合存储网站内容、缓存等大容量、低价值的数据，在高伸缩性的场景中用于对象及 JSON 数据的存储。

以典型的博客网站数据为例，如果使用 SQL 数据库来记录博客文章、附件、评论、点赞等信息，需要建立相应的 4 个表来存储，还要维持它们之间的关系。如果改用 MongoDB 存储，则只需要一个文章集合，就可以包括文章内容属性、文章发表时间属性、文件状态属性、评论数组属性、点赞数组属性、文章附件数组属性。

如果需要先查询文章列表，再根据用户选择查询某一篇文章的详细信息，详细信息中包括文章内容、附件、点赞信息和评论信息，这样的常规操作也可以使用关系数据库，只是在查询详细信息时需要使用关联，从 4 个表中获取数据。但是如要在文章列表中展示文章内容、附件、评论和点赞信息，使用 SQL 数据库就比较麻烦了，需要先从文章表中查询出文章列表，再根据每一篇文章的主键从其他表中获取信息。这时如果列表要求显示 10 条记录，就需要执行 11 次的 SQL 语句。而面对这样的需求，MongoDB 只需要执行一次查询就可以获取到全部数据。

7.1.3 MongoDB 基本概念

在传统的关系型数据库中，数据是以表的形式存储的，而在 MongoDB 中，需以文档的形式存储数据。首先要熟悉 MongoDB 的概念和术语，表 7-1 对 MongoDB 与 SQL 的术语进行了对比，其中数据库、集合和文档是最基本的概念。

表 7-1 MongoDB 与 SQL 的术语对比

SQL 术语	MongoDB 术语
Database（数据库）	Database（数据库）
Table（表）	Collection（集合）
Row（行或记录）	Document 或 BSON Document（文档）
Column（列或字段）	Index（索引）
Table Joins（表联合）	Embedded Documents and Linking（嵌入文档和连接）
Primary Key(主键，将唯一列或列组合定义为主键）	Primary Key（主键，自动设置为_id 字段）
Aggregation（聚合）	Aggregation Pipeline（聚合管道）

1. 数据库

MongoDB 的单个实例（一个 MongoDB 服务器）可以建立多个独立的数据库，其每个数据库都有自己的集合和权限，不同的数据库也放置在不同的文件中。MongoDB 保留 3 个具有特殊作用的数据库。

- admin：相当于 root 数据库。将一个用户添加到该数据库后，这个用户将自动继承所有数据库的权限。一些特定的服务器端命令也只能从这个数据库运行，如列出所有的数据库或者关闭服务器。
- local：该数据库永远不会被复制，可以用来存储限于本地单个服务器的任意集合。
- config：当 MongoDB 用于分片（Sharding）设置时，config 数据库在内部使用，以保存分片的相关信息。

MongoDB 中默认的数据库为 local，如果没有创建新的数据库，集合将存放在该数据库中。

2. 集合

集合类似于 SQL 数据库管理系统中的数据表，是一个 MongoDB 文档的集合。集合存在于数据库中，没有固定的结构，这就意味着用户可以向集合插入不同格式和类型的数据，但通常情况下插入集合的数据都会有一定的关联性。例如，可以将以下具有不同数据结构的文档插入集合中：

```
{"site":"www.jd.com"}
{"site":"www.taobao.com","name":"淘宝","hit":125}
{"site":"www.tmall.com","name":"天猫","purchases":23}
```

当第 1 个文档成功插入时，集合才会被创建。注意在 MongoDB 中，集合只在文档内容插入之后才会创建，也就是说，创建集合之后需插入一个文档（记录），集合才会真正创建。

3. 文档

文档是一组键值对。与 SQL 数据库不同，MongoDB 的文档不需要设置相同的字段，即使相同的字段也不需要相同的数据类型，这也是它的一个突出的特点。

MongoDB 文档中存储的是 BSON 格式的数据。BSON 是由 10gen 公司开发的数据格式，目前主要用于 MongoDB 中。BSON 基于 JSON 格式，可以充分利用 JSON 的通用性及 JSON 的无模式的特性。BSON 以 JSON 文档的二进制编码的形式存储，而且还能支持 JSON 所不支持的 Date 和 BinData 数据类型。

关于 MongoDB 文档，需要注意以下几点。

- 文档中的键值对是有序的。
- 文档中的值除了字符串，还可以是其他数据类型，甚至可以嵌入整个文档。
- MongoDB 区分类型和大小写。

- MongoDB 的文档不能有重复的键。
- 文档的键是字符串。除了少数例外情况，键可以使用任意 UTF-8 字符。

下面是一个典型的文档示例，用于定义作图的画布：

```
{ item: "画布", qty: 100, tags: ["木纹"], size: { h: 38, w: 45.5, uom: "cm" } }
```

图 7-1 对 SQL 数据库的表与 MongoDB 文档进行了对比，可见 MongoDB 文档非常灵活。

id 序号	isbn 书号	name 书名	author 作者	press 出版社	price 价格	pubdate 出版日期
1	9787111544937	深入理解计算机系统（原书第3版）	兰德尔 E.布莱恩特	机械工业出版社	139.00	2016-12-01
3	9787115450326	网络操作系统 (第2版)	陈景亮	人民邮电出版社	69.80	2017-06-01
4	9787115483690	CentOS Linux系统管理与运维(第2版)	张金石	人民邮电出版社	69.80	2018-07-01

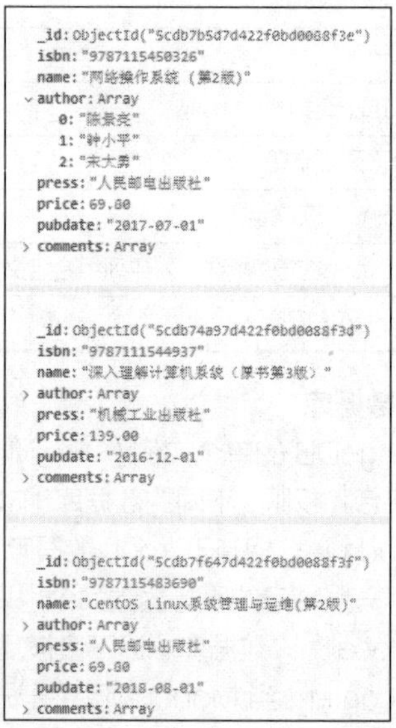

```
_id: ObjectId("5cdb7b5d7d422f0bd0088f3e")
isbn: "9787115450326"
name: "网络操作系统 (第2版)"
⌄ author: Array
    0: "陈景亮"
    1: "钟小平"
    2: "宋大勇"
press: "人民邮电出版社"
price: 69.80
pubdate: "2017-07-01"
> comments: Array

_id: ObjectId("5cdb74a97d422f0bd0088f3d")
isbn: "9787111544937"
name: "深入理解计算机系统（原书第3版）"
> author: Array
press: "机械工业出版社"
price: 139.00
pubdate: "2016-12-01"
> comments: Array

_id: ObjectId("5cdb7f647d422f0bd0088f3f")
isbn: "9787115483690"
name: "CentOS Linux系统管理与运维(第2版)"
> author: Array
press: "人民邮电出版社"
price: 69.80
pubdate: "2018-08-01"
> comments: Array
```

图 7-1　SQL 数据库表与 MongoDB 文档的对比

4. ObjectId 类型的主键

在 MongoDB 中存储的文档必须有一个名为_id 的主键。该键的值可以是任何类型的，默认是一个 ObjectId 对象。在使用 MySQL 数据库时，主键被设置成自动增加的整数。但由于 MongoDB 主要用于分布式环境，因此这种方法就不可行，容易产生冲突。为此，MongoDB 采用一个 ObjectId 类型的值作为主键，其名为_id。ObjectId 是 12 字节的 BSON 字符串，一字节为两位十六进制数，共有 24 位十六进制数，其组成是固定格式的，例如：

```
5cdb7f647d422f0bd0088f3f
```

其中前 4 个字节表示当前的时间戳，如 5cdb7f64；接着 3 个字节代表所在主机唯一标识，如 7d422f；后面 2 个字节表示进程 ID，如 0bd0；最后 3 个字节是一个自动生成的随机数，如 088f3f。

由于 ObjectId 对象保存了创建的时间戳，所以不需要为文档保存时间戳字段，可以通过 getTimestamp()函数来获取文档的创建时间。

7.1.4 MongoDB 的安装和基本使用

MongoDB 分为商用的企业版（Enterprise）和免费的社区版（Community Edition）。这里以在 Windows 64 位操作系统中安装社区版 4.0.9 版本为例讲解 MongoDB 的安装过程。

1. 安装 MongoDB

（1）从 MongoDB 官网下载社区版安装包。

（2）确认系统已安装 Visual C++ 2015 运行库和 Microsoft.NET Framework 4.5，如果没有提前安装，在 MongoDB 安装过程中会报出像“Verify that you have sufficient privileges to start system services”这样的错误信息。

（3）运行 MongoDB 安装包启动安装向导，根据向导提示进行安装。

（4）当出现“Choose Setup Type”对话框时，单击“Complete”按钮。

（5）出现图7-2所示的对话框，这里保持默认设置，将MongoDB安装为服务。“Data Directory”和“Log Directory”文本框分别用于设置数据存储目录和日志存储目录，如果目录不存在，则会自动创建并允许服务账户访问。

（6）单击“Next”按钮，出现“Install MongoDB Compass”对话框。在Windows 7系统上安装，务必要取消勾选“Install MongoDB Compass”复选框。

（7）单击“Next”按钮，再单击“Install”按钮开始安装。

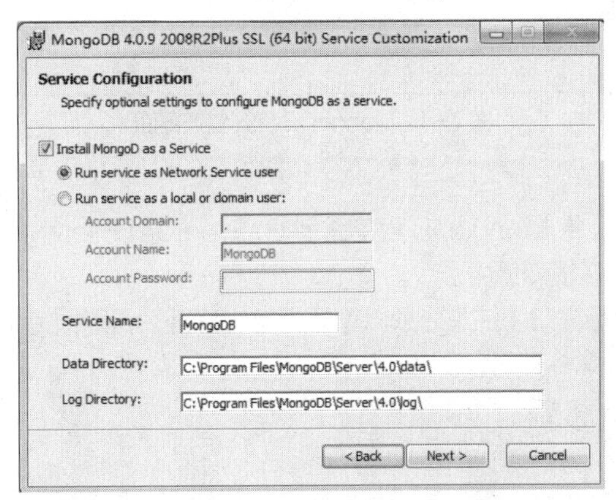

图7-2　MongoDB安装的服务配置

（8）安装完毕，退出安装程序即可。

2. 安装和使用可视化工具Compass

对于初学者来说，建议继续安装MongoDB官方提供的可视化工具Compass。从MongoDB官网下载MongoDB Compass安装包。运行该安装包，默认生成C:\Program Files (x86)\MongoDB Compass Installer\MongoDBCompass.exe文件，再执行该文件正式安装Compass，当出现图7-3所示的界面时，设置访问MongoDB的连接参数，单击“CONNECT”按钮连接即可。

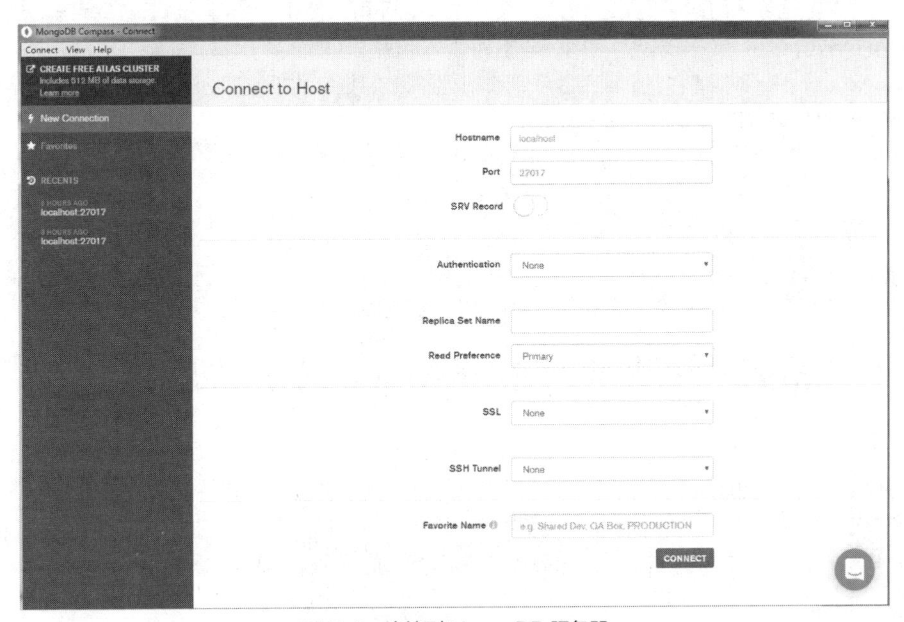

图7-3　连接到MongoDB服务器

默认安装的 MongoDB 不需要验证，可以根据需要设置多种验证方式，如用户密码验证、LDAP、证书。连接到 MongoDB 之后，即可以使用可视化方法管理和操作 MongoDB 数据库，如图 7-4 所示。

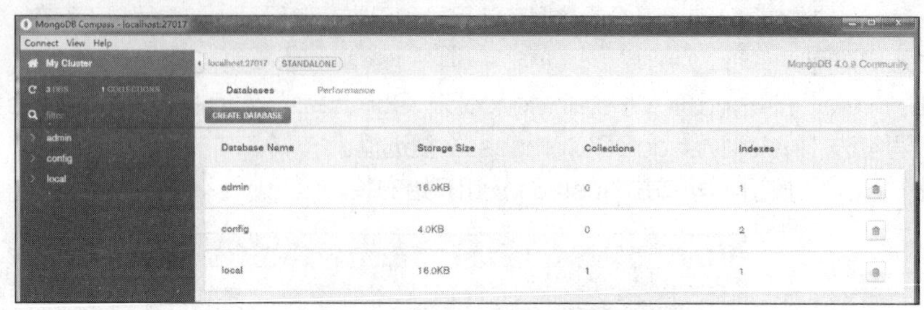

图 7-4 MongoDB 图形管理界面

3. 使用命令行界面

打开环境变量配置界面，将 MongoDB 程序路径 C:\Program Files\MongoDB\Server\4.0\bin 追加到系统变量下的“Path”环境变量中。

以管理员身份打开命令行窗口（注意必须以管理员身份打开，否则报错），登录到 MongoDB 控制台，执行 MongoDB 的各项命令即可，例如：

```
C:\Windows\system32>mongo localhost
MongoDB shell version v4.0.9
connecting to: mongodb://127.0.0.1:27017/localhost?gssapiServiceName=mongodb
（此处省略）
> db          #当前数据库
localhost     #默认数据库
> show dbs     #显示当前的数据库列表
admin    0.000GB
config   0.000GB
local    0.000GB
>
```

4. 导出和导入数据

导出和导入数据除了可以采用 Compass 工具之外，还可以使用命令行工具。数据可导出为 JSON 和 CSV 两种格式，JSON 格式较为常用。导出为 JSON 格式的命令行用法：

```
mongoexport -d 数据库名 -c 集合名 -o 目的文件名（带路径和扩展名.json）
```

从 JSON 文件导入的命令行用法：

```
mongoimport -d 数据库名 -c 集合名 --file 需要导入的文件
```

为便于后续实验，这里先导入一个图书记录文件：

```
C:\Windows\system32>mongoimport -d testmgdb -c bookinfo --file c:\nodeapp\ch07\t
estmgbook.json
2019-05-15T11:39:15.574+0800    connected to: localhost
2019-05-15T11:39:15.635+0800    imported 3 documents
```

7.2 使用原生驱动连接和操作 MongoDB 数据库

使用原生驱动连接和操作MongoDB数据库

官方为 Node.js 提供了原生的 MongoDB 驱动 node-mongodb-native，从而可以非常方便地连接和操作 MongoDB 数据库，无需 SQL 语句，其代码的写法类似 JavaScript，而且使用类 JSON 格式传输数据，数据没有任何结构化限制。该驱动提供了详细 API，功能非常丰富，这里介绍其基本操作。

7.2.1 连接到 MongoDB

1. 安装 mongodb 包

原生 MongoDB 驱动的包名为 mongodb，使用之前需要进行安装。这里创建一个用于实验的目录，然后安装该包。

```
C:\nodeapp\ch07>mkdir mongotest  && cd mongotest
C:\nodeapp\ch07\mongotest>cnpm install mongodb --save
```

2. 建立到 MongoDB 的连接

使用 connect()方法连接到服务器，然后选择要操作的数据库，代码如下：

【示例 7-1】 连接 MongoDB（mongotest\conn_test.js）

```
const MongoClient = require('mongodb').MongoClient; //导入模块获取连接客户端
const url = 'mongodb://localhost:27017';   // 连接 URL
const dbName = 'testmgdb';  // 数据库名称
MongoClient.connect(url, {useNewUrlParser: true}, function(err, client) {
  if (err) throw err;
  console.log("成功连接到 MongoDB 服务器");
  const db = client.db(dbName); //选择一个数据库
  client.close();   //关闭连接
});
```

由于目前 URL 字符串解析器被弃用，因而应在选项中加上{useNewUrlParser: true}。

可以使用 node 命令执行该文件进行连接测试。

7.2.2 添加 MongoDB 文档

可以一次添加一个文档，也可以一次添加多个文档。

1. 往集合中添加单个文档

使用 insertOne()方法添加单个文档，该方法的语法为：

```
insertOne(doc, options, callback)
```

其中第 1 个参数为要添加的文档，可以使用 JSON 对象；第 2 个参数用于设置选项；第 3 个参数是一个回调函数，该函数又包括两个参数，第 1 个为错误信息，第 2 个为返回的结果。先来看添加单个文档的示例：

【示例 7-2】 添加单个文档（mongotest\doc_insertone.js）

```
const MongoClient = require('mongodb').MongoClient;
const url = 'mongodb://localhost:27017';
const dbName = 'testmgdb';
//连接到 MongoDB
MongoClient.connect(url, {useNewUrlParser: true},function(err, client) {
  if (err) throw err;
  const db = client.db(dbName);  //选择数据库
  const coll = db.collection('bookinfo'); // 选择一个集合(表)
//执行添加文档操作
  const myobj = { "isbn":"9787115474582","name":"Docker 实践","author":"尹恩•米尔
","press":"人民邮电出版社","price":79.00,"pubdate":"2018-02-01"};
  col.insertOne(myobj, function(err, res) {
    if (err) throw err;
    console.log("文档添加成功");
    console.log(res); //输出结果
```

```
    client.close();  //关闭连接
  });
});
```

如果添加的文档对象没有包括_id 字段，默认将由 node-mongodb-native 原生驱动自动添加该字段。insertOne()方法返回一个对象，包括 result（从 MongoDB 返回的结果）、ops（包括_id 在内的字段）和 connection（执行添加操作的连接）等字段。

上述添加操作需要连接到 MongoDB 并选择数据库之后才能进行，后面的示例代码中也涉及同样的连接 MongoDB 的代码，不再重复列出。

2. 往集合中添加多个文档

如果要添加多条数据，则可以使用 insertMany()方法，用法基本同 insertOne()，只是要添加的文档可以是一个对象，也可以是一个对象数组（表示多个文档）。示例代码如下：

【示例 7-3】 添加多个文档（mongotest\doc_insertmany.js）

```
  const myobj = [{"isbn":"9787115428028","name":"Python编程从入门到实践","author":"袁国忠","press":"人民邮电出版社","price":"89.00","pubdate":"2016-07-01"},
{"isbn":"9787115373557","name":"数学之美（第二版）","author":"吴军","press":"人民邮电出版社","price":"49.00","pubdate":"2014-11-01"}];
  db.collection('bookinfo').insertMany(myobj, function(err, res) {
     if (err) throw err;
     console.log("插入的文档数为: " + res.insertedCount);
  });
```

返回的对象中 res.insertedCount 表示插入的条数。

7.2.3 查询 MongoDB 文档

1. 基本查询

可以使用 find()方法查找数据，用法如下：

```
find(query, options)
```

其中第 1 个参数设置查询条件，使用 JSON 对象格式；第 2 个参数设置查询选项。

find()方法可以返回匹配条件的所有数据，返回的是一个游标对象，通常使用 toArray()方法将其转化为一个数组。如果未指定条件，则 find()方法相当于{ }，调用 find()方法时如果省略第 1 个参数，或者将第 1 个参数设置为空文档{}，则查询将返回集合中的所有数据，例如：

【示例 7-4】 基本查询（mongotest\doc_findall.js）

```
db.collection('bookinfo').find({}).toArray(function(err, docs) {
  if (err) throw err;
  console.log("找到下列记录: ");
  console.log(docs);
  client.close();
});
```

查询指定条件的数据的简单示例如下：

【示例 7-5】 条件查询（mongotest\doc_findfilter.js）

```
var filterStr = {"press": '人民邮电出版社'};  // 查询条件
db.collection('bookinfo').find(filterStr).toArray(function(err, docs) {
  if (err) throw err;
  console.log("找到下列记录: ");
  console.log(docs);
  client.close();
});
```

2. 使用查询操作符

可以在查询条件中使用 MongoDB 的查询操作符，例如以下查找出 age 大于 30 的文档：

```
{ "age": { "$gt": 30 }},
```

又比如，以下条件定义的是复杂的组合查询，先是两个“或”运算，然后对这两个“或”运算进行“与”运算：

```
{ $and: [ { $or: [{a: 1}, {b: 1}] }, { $or: [{c: 1}, {d: 1}] } ]}
```

3. 返回指定的查询字段

这可以通过选项 projection 来指定，值为 1 表示返回的字段，值为 0 表示排除的字段。例如，以下命令的查询结果只包括 isbn 和 name 两个字段：

```
find({},{ projection:{'isbn':1,'name':1}})
```

4. 查询结果排序

这些功能也可以通过选项设置来实现。选项 sort()用于对数据进行排序，指定排序的字段，并使用值 1 和-1 来指定排序的方式，其中 1 为升序排列，而-1 用于降序排列。例如，以下命令的查询结果只包括 isbn 和 name 两个字段，且按 isbn 字段降序排列：

```
find({},{projection:{'isbn':1,'name':1},sort:{'isbn':-1}})
```

5. 查询结果分页

使用 limit 选项限制返回的文档数。例如以下命令返回两条数据：

```
find({},{limit:2})
```

使用 skip 选项指定跳过的文档数，例如以下命令跳过两条数据后再返回两条数据：

```
find({},{ skip:2 , limit:2 })
```

可见，组合使用 skip 选项和 limit 选项可以实现查询结果分页。例如：

```
var pageSize = 5;           //每页数据条数
var currentPage = 2;        //当前页数
var skipNum = (currentPage -1) * pageSize;    //跳过条数
find({},{ skip: skipNum , limit: pageSize })
```

7.2.4 更改 MongoDB 文档

一般使用 updateMany()方法来更改符合条件的文档，用法如下：

```
updateMany(filter, update, options, callback)
```

其中第 1 个参数为更改的条件，可以使用 JSON 对象；第 2 个参数设置更改操作方法和内容，也使用 JSON 对象；第 3 个参数设置选项；最后一个参数是一个回调函数，该函数又包括两个参数，第 1 个为错误信息，第 2 个为返回的结果。先看更改文档的示例：

【示例 7-6】 更改文档（ongotest\doc_update.js）

```
 var filterStr = { press: '人民邮电出版社'};  // 更改条件
 var updateStr = { $set  : { "url" : "http://www.ptress.com.cn" }};
 db.collection('bookinfo').updateMany(filterStr, updateStr,function(err, docs) {
   if (err) throw err;
   console.log("更改文档数为: "+ docs.result.nModified);
   client.close();
 });
```

更改文档要用到更改操作符，这里列出常用的操作符。

（1）使用$set 操作符设置字段的值，如果字段不存在就会创建，用法如下：

```
{ $set : { field : value } }
```

（2）使用$unset 操作符删除字段，其值可以是任意，用法如下：

```
{ $unset : { field : 1} }
```

（3）使用$inc 操作符对字段值进行增减操作，必须为数字型，用法如下：

```
{ $inc : { field : value } }
```

例如，以下命令将名字为王强的文档的年龄值自动加 10：

```
updateOne({name:"王强"},{$inc:{age:10}})
```

（4）使用$push 为数组字段添加一个元素，例如以下操作为 info 数组字段添加一个“你好”元素：

```
{$push:{info:'你好'}}
```

还可使用$pushAll 操作符一次追加多个值，用法如下：

```
{ $pushAll : { field : value_array } }
```

（5）使用$pop 操作符删除数组最后一个值。

7.2.5 删除 MongoDB 文档

删除一个文档可使用 deleteOne()方法，如果要删除多个文档，则可以使用 deleteMany()方法，它们都包括 3 个参数：filter（删除条件）、options（选项）和 callback（回调函数）。这里给出一个简单的例子。

【示例 7-7】 删除文档（mongotest\doc_delete.js）

```
  var filterStr = {"isbn":"9787301299487"};  // 删除条件
  db.collection('bookinfo').deleteMany(filterStr,function(err, docs) {
    if (err) throw err;
    console.log("删除文档数为: "+ docs.result.n);
    client.close();
  });
});
```

7.2.6 为 MongoDB 集合创建索引

索引能够提高应用程序的性能。MongoDB 默认按照“_id”字段的升序顺序创建索引，也可以手动创建符合业务需要的索引。MongoDB 使用 createIndex()方法创建索引，用法如下：

```
createIndex(fieldOrSpec, options, callback)
```

第 1 个参数是要索引的字段，可以是字符串或对象的形式。索引的字段可以指定排序方式，1 表示按照字段的升序创建索引，-1 表示按照字段的降序创建索引。这里给出一个升序索引的例子。

【示例 7-8】 创建索引（mongotest\doc_index.js）

```
db.collection('bookinfo').createIndex({ "isbn": 1 }, null,function(err, results) {
    if (err) throw err;
    console.log(results);
    client.close();
  });
});
```

7.2.7 以“同步”方式编写 MongoDB 操作代码

原生 MongoDB 驱动 node-mongodb-native 从 3.0 版本开始支持 Promise 操作，可以通过 Promise 的语法优雅地以“同步”方法编写异步代码。查询文档返回的游标对象可以通过 toArray()方法转换成数组，同时也支持 MongoDB 文档的其他操作方法。其他文档操作方法，如 insertOne()、insertMany()、updateMany()等，以及索引创建方法 createIndex()，都会返回 Promise 对象，可用 then()方法继续对它进行链式操作。

前面示范的操作，都是在建立连接的 MongoClient.connect()方法的回调函数中进行的，完成操作之后需要关闭连接。而这些操作方法本身还有回调函数作为参数，这就涉及回调嵌套问题。另外，将操作结果传递出来也比较麻烦。这里采用 ES2017 async/await 方案，将这些操作“同步”化，即首先建立连接，然后执行文档或集合操作，再关闭连接，最后返回结果。查询文档操作的示例代码如下：

【示例 7-9】 使用 async/await 操作 MongoDB（mongotest\doc_async.js）

```
const MongoClient = require('mongodb').MongoClient;
const url = 'mongodb://localhost:27017';   // 连接 URL
```

```
const dbName = 'testmgdb';     // 数据库名称
const collName = 'bookinfo';     // 集合名称
async function getConnect() {    //声明建立连接的 async 函数
    try {
        let connect = await MongoClient.connect(url, {useNewUrlParser: true});
        return connect;
    } catch (err) {
        throw err;
    }
}
async function getBookInfo() {      //声明查询操作的 async 函数
    // "顺序" 执行以下步骤
    let connect = await getConnect();  //执行建立连接的 async 函数
    let coll = connect.db(dbName).collection(collName);  //得到集合对象
    let result = await coll.find({}).toArray();  //查询文档
    connect.close();    //关闭连接
    return result;    //返回查询结果 (这是 Promise 对象)
  }
getBookInfo().then(data => {   //执行查询操作 async 函数，并继续处理 Promise 对象
    console.log("查询的数据:", JSON.stringify(data, null, 4)); // 获取返回的内容
}).catch(error => {
    console.log(error);   // 捕获错误
});
```

其中 MongoClient.connec()方法也会返回 Promise 对象。第 1 个 await 语句用于建立连接，完成之后进行下一步操作；第 2 个 await 语句用于查询文档，完成之后再往下进行。整个操作过程比回调嵌套更优雅。在实际应用开发中，可以将这类代码改造成通用的模块，对 MongoDB 操作接口进行封装，方便进一步调用。

7.3 使用 Mongoose 操作 MongoDB 数据库

Sequelize 是为 SQL 数据库提供的对象模型工具，同样 Mongoose 也是针对 Node.js 异步环境为 MongoDB 数据库提供的对象模型库。Mongoose 基于官方的原生 MongoDB 驱动 node- mongodb-native 实现，封装了 MongoDB 数据的常用操作方法，使 Node.js 程序操作 MongoDB 数据库变得更加灵活简单。越来越多的开发人员选用 Mongoose 来提高开发效率。本节介绍 Mongoose 的主要功能和用法，还有两个非常实用的功能填充（Population）和虚拟属性（Virtuals）将在后续的实战演练和第 10 章的综合实例中讲解。MongoDB 原本是没有关系这个概念的，但是填充功能可以部分实现关系的功能。

使用 Mongoose 操作 MongoDB 数据库

7.3.1 Mongoose 基本概念

1. 模式

Mongoose 始于模式（Schema）。每个模式映射到一个 MongoDB 集合，定义该集合的结构（类似于 SQL 数据库的表结构）。模式是一种以文件形式存储的模板，无法直接连接到数据库，本身并不具备数据库操作能力，仅仅是集合的模型骨架。

2. 模型

模型（Model）是基于模式定义构建的，封装了数据属性和行为的类。MongoDB 数据库中所有文档的创建和访问都是由模型处理的。模式是静态的定义，必须将模式编译为模型才能用于数据访问。

3. 实例

实例（Instance）是指模型（类）的实例，类似 SQL 数据库的记录，是由模型创建的实体（Entity）。每个 MongoDB 文档就是一个实例，MongoDB 实现了实例对文档的一一映射。

模式和模型是定义部分，而实例是模型实例化后创建的对象，是真正要操作的对象。这有利于应用程序架构的解耦，在 MVC（模型-视图-控制器）架构中，模型（Model）存放的是数据定义部分的代码，而在控制器（Controller）中存放的是实例操作部分的代码。

7.3.2 使用 Mongoose 的基本步骤

1. 安装包并导入相应模块

（1）确认已安装 MongoDB（也可使用其他服务器上现有的 MongoDB）和 Node.js。

（2）安装 Mongoose，它以 mongoose 包的形式提供。

为便于实验，这里创建一个 mongoosetest 目录用于测试程序，在其中安装 mongoose 包。

```
cnpm install mongoose  --save
```

（3）在程序中导入该模块。

```
const mongoose = require('mongoose');
```

2. 建立到 MongoDB 的连接

使用Mongoose时首先需要定义一个连接。如果仅使用一个数据库，应当使用mongoose.connect()方法。该方法需要一个 URI 参数（mongodb://），还可以提供若干选项参数。这里给出示例代码。

【示例 7-10】 通过 Mongoose 连接数据库（mongoosetest\mgs_conn.js）

```
const mongoose = require('mongoose');
mongoose.connect('mongodb://127.0.0.1:27017/newtest',  {useNewUrlParser:  true, useUnifiedTopology: true });
const conn = mongoose.connection;
conn.on('error', function(error){
   console.log('数据库连接失败：'+error);
});
conn.once('open', function() {
   console.log('数据库连接成功');
});
```

Mongoose 5.7 使用 3.3.x 版的 MongoDB 驱动，该驱动对副本集或分片集群中的所有服务器监控处理进行了重大重构。MongoDB 称其为服务器发现与监控。要使用这样的新功能，就需要向 Mongo 客户端构造器传递{ useUnifiedTopology: true }选项，否则会报出相应的降级警告（Deprecation Warning）。

在 MongoDB 中不需要建立数据库，当需要连接的数据库不存在时会自动创建。

一旦连接，连接对象会触发 open 事件，如果使用 mongoose.connect()方法，连接对象就是默认的 mongoose.connection。

connect()方法可以接受 options 参数为设置选项，这些选项会传入底层 MongoDB 驱动，例如：

```
const options = {
  autoIndex: false, // 不要创建索引
  reconnectTries: Number.MAX_VALUE, // 尝试重新连接的最大次数
  reconnectInterval: 500, // 重新连接的时间间隔
  poolSize: 10 // MongoDB 保持的最大 Socket 连接数，默认值是 5
};
mongoose.connect(uri, options);
```

默认情况下，Mongoose 在连接时会自动建立模式的索引。这有利于开发，但是在大型生产环境下并不是十分理想，因为索引建立会导致性能下降。因此通常将 autoIndex 选项设置为 false。

connect()方法可以接受一个回调函数参数：

```
mongoose.connect(uri, options, function(error) {
  // 检查初始连接错误，该回调函数参数没有第 2 个参数
});
```

该方法还可以返回一个 Promise 对象：

```
mongoose.connect(uri, options).then(
  () => { /** 开始使用*/ },
  err => { /** 处理初始连接错误*/ }
);
```

如果需要创建更多的连接，则需要使用 mongoose.createConnection()方法，其参数同 mongoose.connect()方法，不过返回的值将直接作为连接对象，例如：

```
const conn = mongoose.createConnection('mongodb://127.0.0.1:27017/newtest',
{useNewUrlParser: true});
conn.on('error', console.error.bind(console, '数据库连接失败'));
```

Mongoose 在连接到数据库之前会缓存所有命令，这意味着可以先定义模型和查询操作等，待 Mongoose 连接 MongoDB 时执行相应的语句。

3. 定义模式

这里定义一个管理用户信息的模式，主要代码如下：

```
var UserSchema = new mongoose.Schema({
    name: String,
    pwd: String,
    age: Number,
    date:{type: Date,default: Date.now }
});
```

定义模式主要指定对应的 MongoDB 集合的字段和字段类型。文档中每个属性的类型会被转换为模式定义对应的模式类型（SchemaType）。例如，name 属性会被转换为 String（字符串）模式类型，而 date 属性会被转换为 Date（日期）模式类型。可以使用的模式类型有 String、Number（数字）、Date、Buffer、Boolean（布尔值）、Mixed（可存放对象）、ObjectId 和 Array（数组）等。

可以直接声明模式类型为某一种类型，或者使用含有 type 属性的对象来声明类型。除了 type 属性，还可以为这个字段路径指定其他属性，例如在保存之前将字母都改成小写字符：

```
var schema = new mongoose.Schema ({
  test: {
    type: String,
    lowercase: true //总是将 test 属性的值转为小写
  }
});
```

可以指定的其他属性还有验证器、索引等。可以对模式中的属性（即键或字段）创建索引，MongoDB 索引的相关选项如下。

- index：是否对这个属性创建索引。
- unique：是否对这个属性创建唯一索引。
- sparse：是否对这个属性创建稀疏索引。

它们都是 Boolean（布尔值）类型，下面是一个简单的例子：

```
var schema2 = new Schema({
  test: {
    type: String,
    index: true,    //创建索引
    unique: true     //唯一索引
  }
});
```

4. 创建模型

创建模型就是将模式编译成模型，mongoose.model(modelName, schema)方法将基于模式定义生成一个模型类，以对应于 MongoDB 集合。这里创建用户的模型，代码如下：

```
const User = mongoose.model('User', UserSchema);
```

第 1 个参数为模型名称，它是模型对应集合名称的小写单数形式，Mongoose 会在 MongoDB 数据库中自动查找名称为模型名称复数形式（末尾加 s）的集合。例中 User 这个模型对应数据库中名称为 users 的集合。添加数据时如果该集合已经存在，则会将其保存到其中，否则会自动创建一个 users 集合，然后在其中保存数据。

注意直到模型所使用的数据库连接打开，集合才会被创建或删除。每个集合都有一个绑定的连接。如果模型是通过调用 mongoose.model()方法生成的，它使用的是 Mongoose 的默认连接。

如果自行创建了连接，就需要使用连接对象的 model()函数来代替 mongoose.model()方法，例如：

```
var conn = mongoose.createConnection('mongodb://localhost:27017/test');
var User = conn.model('User', UserSchema);
```

5. 实例化模型并执行数据操作

接着要实例化模型，即创建实体。这里创建用户模型类的实例，为其属性赋值，代码如下：

```
var user = new User({
    name: '王强',
    pwd: '123456',
    age:32
});
```

最后进行实例操作，调用 save()方法，Mongoose 会在数据库集合中存入一个文档。

```
    //保存数据
user.save(function(err, doc){
    if (err) {
      console.log('save error:' + err);
    }
    console.log('save sucess \n' + doc);
    //查找数据进行验证
    Model.find({name:'laowang'},(err,doc)=>{
        console.log(doc);
    })
});
```

6. 测试

将上述过程的基本代码合并到一个文件，即为使用 Mongoose 操作 MongoDB 数据库的完整过程，部分主要代码如下。

【示例 7-11】 通过 Mongoose 操作 MongoDB（mongoosetest\mgs_abc.js）

```
const mongoose = require('mongoose');
//建立连接
mongoose.connect('mongodb://127.0.0.1:27017/newtest',  {useNewUrlParser:  true,
useUnifiedTopology: true });
const db = mongoose.connection;
......
//定义模式
var UserSchema = new mongoose.Schema({
......
});
// 创建模型
var User = mongoose.model('User', UserSchema);
// 实例化模型
var user = new User({
......
});
```

```
//添加数据
user.save(function(err, doc){
……
});
```

执行该文件，输出以下内容，说明成功实现了 MongoDB 数据库操作。

```
C:\nodeapp\ch07\mongoosetest>node mgsabc.js
数据库连接成功
save sucess
{ _id: 5ce6a84dfcc433045c75828b,
  name: '王强',
  pwd: '123456',
  age: 32,
  date: 2019-05-23T14:03:57.828Z,
  __v: 0 }
[ { _id: 5ce6a6fc010d7b117cc5530a,
    name: '王强',
    pwd: '123456',
    age: 32,
    date: 2019-05-23T13:58:20.864Z,
    __v: 0 }]
```

7.3.3 文档操作

Mongoose 文档是 MongoDB 文档的一对一映射。每个文档都是模型的实例。存取 MongoDB 数据库最主要的工作就是文档操作。Mongoose 提供的文档操作方法有两类，一类是实例的方法，另一类是模型的静态方法（因为模型就是一个类）。

1. 创建文档

创建文档并保存到数据库的过程非常简单。实例可使用 save()方法，例如：

```
var User = mongoose.model('User', UserSchema);
var laoli = new User({name: 'laoli', pwd: '673456',age: 30 });
laoli.save(function (err) {
  if (err) return handleError(err);
})
```

可以改用模型的静态方法 create()，其用法如下：

```
Model.create(docs, [options], [callback])
```

其中第 1 个参数为要添加的文档，可以使用 JSON 对象或数组；第 2 个参数设置选项；第 3 个参数是一个回调函数，该函数又包括多个参数，第 1 个为错误信息，其他参数为返回的结果，例如：

```
User.create({name: 'laoli', pwd: '673456',age: 30 }, function (err, laoli) {
  if (err) return handleError(err);
})
```

还可以改用静态方法 insertMany()一次性添加多个文档，例如：

```
User.insertMany([{name: 'laoli', pwd: '673456',age: 30 }], function(err) {
});
```

2. 查询文档

使用 Mongoose 查询文档非常方便，它支持 MongoDB 的高级查询语法。查询文档可以用模型的 find()、findById()、findOne()和 where()等静态方法，还有一些 CRUD 操作静态方法也可用于查询，如 findByIdAndRemove()、findByIdAndUpdate()、Model.findOneAndReplace()等。这些静态方法都不能直接返回查询或操作结果，而是返回一个所谓的 Query 对象，结果需要从 Query 对象中提取。Query 对象是一个链式查询，可以在查询过程中引用其他文档，也可以流式传输查询结果。

（1）执行查询的方式。

Mongoose 查询可以按以下两种方式执行：

- 传入回调函数参数，Mongoose 异步执行查询，并将查询结果传给回调函数。
- 使用查询构建器，不传递回调参数，返回一个 Query 实例（对象）以提供构建查询器的特殊接口。

采用第 1 种方式，执行传入回调函数参数的查询时，将 JSON 文档作为查询条件。JSON 文档的语法与 MongoDB 的 shell 相同。传入回调函数后查询会立即执行，其结果也会传入回调函数中。例如：

```
var User = mongoose.model('User', UserSchema);
//查找 name 匹配“laoli”的文档，输出 name 和 age 字段
User.findOne({'name': 'laoli' },'name age',function(err, user){
  if (err) return handleError(err);
  console.log(user);
});
```

在 Mongoose 的任何查询操作中，被传入的回调函数都遵循 callback(error, result)这种模式。查询结果的内容取决于具体的操作：findOne()返回单个文档，find()返回文档列表，count()返回文档数量，update()返回修改的文档数量。Models 的 API 文档详细描述了被传给回调函数的值。

采用第 2 种方式，Mongoose 查询不传入回调函数参数，稍后执行查询，并通过回调函数获取查询结果，而且必须使用 exec（callback）方法传入回调函数并对其进行处理。将以上代码改写如下：

```
var query = User.findOne({ 'name': 'loali' });
query.select('name age');
query.exec(function (err, user) {  //执行查询操作
  if (err) return handleError(err);
  console.log(user);
});
```

以上代码中，query 变量的类型是 Query。Query 能够使用链式语法构建查询器，而不仅仅是指定 JSON 对象。下面两个示例具有相同的功能。

```
// 使用 JSON 文档的示例
User.
  find({
   age: { $gt: 17, $lt: 66 }
   }
  }).
  limit(10).
  sort({ age: -1 }).
  select({ name: 1, age: 1 }).
  exec(callback);
// 使用查询构建器的示例
User.
  where('age').gt(17).lt(66).
  limit(10).
  sort('-age').
  select('name age').
  exec(callback);
```

（2）Query 对象的 then()方法。

Mongoose 查询返回的 Query 对象提供一个 then()方法可用于获取查询结果。但是，与 Promise 对象不同，调用 Query 对象的 then()方法能够多次执行查询操作。例如，以下代码执行 3 次 updateMany()调用，一次是回调函数，另外两次是由 then()方法调用。

```
const q = MyModel.updateMany({}, { isDeleted: true }, function() {
  console.log('Update 1');
});
q.then(() => console.log('Update 2'));
q.then(() => console.log('Update 3'));
```

一定不要混淆查询的回调函数和 Promise 对象的使用，否则可能导致重复操作。

（3）流式处理 MongoDB 查询结果。

流式处理查询结果需要调用 Query 对象的 cursor()函数返回 QueryCursor 的一个游标对象实例。

```
var cursor = User.find({ age: 30 }).cursor();
cursor.on('data', function(doc) {
  // 对每个文档调用一次
});
cursor.on('close', function() {
  // 完成时调用
});
```

3. 更改文档

更改文档的方法很多。比较传统的实现方法是使用 findById()方法，例如：

```
User.findById(id, function (err, user) {
  if (err) return handleError(err);
  user.age = 30;
  user.save(function (err, updatedUser) {
    if (err) return handleError(err);
    console.log(updatedUser);
  });
});
```

这种方法是使用模型的 findById()方法根据 ID 获取到要修改文档的引用之后，再创建一个实例，最后使用实例的 save()方法修改该文档。也可以使用实例的 set()方法修改文档，将以下语句：

```
user.age = 30
```

改为：

```
user.age({ age: 30 })
```

上述方法先检索数据，接着进行更改。如果仅仅需要更改而不需要返回该数据，则可以使用模型的静态方法 update()，例如：

```
User.update({ _id: id }, { $set: { age: 30 }}, callback);
```

静态方法 updateMany()可以修改多个文档，语法格式如下：

```
Model.updateMany()([conditions], [update], [options], [callback])
```

其中 conditions 表示条件，只有符合条件的文档才能被修改。

如果确实需要返回文档，findByIdAndUpdate()静态方法更合适：

```
User.findByIdAndUpdate(id,{ $set: { age: 30 }},{ new: true },function (err,user){
  if (err) return handleError(err);
  console.log(user);
});
```

静态方法 findOneAndUpdate()可以根据其他查询条件查找并更新文档，语法格式如下：

```
Model.findOneAndUpdate([conditions], [update], [options], [callback])
```

findAndUpdate 系列静态方法仅能查找并返回最多 1 个文档。

需要注意的是，update()、updateMany()、findOneAndUpdate()等方法并不执行 save()中间件。如果需要执行 save()中间件和数据验证，则应当先查询文档再使用 save()方法修改。

4. 删除文档

模型的 remove()静态方法可以删除所有匹配查询条件的文档，例如：

```
User.remove({ age: 32 }, function (err) {
  if (err) return handleError(err);
});
```

5. 覆盖文档

可以用 set()方法覆盖整个文档。如果要修改在中间件中被保存的文档，用 set()方法比较方便，例如：

```
User.findById(id, function (err, user) {
  if (err) return handleError(err);
  // 'otherUser'成为'user'的拷贝
  otherUser.set(user);
});
```

6. 自定义文档操作方法

Mongoose 文档有很多内置的方法，当然也可以自定义方法，自定义方法包括自定义实例方法和自定义模型静态方法。来看一个自定义实例方法例子：

```
var animalSchema = new Schema({                              //定义关于动物的模式
   name: String, type: String
});
animalSchema.methods.findSimilarTypes = function (cb) {//为实例定义查找类型相同的方法
   return this.model('Animal').find({ type: this.type }, cb);
}
```

现在所有的 animalSchema 实例都可使用 findSimilarTypes()方法：

```
var AnimalModel = mongoose.model('Animal', animalSechema);//创建模型
var dog = new AnimalModel({ type: '狗狗' });  //实例化模型
dog.findSimilarTypes(function (err, dogs) {  //实例调用 findSimilarTypes()方法
   console.log(dogs);
});
```

模型就是面向对象编程中的类，还可以为模型添加自定义的静态方法，来看一个例子：

```
animalSchema.statics.findByName = function (name, cb) { //声明按名查找的静态方法
   this.find({ name: new RegExp(name, 'i') }, cb);
}
```

这样就可使用 findByName ()静态方法：

```
var AnimalModel = mongoose.model('Animal', animalSchema); //创建模型
AnimalModel.findByName('海豚', function (err, animals) { //模型调用静态方法
   console.log(animals);
});
```

无论是实例方法还是模型静态方法，都需要在模式中定义，前者方法名称格式为 Schema.methods.fn，后者的名称格式为 Schema.statics.fn，其中 Schema 为模式名称，fn 为方法名。

7.3.4 数据验证

在保存文档之前，Mongoose 会调用文档的 validate()方法对其进行验证。Mongoose 首先将值转换为指定的类型，然后对其进行验证。这需要在定义模式时通过模式类型定义验证器。

1. 内置的验证器

Mongoose 内置验证器，部分验证器是针对某些数据类型的，也有一些验证器是针对所有数据类型的。

- 所有模式类型都有内置的 required 验证器，表示该字段是否必需。
- Numbers 类型有 min 和 max 验证器，分别定义最小值和最大值。
- Strings 类型有 enum、match、maxlength 和 minlength 验证器。enum 枚举出可用的字符串值，match 可使用正则表达式来定义字符串规则。maxlength 和 minlength 分别限制字符串的最大长度和最小长度。

下面是一个简单的例子。

```
var breakfastSchema = new Schema({   //定义一个关于早餐的模式
  eggs: {
    type: Number,
    min: [6, '鸡蛋太少'],       //最小值验证，低于 6 将报出“鸡蛋太少”消息
    max: 12              //最大值验证
  },
  bacon: {
    type: Number,
    required: [true, '为何没有咸肉?']     //必需字段，提供验证的错误信息
```

```
  },
  drink: {
    type: String,
    enum: ['咖啡', '茶'],    //枚举范围
    required: function() {
      return this.bacon > 3;        //定制返回值（根据 bacon 的数量），确定是否必需字段
    }
  }
});
```

2. 自定义验证器

如果内置验证器不足，可以定义自定义验证器。自定义验证器通过传入一个验证函数来定义，并将验证函数的验证结果返回给模式。

```
var userSchema = new Schema({   //定义一个关于用户的模式
  phone: {
    type: String,
    validate: {      //自定义验证器检查电话号码
      validator: function(v) {
        return /\d{3}-\d{3}-\d{4}/.test(v);
      },
      message: props => '${props.value} 不是有效的电话号码!'
    },
    required: [true, '要求提供用户的电话号码']
  }
});
```

3. 验证错误信息

验证失败返回的错误信息包含 ValidatorError 对象。每个 ValidatorError 对象都具有 kind、path、value 和 message 属性，还可包括 reason 属性。如果验证器抛出错误，reason 属性会包含产生该错误的原因。

```
var toySchema = new Schema({   //定义一个关于玩具的模式
  color: String,
  name: String
});
var validator = function(value) {  //定义一个玩具颜色的验证器函数
  return /red|white|gold/i.test(value);
};
//引用验证器函数检查玩具颜色
toySchema.path('color').validate(validator,'颜色 '{VALUE}' 是无效的', '无效颜色');
toySchema.path('name').validate(function(v) { //匿名的验证器函数用于检查玩具品名
  if (v !== 'Turbo Man') {
    throw new Error('需要的是奥特曼');
  }
  return true;
}, '品名 '{VALUE}' 不合格');
```

4. 验证的使用

验证实际上是一种中间件，Mongoose 会自动触发。也可以通过文档的 validate(callback)或 doc.validateSync()方法来手动触发，前者是异步的，后者是同步的。

7.3.5 中间件

中间件（Middleware）又称 pre 和 post 钩子，在模式级别被定义，是在异步函数执行时传入的控制函数。这些中间件在 Mongoose 操作过程中根据条件触发一些处理函数。

1. 中间件类型

Mongoose 有 4 种中间件：文档中间件、模型中间件、聚合（aggregate）中间件和查询中间件。中间件只能在部分方法中使用。

对于文档中间件，this 指向当前文档。此类中间件支持 init（init 钩子是同步的）、validate、save 和 remove 等文档操作。

对于查询中间件，this 指向当前查询对象。此类中间件支持的模型和查询操作包括 count、deleteMany、deleteOne、find、findOne、findOneAndDelete、findOneAndRemove、findOneAndUpdate、remove、update、updateOne 和 updateMany。

对于聚合中间件，this 指向当前聚合对象，仅支持 aggregate 操作。

对于模型中间件，this 指向当前模型。此类中间件支持的模型操作只有 insertMany()。

所有类型的中间件都支持 pre 和 post 钩子。

2. pre 钩子

pre 钩子在指定方法执行之前绑定。当每个中间件调用 next()方法时，pre 中间件函数会依次执行：

```
var schema = new Schema(..);
schema.pre('save', function(next) {
  // 执行任务
  next();
});
```

除了手动调用 next()方法外，还可以返回一个 Promise 对象：

```
schema.pre('save', function() {
  return doStuff().
    then(() => doMoreStuff());
});
```

也可以使用 async/await：

```
schema.pre('save', async function() {
  await doStuff();
  await doMoreStuff();
});
```

如果使用 next()方法，则 next()方法调用不会停止执行中间件函数中的其余代码。

pre 中间件对于原子模型逻辑较有效，可用于复杂的验证、删除依赖文档、异步默认值和某个操作触发的异步任务等场景。

如果任何 pre 钩子输出错误，Mongoose 将不会执行后续中间件或钩子函数。Mongoose 会将错误或失败返回的 Promise 对象传递给回调函数，例如：

```
schema.pre('save', function(next) {
  const err = new Error('something went wrong');
  next(err);
});
schema.pre('save', function() {
  return new Promise((resolve,reject)=>{
  reject(new Error('something went wrong'));
  });
});
```

3. post 钩子

post 钩子相当于事件监听的绑定。post 中间件会在所有钩子方法及 pre 中间件执行完毕后执行。

```
schema.post('init', function(doc) {
  console.log('%s 已经从数据库初始化', doc._id);
});
schema.post('validate', function(doc) {
  console.log('%s 已被验证（但还没保存）', doc._id);
});
schema.post('save', function(doc) {
  console.log('%s 已经保存', doc._id);
```

```
});
schema.post('remove', function(doc) {
  console.log('%s 已被删除', doc._id);
});
```

异步 post 钩子函数至少需要两个参数，则 Mongoose 将第 2 个参数视为 next()方法，可以调用它来触发序列中的下一个中间件：

```
// Takes 2 parameters: this is an asynchronous post hook
schema.post('save', function(doc, next) {
  setTimeout(function() {
    console.log('post1');
    // 开始执行第 2 个 post 钩子
    next();
  }, 10);
});
// 直到第 1 个中间件调用 next()方法才执行
schema.post('save', function(doc, next) {
  console.log('post2');
  next();
});
```

create()方法会触发 save()钩子，而 save()方法会触发 validate()钩子，因为 Mongoose 具有名为 validate()的内置的 pre('save')钩子。

7.3.6 子文档

子文档是指嵌套在另一个文档中的文档。Mongoose 子文档有两种不同的概念：子文档数组和单个嵌套子文档。

```
var childSchema = new Schema({ name: 'string' });
var parentSchema = new Schema({
  // 子文档数组
  children: [childSchema],
  // 子文档嵌套
  child: childSchema
});
```

1. 什么是子文档

子文档与普通文档类似，其嵌套模式可以有自己的中间件、自定义验证逻辑、虚拟属性以及其他顶层模式可用的特性。主要区别在于子文档不会单独保存，其会随顶级父文档的保存而保存。

```
var Parent = mongoose.model('Parent', parentSchema);
var parent = new Parent({ children: [{ name: 'Matt' }, { name: 'Sarah' }] })
parent.children[0].name = 'Matthew';
// parent.children[0].save()不会操作，虽然它触发了中间件，但实际上没有保存文档
// 需要执行保存父文档的操作
parent.save(callback);
```

子文档跟普通文档一样具有 save()和 validate()中间件。调用父文档的 save()方法会触发其所有子文档的 save()中间件，validate() 中间件也一样。子文档的 pre('save')和 pre('validate')中间件会在顶级文档的 pre('save')中间件之前、顶级文档的 pre('validate')中间件之后执行，这是因为 save()方法之前的验证实际上是一个内置的中间件。

2. 子文档操作

默认情况下，每个子文档都有一个_id。Mongoose 文档数组具有特殊的 id()方法，用于查询文档数组以寻找具有指定_id 的文档：

```
var doc = parent.children.id(_id);
```

可以将子文档添加到数组中。Mongoose 数组中的方法（如 push、unshift、addToSet 等）会透明地将参数强制转换为正确的类型：

```
var Parent = mongoose.model('Parent');
var parent = new Parent;
// 添加一个评论
parent.children.push({ name: 'Liesl' });
var subdoc = parent.children[0];
console.log(subdoc) // { _id: '501d86090d371bab2c0341c5', name: 'Liesl' }
subdoc.isNew; // true
parent.save(function (err) {
  if (err) return handleError(err)
  console.log('成功!');
});
```

也可以使用 Mongoose 数组的 create()方法创建子文档而不将它们添加到数组中：

```
var newdoc = parent.children.create({ name: 'Aaron' });
```

每个子文档都有 remove()方法，对于数组子文档，这相当于在子文档上调用 pull()方法。对于单个嵌套子文档，remove()方法等效于将子文档设置为 null。

如果使用对象数组创建模式，Mongoose 会自动将对象转换为模式。

```
var parentSchema = new Schema({
  children: [{ name: 'string' }]
});
// 以上代码的作用等同于以下代码
var parentSchema = new Schema({
  children: [new Schema({ name: 'string' })]
});
```

7.3.7 Mongoose 对 Promise 的支持

Mongoose 支持 Promise，使得异步编程更加简单。

1. 内置的 Promise

Mongoose 异步操作，如 save()方法和查询，都会返回 thenable（带有 then()方法的对象）。这就意味着可以执行像 MyModel.findOne({}).then()这样的操作，例如：

```
var promise = user1.save();
promise.then(function (doc) {
  console.log(doc);
});
```

如果使用 async/await，则可以编写像 MyModel.findOne({}).exec()这样的代码。

2. Query 对象并非 Promise

Query 对象并非 Promise，它提供一个 then()方法便于 co 和 async/await 使用。如果需要完全的的 Promise 对象，则应当使用 exec()方法，例如：

```
var query = User.findOne({name: "laoli"});
// query 不是完全的 Promise，但它有一个.then()方法
query.then(function (doc) {
  // 使用 doc
});
// .exec()方法给出完全的 Promise
var promise = query.exec();
promise.then(function (doc) {
  // 使用 doc
});
```

7.4 实战演练——开发图书使用管理操作接口

在实际应用开发中，往往将数据库操作部分独立出来，封装一些数据库操作接口函数，供其他应用

程序调用。这里示范利用 Mongoose 封装 MongoDB 数据库操作接口。具体是以图书使用为例，记录图书及其用户。例子很简单，但包括 MVC 架构的模型和控制器两个部分。本例利用 7.2 节已创建的 testmgdb 数据库，涉及两个集合 bookinfo（已有的）和 users（自动新建的），它们之间存在对应关系，使用填充功能来实现。整个程序的组成如图 7-5 所示。为避免回调函数嵌套和回调函数参数传递，同时兼顾不同异步代码优化方案的示范，这里采用 co 模块来优化异步代码。仍然在 mongoosetest 目录中编写程序，在该目录下安装 co 模块。

实战演练——开发图书使用管理操作接口

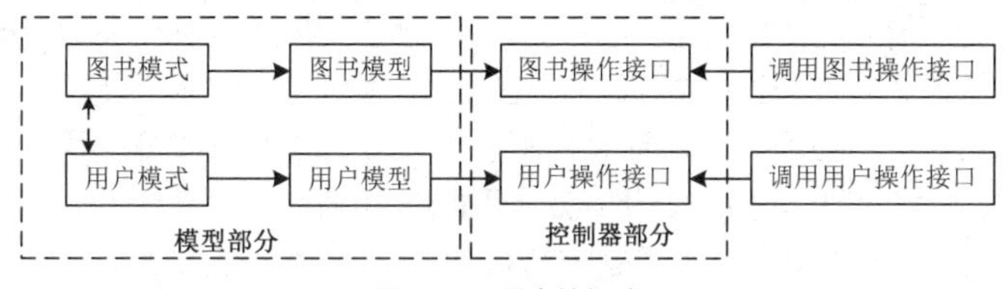

图 7-5　程序的组成

7.4.1　Mongoose 的填充功能

1. 理解填充技术

MongoDB 是非关系数据库，但有时需要联合其他集合（表）进行查询。Mongoose 提供填充（Population）功能来实现类似关系数据库中的“连接查询”功能，通过 populate()方法可以在一个文档引用另一个集合中的文档，并将其填充到指定的文档路径中。填充是使用其他集合中的文档自动替换文档中指定路径的过程。可以填充单个文档、多个文档、单个普通对象、多个普通对象，或者从查询返回的所有对象。填充的实现涉及模式定义、文档保存和查询填充等阶段。

2. 模式定义时使用 ref 选项定义引用字段

填充用到的字段可称为引用字段，使用 ref 选项来引用另一个集合的文档，例如：

```
var personSchema = Schema({   //Person（人员）模式
  _id: Schema.Types.ObjectId,
  name: String,
  age: Number
});
var storySchema = Schema({   //Story（小说）模式
  author: { type: Schema.Types.ObjectId, ref: 'Person' },
  title: String,
  fans: [{ type: Schema.Types.ObjectId, ref: 'Person' }]
});
```

其中 Story 模型中的字段 author（作者）的类型被设置为 ObjectId，ref 选项指定使用 Person 来填充，表示所存储的_id 必须是 Person 模型中的文档的_id。另一个 fans（崇拜者）也使用了 ref 选项，不同的是其类型为 ObjectId 数组。

注意 ObjectId、Number、String 和 Buffer 都可以用于定义引用字段（要填充的字段）的类型。但是，除非必要情况，更推荐使用 ObjectId。

3. 保存引用字段

将引用字段保存到其他文档的方法与正常属性保存相同，只是需要指定_id 值。

```
const author = new Person({
  ......
});
author.save(function (err) {
  const story1 = new Story({
    title: 'Casino Royale',
```

```
    author: author._id    // 设置来自 Person 实例的_id
  });
  story1.save(function (err) {
    ……
  });
});
```

4. 查询时使用填充

查询时使用 Model.populate()方法即可实现填充，该方法的用法如下：

```
Model.populate(docs, [options], [callback])
```

其中第 1 个参数为要填充的文档，可以使用 JSON 对象或数组；第 2 个参数设置选项；第 3 个参数是一个回调函数，该函数又包括两个参数，第 1 个参数为错误信息，第 2 个参数为返回的结果。

选项以对象的形式提供，包括一系列键值对。例如，path 键指定要填充的路径（多个路径以空格分隔），select 键指定要返回的字段，match 键指定要匹配的查询条件。

最简单的是仅指定要填充的文档，例如查询构建器中填充 story 的 author：

```
Story.findOne({ title: 'Casino Royale' }).populate('author')
.exec(function (err, story) {  …… });
```

Story 实例中被填充的路径不再是原始的_id，其值将被替换为从数据库返回的 Person 文档（在返回该结果之前会执行单独的查询）。引用字段是一个数组时同样可用，只需要在查询时调用 populate 方法()，文档数组就会替换原有的_id。

如果只想返回填充的文档的某些字段，可以将所需的字段名称作为第 2 个参数传递给 populate()方法来实现：

```
  populate('author', 'name') // 仅返回 Person 的 name 字段
```

7.4.2 模式和模型定义

按照 MVC 架构，应当为每个数据表（集合）定义一个模型。这里给出 bookinfo 集合的模型定义代码。

【示例 7-12】 bookinfo 集合的模型定义（mongoosetest\book_model.js）

```
const mongoose = require('mongoose');
const Schema = mongoose.Schema;
var BookSchema = new Schema({
    isbn:String,
    name:String,
    author: String,
    press: String,
    price: Number,
    pubdate: Date,
    user: { type: Schema.ObjectId, ref: 'User' }
});
//定义模型时加上 MongoDB 集合名参数
module.exports = mongoose.model('Book',BookSchema,'bookinfo');
```

其中的 user 是引用字段，可以被 User 实例填充。

前面提到过，默认情况下，定义模型时 Mongoose 会在 MongoDB 数据库中自动找到名称为模型名称复数形式（加 s）的集合。目前数据库中已有一个名为 bookinfo 的集合，要使模型关联到该集合，就需要明确指定该集合名称，这可以在定义模式或定义模型时指定集合。定义模式的语法如下：

```
new Schema( [defination], [options] )
```

其中 options 为可指定的选项，包括 autoIndex、collection、id、_id、strict 等参数，例如，以下命令将该模式的集合指定为 author：

```
new Schema({ name: String }, { collection: 'author', autoIndex: false })
```

如果在定义模式时不指定集合名称，则可以在定义模型时进行指定。定义模型的语法如下：

```
model(name, [schema], [colleciton], [skipInit] )
```

其中 collection 表示要连接的集合名称。

user 集合的模型定义代码如下，比较简单。

【示例 7-13】 user 集合的模型定义（mongoosetest\user_model.js）

```
const mongoose = require('mongoose');
var UserSchema = new mongoose.Schema({
    name: String,
    pwd: String,
    age: {type:Number,  max: 60},
    date:{type: Date,default: Date.now },
    book: { type: Schema.ObjectId, ref: 'Book' }
});
module.exports = mongoose.model('User',UserSchema);
```

7.4.3 编写数据库操作接口

Mongoose 文档和模型的异步操作方法都支持通过回调函数 callback(error, result)的参数来获取查询结果。封装的数据库操作接口函数需要返回值，如果采用回调函数方法，就需要将 callback(error, result)函数作为参数返回，其他程序调用该接口函数时，通过回调函数的参数获得数据操作结果。这种参数传递方式很不友好。另外，有些复杂一些的文档操作涉及结果之间的关联，可能需要嵌套回调函数。Mongoose 模型的许多操作方法返回 Promise 对象，即使有些返回的是 Query 对象，也仍然支持使用 then()方法来处理。这里示范采用 co 模块来编写相关的异步代码，相关的背景知识可参见第 6 章。

数据库操作接口代码一般归到 MVC 架构的控制器部分，应为每一个模型提供一个对应的控制器。这里给出 Book 模型的操作接口代码：

【示例 7-14】 数据库操作接口（mongoosetest\book_controller.js）

```
const co = require('co');  //导入 co 模块
const Book = require("./book_model.js");
const User = require("./user_model.js");
//添加一个文档，两个参数可以是对象形式表示的 Book 和 User 文档内容
exports.add = co.wrap(function*(book,user) {
    //如果提供有用户信息，则将其_id 值保存到 Book 的引用字段 user
    if (user!=undefined ) {
        var u = yield User.create(user);
        book['user'] = u._id;
    }
    return  yield Book.create(book);
});
//查询文档，参数是对象形式表示的查询条件
exports.find = co.wrap(function*(cond) {
    //使用 User 文档的 name 和 age 字段来填充 Book 文档的 user 字段
    return yield Book.find(cond).populate('user','name  age').exec();
});
/** 查询结果分页,第 1 个参数是对象形式表示的查询条件
第 2 个参数为每页大小，第 3 个参数为当前页 */
exports.findPaged = co.wrap(function*(cond,pageSize,currentPage){
    var skipnum = (currentPage - 1) * pageSize;   //跳过文档数
  return   yield   Book.find(cond).skip(skipnum).limit(pageSize).populate('user').
exec();
});
//更改文档，两个参数分别是对象形式表示的修改条件和修改的文档内容
```

```
exports.update = co.wrap(function*(cond, upd) {
   return  yield Book.updateOne(cond, upd).exec();
});
//删除文档，参数是对象形式表示的删除条件
exports.del = co.wrap(function*(cond) {
   return  yield Book.deleteOne(cond).exec();;
});
```

上述代码的注释已经很详细。其中在执行添加文档操作时，可以根据情况将User文档的_id值保存到Book文档的user引用字段。在查询文档操作时，使用User文档来填充Book文档的user字段。

7.4.4 调用数据库操作接口

最后调用数据库操作接口进行测试，主要代码如下（省略错误处理代码）：

【示例 7-15】 调用数据库操作接口（mongoosetest\bookcrud_test.js）

```
const mongoose = require('mongoose');
const co = require('co');
const bookcrud = require('./book_controller.js');
const uri = 'mongodb://127.0.0.1:27017/testmgdb';
const options = {  autoIndex: false,   useNewUrlParser: true, useUnifiedTopology: true, poolSize: 10 };
co(function * () {   //声明一个co-generator函数
   //建立连接
   yield mongoose.connect(uri, options);
   //添加文档
   const book = { "isbn":"9787115474582","name":"Docker 实践","author":"尹恩•米尔","press":"人民邮电出版社","price":79.00,"pubdate":"2018-02-01"};
   const user = {name: 'laoli', pwd: '673456',age: 30 };
   var newDoc = yield bookcrud.add(book,user).then(function (value) {
      return value;
   }) ;
   //查询刚添加的文档
   yield bookcrud.find({_id:newDoc._id}).then(function (value) {
      console.log(value);
   }) ;
   //查询所有文档并分页显示
   yield bookcrud.findPaged({},2,2).then(function (value) {
      console.log('每页2个文档，第2页图书信息：'+value);
   }) ;
   //更改文档
   yield bookcrud.update({_id:newDoc._id},{ $set: { price: 57.80 }}).then(function (value) {
      console.log(value);
   }) ;
   //删除文档
   yield bookcrud.del({_id:newDoc._id},{ $set: { price: 57.80 }}).then(function (value) {
      console.log(value);
   }) ;
   //关闭连接
   yield mongoose.connection.close();
});
```

这里使用co模块“按顺序”实现了建立连接，执行增查改删操作，然后关闭连接的测试。整个流程非常清晰，避免了异步操作结果输出顺序不确定的情况。

在命令行中运行该文件进行实际测试。

7.5 本章小结

本章的主要内容是编写 Node.js 程序操作 NoSQL 数据库 MongoDB。MongoDB 是一个对象数据库，适合存储网站内容、缓存等大尺寸、低价值的数据。掌握使用原生驱动连接和操作 MongoDB 数据库的方法是有必要的，这有利于熟悉 MongoDB 基本操作。为提高开发效率，一般会选用更加灵活简单的 Mongoose，它是封装了 MongoDB 操作的一个对象模型库。掌握 MongoDB 之后，其他 NoSQL 数据库操作也会触类旁通。Node.js 还有一个常用的 NoSQL 数据库 Redis，这是一个用 C 语言开发的高性能键值存储系统。但由于其对持久化支持不够理想，Redis 一般不作为数据的主数据库存储，而是配合传统的关系数据库使用，主要用作缓存。

习题

一、选择题

1. (　　) 是文档型数据库。

　A. Redis　B. HBase　C. MongoDB　D. Cassandra

2. MongoDB 数据库中与传统关系数据库表中的行对应的是 (　　)。

　A. 集合　B. 文档　C. 键　D. 表

3. ObjectId 类型的主键 5cdb7f647d422f0bd0088f3f 中当前时间戳是 (　　)。

　A. 5cdb7f　B. 5cdb7f64　C. 088f3f　D. 7d422f

4. 以下关于 Mongoose 的说法中，不正确的是 (　　)。

　A. Mongoose 文档是 MongoDB 文档的一对一映射

　B. 无论是实例方法还是模型静态方法，都需要在模式中定义

　C. Query 对象提供一个 then()方法，就是一个 Promise 对象

　D. 每个模式映射到一个 MongoDB 集合

二、简述题

1. NoSQL 数据库可分为哪几种类型？MongoDB 属于哪一种类型？
2. MongoDB 适合什么样的应用场合？
3. 解释 MongoDB 集合和文档的概念。
4. 如何对 MongoDB 文档查询结果进行分页？
5. 解释 Mongoose 的模式、模型和实例的概念。
6. 简述使用 Mongoose 的基本步骤。
7. 简述 Mongoose 对 Promise 的支持。
8. 如何自定义 Mongoose 文档操作方法？

三、实践题

1. 练习使用原生驱动连接和操作 MongoDB 数据库（增查改删）。
2. 将示例 7-9 的 async/await 代码改写为使用 co 模块的代码。
3. 熟悉使用 Mongoose 连接和操作 MongoDB 文档（增查改删）。

第 8 章 Node.js框架与Express

学习目标

① 了解 Node.js 框架，会根据项目需要选择框架。
② 了解 Express 框架，能快速生成项目脚手架。
③ 理解路由和中间件，学会使用它们编写程序。
④ 了解视图和模板引擎，学会在程序中使用它们。

Node.js 框架与 Express

Node.js 能够快速发展和普及，是因为其只使用 JavaScript 语言就可以建立大规模、实时性、可扩展的移动应用和 Web 应用，且 npm 包管理带来的开放源代码生态系统使软件开发更加便捷。Web 应用程序包括前端、数据库、业务模块、功能模块等，比较复杂。要构建完善健壮的 Web 应用程序，尤其是规模较大的项目，使用 Node.js 从零开始进行开发，对于个人或中小型团队来说很不现实。目前有许多成熟的 Node.js 框架可以帮助开发人员提高 Web 应用程序的开发效率和质量。本章重点讲解目前被广泛使用的 Web 框架 Express。

8.1 Node.js 框架概述

Node.js 框架概述

框架的英文为 Framework，有骨骼、支架的含义。框架被定义为整个或部分系统的可重用设计，或者是可被应用开发人员定制的应用骨架。如果采用成熟稳健的框架，将一些基础的通用工作交给框架处理，那么程序员只需要集中精力完成系统的业务逻辑设计，这样可以降低开发难度，提高开发效率。随着 Node.js 生态系统不断成长，涌现了许多功能强大的优秀框架。开发人员使用此类框架可以快速高效地开发网络应用程序，而不需要借助任何其他第三方 Web 服务器、应用服务器和工具。下面分类介绍比较典型的 Node.js 框架。

8.1.1 MVC 框架

模型-视图-控制器（Model View Controller，MVC），是目前创建 Web 应用程序的一种主流的编程模式。模型（Model）是应用程序中用于处理应用程序数据逻辑的部分，通常负责在数据库中存取数据；视图（View）是应用程序中负责数据显示的部分，通常是依据模型数据创建的；控制器（Controller）是应用程序中处理用户交互的部分，通常负责从视图读取数据，控制用户输入，并向模型发送数据。对于 Web 应用程序来说，MVC 模式同时提供了对 HTML、CSS 和 JavaScript 的完全控制。这种模式有助于管理复杂的应用程序，并且使应用程序的测试更加容易，同时也简化了分组开发流程，使不同的开发人员可同时开发视图、控制器逻辑和业务逻辑。

Node.js 的 Web 应用框架通常会包括模板、视图渲染等功能，采用的就是 MVC 模式，又称 MVC 框架。Sinatra 和 Rails 是 Ruby 语言的 Web 框架，代表了两种不同的编程风格。前者可配置性强，注重开发的自由度；后者严格按照 MVC 设计模式开发，且约定优于配置。据此又可将 MVC 框架分为类 Sinatra 的框架和类 Rails 的框架。

主要的类 Sinatra 框架列举如下。

- Express：目前最流行的 Node.js Web 开发框架，也是 Node.js 官方推荐的框架。它对 Node.js 原生 API 提供了较好的封装，从而使开发人员可以更加容易地使用 Node.js。Express 框架提供开发健壮的 Web、移动应用以及 API 的所有功能，便于开发人员开发自己的插件来扩展 Express。
- Koa：Node.js MVC 框架的后起之秀，是由 Express 团队开发的。其目的是为 Web 应用程序和 API 打造更轻量、更具表现力、更坚实的基础。Koa 框架本身非常小，只打包了一些必要的功能，但是由于它自身良好的模块化组织，开发人员可以非常灵活地实现一个扩展性的应用程序。该框架的核心是 ES6 的 Generator，使用 Generator 来实现中间件的流程控制，使用 try/catch 来增强异常处理，不再需要复杂的异步回调。
- Hapi：致力于完全分离 Node.js 的 HTTP 服务器、路由以及业务逻辑，使开发人员将重心放在便携可重用的应用逻辑，而不是构建架构。
- Flatiron：Node.js 和浏览器的框架组件，适应性很强，提供具有丰富配置的框架组件，允许开发人员自己添加功能组件。

主要的类 Rails 框架列举如下。

- Sails：可靠的、可伸缩的优秀框架，提供建立任何规模的 Web 应用所需要的所有功能。它是面向服务的架构，基于 Express 框架提供对 HTTP 请求的处理，并使用 Socket.IO 框架处理 WebSocket 请求，同时作为一个前端应用开发框架，还提供数据驱动的 API 集合来访问后端数据库，特别适合用来开发对数据实时更新有较高要求的应用程序。
- Geddy：简单、结构化的 Node.js MVC 开发框架，特点是易用、快速而且模块化，适合构建高级的 Web 应用程序。

8.1.2 REST API 框架

REST 是所有 Web 应用都应该遵守的架构设计指导原则，关于 REST API 的基础知识请参见 8.8.1 小节。针对 REST API 的 Node.js 框架被称为 REST API 框架，简称为 API 框架。这类框架旨在为跨平台应用提供统一的数据模型，而视图渲染则由前端或客户端自行解决。这里列举主要的 REST API 框架。

- Restify：基于 Node.js 的 REST 应用框架，支持服务器端和客户端。它借鉴了很多 Express 的设计，只是更专注于 REST 服务，强化了 REST 协议使用、版本化支持和 HTTP 的异常处理。
- LoopBack：建立在 Express 基础上的企业级框架，只需编写少量代码就能创建动态端到端的 REST API，可以使 Node.js 应用程序方便地与各种设备通过 API 进行互联。LoopBack 能够用来连接多个数据源，使用 Node.js 基于 LoopBack 框架编写业务逻辑，方便集成现有的服务和数据。

当然，前面提到的 MVC 框架等 Web 框架大都支持 REST API 应用的开发。

8.1.3 全栈框架

全栈框架（Full-Stack Framework）提供必需的应用开发基础库、完整的模板引擎、网络 Socket 及持久化的库来对实时可扩展的网络和移动应用进行构建。全栈框架是快速构建大型 Web 应用程序的利器，也是 Node.js 程序开发的一大亮点。这里介绍两个最常用的全栈框架。

• Meteor：业界领先的全栈框架，是 JavaScript 框架的集大成者，拥有专业的开发团队支持。无论是服务器端的数据库访问、商业逻辑实现，还是客户端的展示，所有的流程都是无缝连接，开箱即用。整个框架使用统一的 API，Meteor API 同时适用于客户端和服务器端。客户端和服务端各个组件的打包和数据传送都是由 Meteor 框架自动完成的。可以用它构建纯 Javascript 的实时 Web 应用和移动 Web 应用。Meteor 带有自己默认的栈，但又有足够的灵活性，可以让开发人员选择自己的技术方案。当然，开发人员无须尝试其他的框架或者技术，直接使用默认配置就能进行快速地进行应用开发。

• Mean.IO：完全的 JavaScript 开发框架，旨在简化和加速开发基于 MEAN 栈的网络应用程序。MEAN 的含义与 LAMP 非常类似，代表的是 MongoDB、Express、Angular 和 Node.js 捆绑在一起的组合。作为一个完整独立的包，它包括数据库层、服务器端和网页前端的整套工具，涵盖了应用开发的所有方面，足以开发所有类型的网络应用。通过 MEAN 栈，开发人员可以减少安装和配置 MongoDB、Express、Angular 和 Node.js 所需要的时间，这几种技术能够通过 JavaScript 无缝结合。Mean.IO 支持 MVC 架构，可以用来创建模块化的代码，打造出精致的网络或移动应用。

8.1.4 实时框架

实时框架（Real-Time Framework）是指那些支持 WebSocket 双向通信功能，能够在服务器和客户端实现实时通信的框架。实时框架适合开发单页 Web 应用、多用户游戏、聊天客户端、网络应用、交易平台以及所有需要将数据从服务端实时推送到客户端的应用。目前，Socket.IO 是使用最广泛的 Node.js 实时通信解决方案，许多框架都增加对它的支持来提供实时特性。

前面提到的全栈框架 Meteor 和 Mean.IO 都具有实时通信功能。另外，SocketStream 是一个实时 Web 应用程序的框架，专注于客户端和服务端数据的快速同步，支持前后端数据的实时更新。它最大的特点是不严格要求用户使用指定的客户端技术，也不限定数据库的 ORM。Derby 作为运行在 Node.js、MongoDB 和 Redis 基础上的全栈框架，拥有一个称为 Racer 的数据同步引擎，该引擎能够让数据在数据库、服务器和浏览器之间的同步变得轻而易举，也可以算是一个实时框架。

8.1.5 Node.js 框架的选择

上述框架分类并不严格，往往一个框架属于多种类型，例如一些全栈框架同时支持实时通信，一些 MVC 框架也可用于开发 REST API，同时还包括模板和视图渲染等前端所需功能。

初学者要使用 Node.js 开发 Web 后端服务，可以考虑从 Express 开始，因为这个框架比较简单，而且是很多其他框架的基础，扩展也容易。如果对 JavaScript 的 Promise 和 async 等异步编程比较熟悉，也可以考虑从 Koa 框架开始。

要开发内容管理站点，可以选择 Meteor 全栈框架。

企业应用开发首选 Egg。Egg 是阿里巴巴公司基于 Node.js 和 Koa 的企业级应用开发框架，特别适合国内用户。另外，Sails 和 Loopback 也都适合开发企业应用。

开发实时 Web 应用程序推荐使用 Meteor。

构建基于微服务架构的 REST API 首选 Hapi，也可以选择 restify。对于大型的复杂应用程序，可考虑选用 LoopBack。

Express 框架基础

8.2 Express 框架基础

Express 是一个简洁而灵活的 Web 应用程序开发框架，其为 Web 和移动应用程序提供一系列强大的功能，可以用来快速地搭建一个功能完整的 Web 网站。大多数初学者会选择将 Express 作为入门的 Node.js 框架。目前许多流行框架是基于

Express 实现的。

作为一个基于 Node.js 封装的上层服务框架，Express 提供了更简洁的 API，通过中间件（Middleware）和路由使应用程序的组织管理更加容易，它还提供丰富的 HTTP 工具，让动态视图渲染更加方便，并定义了一组可扩展的标准。Express 实质上是在 Node.js 内置的 http 模块的基础上构建了一层抽象，目的是拓展 Node.js 的功能以提高开发效率。所有 Express 功能都可以直接使用 Node.js 实现。

使用 Express 时应遵循 Express 风格，但由于它提供的 Web 应用程序功能非常精简，没有对 Node.js 已有的特性进行二次抽象，只是扩展了 Web 应用所需的功能，所以使用 Express 的同时仍然可以使用 Node.js 原生方法。

8.2.1 简单的“Hello World”示例程序

与学习其他编程语言一样，这里从“Hello World”示例程序开始试用 Express。这是一个最简单的 Express 应用程序。

首先创建一个项目目录，并在其中创建一个名为 hello word 的 Node.js 项目，并安装 Express 包。

```
C:\nodeapp\ch08\mkdir helloworld && cd helloworld
C:\nodeapp\ch08\helloworld>npm init
```

接下来在 helloworld 目录下安装 Express 包并将其保存到依赖列表中，如下：

```
C:\nodeapp\ch08\helloworld>cnpm install express --save
```

这里示范的是一个单一文件的应用程序，在项目目录下创建一个名为 hello.js 的文件，加入以下内容。

【示例 8-1】 简单的 Express 示例程序（helloworld\hello.js）

```
const express = require('express'); //导入 express 模块
const app = express();//创建一个名为 app 的 Express 应用
//设置访问根路径的路由，并将响应的信息设置为“Hello World!”
app.get('/', (req, res) => res.send('Hello World!'))
//设置服务程序监听的端口，并输出服务启动成功的信息
app.listen(3000, () => console.log('示例 app 监听端口 3000!'))
```

express()是由 express 模块导出的顶级函数，用于创建一个 Express 应用程序实例。这个应用程序启动一个服务器，并在端口 3000 上监听连接。该应用程序收到对根 URL（/）或路由的请求后，向客户端返回“Hello World!”响应信息。对于客户端对其他路径的请求，它将以 404 错误信息（未找到）作为回应。代码中 req（请求）和 res（响应）与 Node.js 提供的对象完全相同，因而可以调用 req.pipe()、req.on('data', callback)和其他任何不涉及 Express 的方法或函数来进行处理。

使用以下命令运行该应用程序并进行测试。

```
C:\nodeapp\ch08\helloworld>node hello.js
示例 app 监听端口 3000!
```

然后，在浏览器中访问 http://localhost:3000/以查看输出结果，如图 8-1 所示。

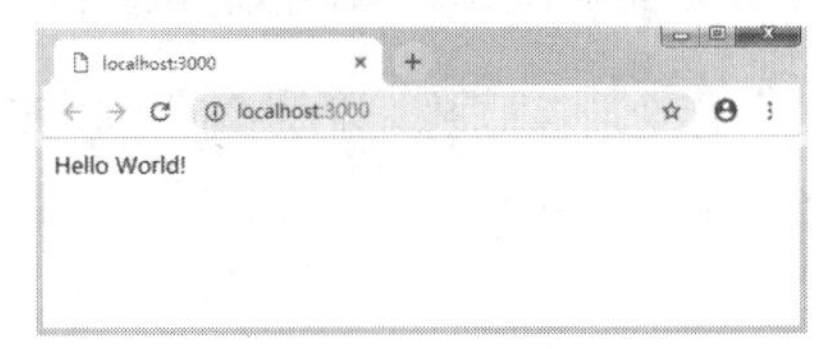

图 8-1 简单的“Hello world！”示例程序界面

8.2.2 使用 Express 生成器创建项目脚手架

上面的“Hello world”示例只是一个具有单一文件的应用程序，实际应用往往涉及成百上千个文件。

为提高开发效率，可以使用 Express 生成器 express-generator 工具快速创建一个应用程序的项目脚手架（骨架）。生成的脚手架是一个完整的应用程序，包括具有不同用途的大量 JavaScript 文件、模板和子目录。通过如下命令即可全局安装 express-generator。

```
npm install express-generator -g
```

express-generator 包含了 express 命令行工具，-h 参数可以列出所有可用的命令行参数：

```
express -h
  Usage: express [options] [dir]
  Options:
        --version              输出版本号
    -e, --ejs                  添加对 EJS 模板引擎的支持
        --pug                  添加对 Pug 模板引擎的支持
        --hbs                  添加对 Handlebars 模板引擎的支持
    -H, --hogan                添加对 hogan.js 模板引擎的支持
    -v, --view <engine>        添加对视图引擎的支持(dust|ejs|hbs|hjs|jade|pug|twig|vash)
                               (默认为 jade)
        --no-view              使用静态 HTML 而不用视图引擎
    -c, --css <engine>         添加样式表引擎的支持(less|stylus|compass|sass)(默认普通的CSS)
        --git                  添加 .gitignore
    -f, --force                强制在非空目录下创建
    -h, --help                 输出使用方法
```

例如，以下命令创建了一个名称为 myapp 的 Express 应用，这将在当前目录下创建一个名为 myapp 的项目目录用于保存该项目所有文件，并且设置该项目所用的模板引擎（view engine）为 Pug：

```
C:\nodeapp\ch08>express --view=pug myapp
   create : myapp\
(此处省略)
#以下为提示信息
   change directory:
     > cd myapp
   install dependencies:
     > npm install     #安装所有依赖包
   run the app:
     > SET DEBUG=myapp:* & npm start     #启动此应用程序
```

根据提示切换到项目目录，执行以下命令安装所有依赖包。

```
C:\nodeapp\ch08\myapp>cnpm install
```

启动此应用程序（在 Windows 平台上）：

```
C:\nodeapp\ch08\myapp>SET DEBUG=myapp:* & npm start
> myapp@0.0.0 start C:\nodeapp\ch08\myapp
> node ./bin/www
  myapp:server Listening on port 3000 +0ms
```

然后在浏览器中打开 http://localhost:3000 网址就可以访问这个应用程序了，如图 8-2 所示。

图 8-2　访问 Express 项目脚手架程序

通过生成器 express-generator 创建的应用程序一般都具有如下目录结构。

```
C:\NODEAPP\CH08\MYAPP
│  app.js                  核心文件（项目入口文件）
│  package.json            项目配置文件
├─bin                      存放启动项目的脚本文件
│      www
├─public               静态资源文件 [ 前端 ]
│  ├─images
│  ├─javascripts
│  └─stylesheets
│          style.css
├─routes               路由文件 [ 后端 ]
│      index.js
│      users.js
└─views              视图模板文件 [ 前端 ]
        error.pug
        index.pug
        layout.pug
```

最后在这个脚手架上进行应用程序开发，可以根据需要调整项目目录结构。Express 生成器只是提供一种快速创建项目的方法，当然也可以不使用 Express 生成器，自行创建项目结构。

8.2.3 Express 工作机制

Express 的突出特点是使用中间件和路由来开发 Web 应用程序，可以设置中间件来响应 HTTP 请求，定义路由用于执行不同的 HTTP 请求动作，扩展 Node.js 的 request（请求）和 response（响应）对象方法，还可以通过向模板传递参数来动态渲染 HTML 页面。

1. Web 应用程序架构

Node.js 内置的 http 模块可以用来创建 Web 应用程序，例如使用 http.createServer()方法创建一个 HTTP 服务器，通过其回调函数处理来自客户端的网络请求，并且进行响应，基本用法如下:

```
const server = http.createServer((req,res)=>{
    //此处处理客户端请求并返回响应
})
```

具体的讲解请参见第 5 章的内容。http 模块支持的 Web 应用程序架构如图 8-3 所示。所有请求和响应都要交给 http.createServer()方法的参数—— 一个回调函数来处理，该回调函数又接收两个参数，一个是代表客户端请求的 request 对象，通常用 req 表示；另一个是用来指定和发送响应的 response 对象，通常用 res 表示。这个回调函数是一个请求处理函数。采用这样的架构，Node.js 会在内部创建 HTTP 服务器来提供 Web 服务，开发人员只需要编写请求处理函数。但是，所有请求处理和响应最终都要由该回调函数集中处理，但这种方式仅能应付简单的请求处理，如果涉及请求路由、图片处理、缓存、日志等功能，则需要开发人员编写相当复杂的代码，如果需要应用视图模板则代码将更为复杂。

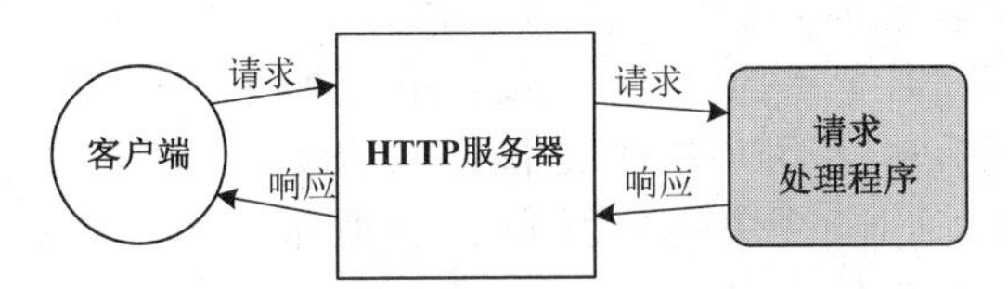

图 8-3 http 模块支持的 Web 应用程序架构

Express 的推出就是要解决上述问题，其可以提高 Web 应用程序的开发效率。Express 对 Node.js

内置的 http 模块进行了封装，基于 http 模块提供大量的 API 接口以简化常用功能的程序开发流程，同时对请求处理函数进行模块化分解，衍生出若干请求处理函数，也就是中间件。Express 支持的 Web 应用程序架构如图 8-4 所示。

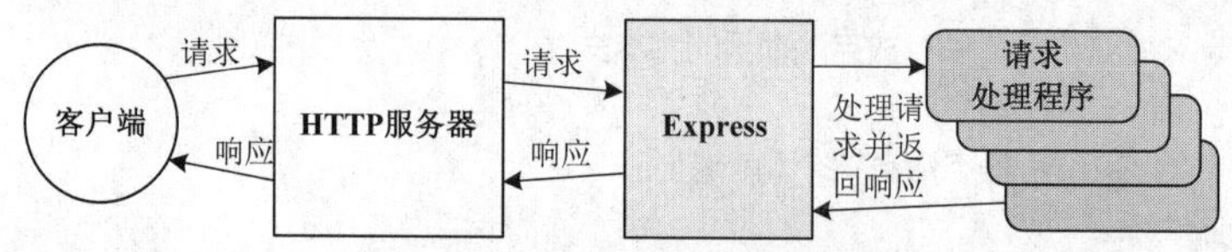

图 8-4 Express 的应用程序架构

客户端所有的请求都由 HTTP 服务器转交给 Express 处理，Express 通过若干请求处理函数对请求进行处理之后，再将响应结果经由 HTTP 服务器传回客户端。这里的 HTTP 服务器也是由 Express 调用的 Node.js 内部的 HTTP 服务器。

2. 路由和中间件

Express 最核心的功能是支持使用路由和中间件来开发 Web 应用程序。

路由决定应用程序如何响应客户端对特定端点的请求，端点可以是一个 URI（或路径）和特定的 HTTP 请求方法（GET、POST 等）。例如，应用程序中有一个主页和一个留言板页面。当用户使用 GET 方法去请求主页时，Express 会返回对应的主页内容。对留言板的请求如果使用的是 GET 方法，则返回的是留言板的内容；如果要添加留言，则会通过 POST 方法提交，Express 会对留言进行处理然后返回刷新后的留言板页面。这些工作就是由路由功能实现的。每个路由可以有一个或多个处理函数，这些函数在路由匹配时执行。路由根据请求的 URI 和 HTTP 方法来决定请求的处理方式。路由是一种将 URL 和 HTTP 方法映射到特定处理回调函数的技术。

中间件就是将请求处理函数进行模块化分解后的若干子处理函数，一系列子处理函数可以形成一个中间件堆栈。如图 8-5 所示，中间件就是处理 HTTP 请求的函数，用来完成各种特定的任务。服务器收到请求后根据路由将请求交给相应的中间件函数处理，一个中间件处理完成之后，可以再将请求传递给下一个中间件，直至将响应结果返回。例如，不同的中间件函数可以执行记录请求日志、用户验证、渲染视图等不同任务，也可以不将请求传递给下一个中间件，而是终结请求并直接响应客户端。

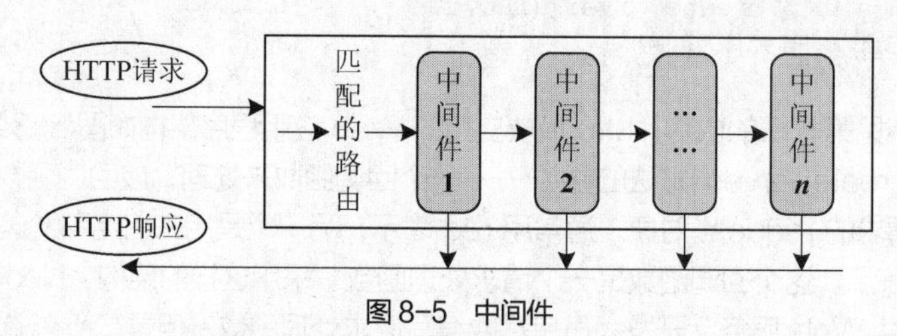

图 8-5 中间件

中间件具有标准化的特点，便于将应用程序进行拆分，不仅有助于后期维护，而且可以灵活地组合多种中间件。开发人员可以通过开发中间件来扩展 Express 的功能，也可以使用现成的通用中间件（第三方中间件类库），这与使用 Node.js 模块是非常类似的。

Express 中的中间件和路由相辅相成。例如可以在记录请求日志的同时，对主页路由做出响应。路由也是对请求处理函数进行拆分，不同的是它根据请求的 URI 和 HTTP 方法来决定处理方式。路由的处理也是通过处理函数定义的，不同的行为会调用不同的处理函数。

3. 请求和响应

Express 对 http 模块的请求和响应对象进行了功能扩展，为它们提供了扩展的属性和方法。例如，可以通过 req.ip 属性获取发送客户端 IP 地址，使用 res.endFile()方法可以直接发送文件，使用

res.redirect()方法可以直接进行重定向。还可以通过中间件函数对请求和响应对象进行修改。

4. 视图渲染

几乎所有的 Web 内容都是基于 HTML 进行展示的，并且通常情况下这些 HTML 内容都是动态生成的。Express 也是一个 MVC 框架，可以通过向模板传递参数来动态渲染 HTML 页面，Express 支持多种模板引擎，让动态视图渲染变得更加容易。

8.3 Express 路由

路由用于定义应用的端点（URI）及响应客户端的请求。路由通过对 HTTP 方法和 URI 的组合进行映射来实现对不同请求的分别处理。

Express 路由

8.3.1 路由结构

路由由 URI、HTTP 方法（GET、POST 等）和若干回调函数组成，其结构如下：

```
app.method(path, [callback...], callback)
```

其中 app 是 Express 应用程序的一个实例，method 表示 HTTP 方法，path 是要请求的资源的路径，callback 是当路由匹配时要执行的回调函数（路由处理程序）。应用程序监听所指定的路由和方法的请求，当发现匹配存在，就调用指定的回调函数。实际上路由方法可以使用多个回调函数作为参数。对于多个回调函数的情况，非常重要的是提供 next 作为回调函数参数，然后在函数体中调用 next()方法将控制交接到下一个回调函数。下面的代码是一个非常基本的路由。

```
var express = require('express')
var app = express()
// 当 GET 请求被提交到主页时，回应“欢迎访问!”消息
app.get('/', function (req, res) {
  res.send('欢迎访问! ')
})
```

8.3.2 路由方法

路由方法源自 HTTP 方法，并被附加到 express 类的一个实例。例如，app.get()方法处理 GET 请求，app.post()方法处理 POST 请求。以下代码是为访问应用程序根路径的 GET 和 POST 方法定义的路由示例。

```
// GET 方法路由
app.get('/', function (req, res) {
  res.send('到主页的 GET 请求')
})
// POST 方法路由
app.post('/', function (req, res) {
  res.send('到主页的 POST 请求')
})
```

Express 支持与所有 HTTP 方法对应的路由方法。可使用 app.all()方法处理所有 HTTP 方法，这是一个特殊的路由方法，对一个路径的所有请求方法加载中间件。在以下示例中，无论是使用 GET、POST、PUT、DELETE，还是 http 模块支持的任何其他 HTTP 请求方法，程序都会执行对“/secret”的请求处理。

```
app.all('/secret', function (req, res, next) {
  console.log('查看秘密数据 ...')
  next() // 将控制传递给下一个处理函数
})
```

也可以使用 app.use()方法指定作为回调函数的中间件。

8.3.3 路由路径

路由路径和请求方法一起定义了请求的端点，它可以是字符串、字符串模式或者正则表达式。

字符?、+、*和()是正则表达式对应项的子集。连字符（-）和点号（.）按字符串路径解析。

如果需要在路径字符串中使用美元符号（$），需将其包含在方括号([ ])之内。例如，对"/data/$book"请求的路径，其字符串为"/data/([\$])book"。

注意 HTTP 查询字符串不是路由路径的一部分。

以下是基于字符串的路由路径的一些示例。

```
app.get('/', function (req, res) {  //将匹配到根路由/的请求
  res.send('root')
})
app.get('/about', function (req, res) {//将匹配到/about 的请求
  res.send('about')
})
app.get('/random.text', function (req, res) {//将匹配到/random.text 的请求
  res.send('random.text')
})
```

以下是一些基于字符串模式的路由路径示例。

```
app.get('/ab?cd', function (req, res) {//匹配/acd 和/abcd
  res.send('ab?cd')
})
app.get('/ab+cd', function (req, res) {//匹配/abcd、/abbcd、/abbbcd 等
  res.send('ab+cd')
})
app.get('/ab*cd', function (req, res) {//匹配/abcd、/abxcd、/abRANDOMcd、/ab123cd 等
  res.send('ab*cd')
})
app.get('/ab(cd)?e', function (req, res) {//匹配/abe 和/abcde
  res.send('ab(cd)?e')
})
```

基于正则表达式的路由路径示例如下。

```
app.get(/a/, function (req, res) {//匹配含有"a"的任何路径
  res.send('/a/')
})
//以下路径匹配 butterfly 和 dragonfly，但不匹配 butterflyman，dragonflyman 等
app.get(/.*fly$/, function (req, res) {
  res.send('/.*fly$/')
})
```

8.3.4 路由参数

上述路由路径只能响应静态请求，对于动态请求，如 REST API 的 GET 请求 URL 中的/books/id，或者像/student?id=22&name=zhanghong 这样的查询字符串，由于不可能为每个 id 创建一个路由，而只能从 URL 中识别并提取 id，这就需要用到路由参数（Route parameters）。具体方法是在路由中使用参数来表示变量名（使用冒号标识参数），而该参数所表示的具体变量值则从 req.params 对象获取，即将参数的名称作为 req.params 对象的键。这里举例说明含参数的路由路径与请求 URL 和 req.params（请求参数）之间的对应关系：

```
路由路径（含参数）：/users/:userId/books/:bookId
```

```
请求 URL: http://localhost:3000/users/34/books/8989
req.params: { "userId": "34", "bookId": "8989" }
```

要使用路由参数定义路由，只需在路由路径中指定路由参数，例如：

```
app.get('/users/:userId/books/:bookId', function (req, res) {
  res.send(req.params)
})
```

路由参数的名称必须由单词字符（[A-Z]，[a-z]，[0-9]，_]）组成。

连字符（-）和点（.）可以与路由参数一起使用以达到特定的目的，下面举例说明：

```
路由路径: /flights/:from-:to
请求 URL: http://localhost:3000/flights/LAX-SFO
req.params: { "from": "LAX", "to": "SFO" }
路由路径: /plantae/:genus.:species
请求 URL: http://localhost:3000/plantae/Prunus.persica
req.params: { "genus": "Prunus", "species": "persica" }
```

要精确地控制通过路由参数匹配的字符串，可以在括号中追加正则表达式：

```
路由路径: /user/:userId(\d+)
请求 URL: http://localhost:3000/user/42
req.params: {"userId": "42"}
```

由于正则表达式通常是文字字符串的一部分，因此要确保使用附加的反斜杠转义字符，如\\d+。在 Express 4.x 中，正则表达式中的“*”字符应改用“{0,}”。

8.3.5 路由处理程序

可以使用多个行为与中间件相似的回调函数来处理请求，唯一的不同是这些回调函数可能会调用 next('route')方法来绕过余下的路由回调。可以使用这种机制对路由施加先决条件，然后在无须继续执行当前路由的情况下将控制权交给后续的路由。路由处理程序可以采用函数、函数数组或两者组合的形式，下面举例说明。

单个回调函数可以处理路由：

```
app.get('/example/a', function (req, res) {
  res.send('来自 A 的问候!');
})
```

多个回调函数可以处理路由（已指定 next 参数）：

```
app.get('/example/b', function (req, res, next) {
  console.log('响应将由 next()函数发送 ...')
  next();
}, function (req, res) {
  res.send('来自 B 的问候!');
});
```

回调函数数组可以处理路由：

```
var cb0 = function (req, res, next) {
  console.log('CB0');
  next();
}
var cb1 = function (req, res, next) {
  console.log('CB1');
  next();
}
var cb2 = function (req, res) {
  res.send('来自 C 的问候!');
}
app.get('/example/c', [cb0, cb1, cb2]);
```

独立函数和函数数组的组合可以处理路由：

```
var cb0 = function (req, res, next) {
  console.log('CB0');
  next();
}
var cb1 = function (req, res, next) {
  console.log('CB1');
  next();
}
app.get('/example/d', [cb0, cb1], function (req, res, next) {
  console.log('响应将由 next()函数发送...');
  next();
}, function (req, res) {
  res.send('来自 D 的问候!');
});
```

8.3.6 响应方法

响应对象（通常用 res 表示）上的方法可以向客户端发送响应，并终止“请求—响应”循环。如果这些方法没有被路由处理程序调用，则客户端请求将被挂起。常用响应方法见表 8-1。

表 8-1 Express 响应方法

方法	说明
res.download()	提示要下载的文件
res.end()	终结响应进程
res.json()	发送 JSON 响应
res.jsonp()	发送支持 JSONP 的 JSON 响应
res.redirect()	重定向请求
res.render()	渲染视图模板
res.send()	发送各种类型的响应
res.sendFile()	以 8 位字节流的形式发送文件
res.sendStatus()	设置响应状态代码并将其字符串表示形式作为响应体发送

8.3.7 app.route()方法

app.route()方法可用来为路由路径创建链式的路由处理程序。由于路径是在单个位置指定的，所以创建模块化路由可以减少冗余和拼写错误。以下是使用 app.route()方法定义链式路由处理程序的示例。

```
app.route('/book')
  .get(function (req, res) {
    res.send('获得图书信息');
  })
  .post(function (req, res) {
    res.send('添加一本图书');
  })
  .put(function (req, res) {
    res.send('修改图书信息');
  });
```

8.3.8 Express 路由器

如果 Express 应用程序规模较大，则可以考虑将其进行拆分为多个子应用程序，即路由器(Router)。路由器是一个完整的中间件和路由系统，是只能执行中间件和路由功能的小型应用程序 (mini-app)，实际上每个 Express 应用程序都有一个内置的路由器实例。路由器的行为与中间件类似，它可以通过 use() 方法来调用其他的路由器实例。Express 路由器的主要用途是将应用程序进行模块化拆分，例如，一个 Web 应用程序可能有管理后台、API 接口、单页应用等几个子模块，可以通过路由器将这些子模块作为一个子应用程序来实现。项目规模越大，路由器发挥的作用就越明显。

顶级 Express 对象通过提供 Router()方法来创建路由器实例。以下示例将路由器作为模块创建，在其中加载中间件函数，定义一些路由并将路由器模块挂载到主应用程序的某个路径中。在 app 目录中创建一个名为 birds.js 的文件，在该文件中包含以下内容。

```
var express = require('express');
var router = express.Router();
// 该路由器专用的中间件
router.use(function timeLog (req, res, next) {
  console.log('时间: ', Date.now());
  next();
});
// 定义主页路由
router.get('/', function (req, res) {
  res.send('鸟类主页');
});
// 定义/about 路由
router.get('/about', function (req, res) {
  res.send('关于鸟类');
});
module.exports = router;
```

用类似的方式创建一个名为 fishes.js 的文件，创建一个管理鱼类信息的路由器实例。

然后，在主应用程序中加载上述路由器模块：

```
const birds = require('./birds');
const fishes = require('./fishes');
 ......
app.use('/birds', birds);
app.use('/fishes', fishes);
```

目前该应用程序能够处理对/birds 和/birds/about 的请求，也能处理对/fishes 和/fishes/about 的请求，并且可以调用路由特有的 timeLog 中间件函数。这样就可以对/birds 和/fishes 路径下的路由器进行统一配置，模块之前不会相互影响，便于程序组织。

其实路由器与应用程序在功能上没有任何区别，都可以处理中间件和路由，最大的不同在于路由器只能以模块形式存在，不能独立运行。可以将路由器视为一个路由分支，通过主应用程序统一调用管理，以实现中间件和路由的分离。

8.4 Express 中间件

Express 中间件

Express 是由路由和中间件构成的一个 Web 开发框架，Express 应用程序实质上就是一系列的中间件调用。中间件就是处理 HTTP 请求的函数，用来完成各种特定的任务。Express 最突出的特点就是，当一个中间件处理完成请求之后，再将请求传递给下一个中间件。

8.4.1 进一步理解中间件

中间件是在应用程序的“请求—响应”周期中能够访问请求对象（req）、响应对象（res）和 next()函数的函数。next()函数主要负责将控制权交给下一个中间件，如果当前中间件没有终结请求，并且 next()没有被调用，那么请求将被挂起，后面定义的中间件将不会被执行。中间件也可以说是在收到请求后，发送响应前这一阶段执行的函数。

中间件函数可以执行以下任务。

- 执行任何代码。
- 对请求和响应对象进行修改。
- 终结“请求—响应”周期。
- 调用堆栈中下一个中间件。

如果当前中间件函数没有终结“请求—响应”周期，则它必须调用 next()函数将控制传递给下一个中间件函数，否则，请求将被挂起，后面定义的中间件将不会被执行。

图 8-6 展示了中间件函数调用的要素。

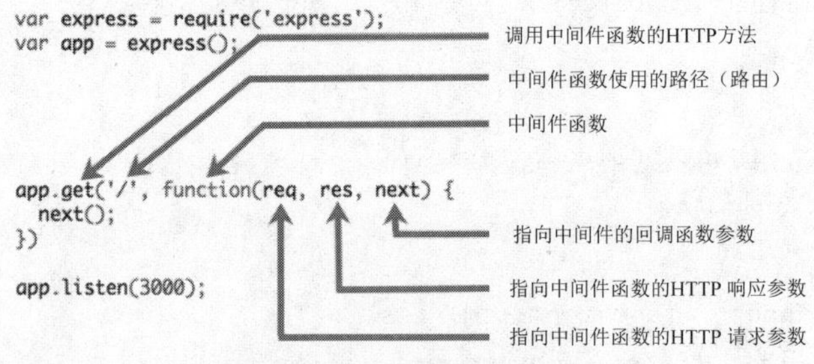

图 8-6 中间件函数调用的要素

中间件可以处理从记录请求、发送静态文件到设置 HTTP 头部的各种任务。例如，应用程序中的第 1 个中间件的任务可能就是记录服务器中每个请求的日志。当日志记录完成后，应用程序继续调用下一个中间件，而下一个中间件可能会去验证用户。如果用户的权限不够，应用程序就会提示“未授权”，否则继续执行下一个中间件，其功能可能是渲染主页并结束响应。

中间件是 Express 的精髓所在，Node.js 原生的 http 模块使用一个请求处理函数来应对所有请求并做出响应，而 Express 为避免采用可能变得非常庞杂的单个请求处理函数，将一系列简单的处理函数组合起来，每一个小的处理函数对应一个小任务，这些处理函数就被称为中间件。

8.4.2 使用中间件

Express 应用程序可以使用不同级别或类型的中间件，可以使用可选的挂载路径来加载应用级和路由级的中间件，也可以挂载一系列中间件，在一个挂载点创建中间件系统的子堆栈。

1. 应用程序级中间件

使用 app.use()和 app.METHOD()函数将应用程序级中间件绑定到应用对象的实例上。这里的 METHOD 是中间件函数处理的请求的 HTTP 方法，使用英文小写，如 get、put 或 post。

下面是一个没有挂载路径的中间件函数的示例，应用程序每次收到请求后都会执行该函数。

```
var app = express();
app.use(function (req, res, next) {
  console.log('时间:', Date.now());
  next();
});
```

下面的例子展示的是挂载到/user/:id 路径的中间件函数，对/user/:id 路径的任何 HTTP 请求都会执行该函数：

```
app.use('/user/:id', function (req, res, next) {
  console.log('请求类型:', req.method);
  next();
});
```

下例显示路由及其处理函数（中间件系统），该函数处理对/user/:id 路径的 GET 请求：

```
app.get('/user/:id', function (req, res, next) {
  res.send('用户信息');
})
```

再来看一个例子，在一个挂载点通过一个挂载路径加载一系列中间件函数。此例展示一个中间件子堆栈，对/user/:id 路径的任何 HTTP 请求都会输出请求信息。

```
app.use('/user/:id', function (req, res, next) {
  console.log('请求 URL:', req.originalUrl);
  next();
}, function (req, res, next) {
  console.log('请求类型:', req.method);
  next();
});
```

路由处理函数能够为一个路径定义多个路由。下面的例子为/user/:id 路径定义了两个路由，第 2 个路由不会导致任何问题，但是其永远得不到调用，因为第 1 个路由已终止了“请求—响应”周期。

```
app.get('/user/:id', function (req, res, next) {
  console.log('ID:', req.params.id);
  next();
}, function (req, res, next) {
  res.send('用户信息');
});
// /user/:id 路径的处理函数，输出用户 ID
app.get('/user/:id', function (req, res, next) {
  res.end(req.params.id);
})
```

如需从路由中间件堆栈中跳过其余的中间件函数，只需调用 next('route')函数将控制转给下一个路由即可。注意 next('route')函数仅在使用 app.METHOD()或 router.METHOD()函数挂载的中间件函数中工作。最后一个例子展示处理/user/:id 路径的 GET 请求的中间件子堆栈。

```
app.get('/user/:id', function (req, res, next) {
  // 如果用户 ID 为 0，跳转到下一个路由
  if (req.params.id === '0') next('route')
   else next();// 否则将控制转交给该堆栈中的下一个中间件函数
}, function (req, res, next) {
  res.send('普通的');  // 发送响应
});
// /user/:id 路径的处理函数，发送一个响应
app.get('/user/:id', function (req, res, next) {
  res.send('特殊的');
});
```

2. 路由器级中间件

路由器级中间件与应用程序级中间件的工作方式相同，只是它被绑定到路由器实例上。可使用 router.use()和 router.METHOD()函数挂载路由器级中间件。

以下示例代码通过使用路由器级中间件改写上述用于应用程序级中间件的中间件系统：

```
var app = express();
var router = express.Router();
//没有挂载路径的中间件函数，对路由器的任何请求都会执行
```

```
router.use(function (req, res, next) {
  console.log('时间:', Date.now());
  next();
});
//中间件子堆栈显示对/user/:id 路径的任何类型的 HTTP 请求的信息
router.use('/user/:id', function (req, res, next) {
  console.log('请求 URL:', req.originalUrl);
  next();
}, function (req, res, next) {
  console.log('请求类型:', req.method);
  next();
});
// 中间件子堆栈处理对/user/:id 路径的 GET 请求
router.get('/user/:id', function (req, res, next) {
  if (req.params.id === '0') next('route')
  else next();
}, function (req, res, next) {
  res.render('普通的');
});
// /user/:id 路径的处理函数，用于渲染一个页面
router.get('/user/:id', function (req, res, next) {
  console.log(req.params.id);
  res.render('特殊的');
})
// 在应用程序上挂载路由器
app.use('/', router)
```

要跳过路由器的其他中间件函数，可以调用 next('router')函数从路由器实例中退出控制。

下面的示例显示对/user/:id 路径的 GET 请求的中间件子堆栈的处理。

```
// 声明路由器，必要时用来检查和处理错误
router.use(function (req, res, next) {
  if (!req.headers['x-auth']) return next('router');
  next();
});
router.get('/', function (req, res) {
  res.send('你好，欢迎光临!');
});
// 使用路由器和 401 错误处理
app.use('/admin', router, function (req, res) {
  res.sendStatus(401);
});
```

3. 错误处理中间件

错误处理中间件总是需要 4 个参数，必须提供 4 个参数来将其标识为错误处理中间件函数。即使不需要使用 next 对象，也必须指定它。否则，next 对象将被解释为常规中间件，并且将无法处理错误。

定义错误处理中间件函数的方式与定义其他中间件函数的方式基本相同，除了使用 4 个而不是 3 个参数，定义错误处理中间件函数的方式与定义其他中间件函数的方式基本相同，特别是要使用签名(err, req, res, next)：

```
app.use(function (err, req, res, next) {
  console.error(err.stack);
  res.status(500).send('出问题了!');
});
```

4. 内置中间件

Express 具有以下内置中间件函数。

- express.static：提供静态资源（如 HTML 文件、图像等）服务。
- express.json：解析带有 JSON 有效负载的传入请求，注意适用于 Express 4.16.0 及以上版本。
- express.urlencoded：解析带有使用 URL 编码的有效负载的传入请求。适用于 Express 4.16.0 及以上版本。

这里介绍一下 express.static 中间件，其用法如下：

```
express.static(root, [options])
```

该函数提供了静态文件功能，其中 root 参数指向需要提供静态资源服务的根目录，需要提供的静态文件将由 req.url 和提供的根目录的组合确定。当找不到文件时，该模型不是发送 404 响应，而是调用 next()函数来移动到下一个中间件。

5. 第三方中间件

可以使用第三方中间件为 Express 应用程序添加功能。此类中间件一般用于实现一些较为通用的功能，如 LESS 和 SCSS 等静态文件的编译、权限控制、cookies 和 sessions 的解析。使用第三方中间件时，需要安装相应的 Node.js 包，然后在应用程序级或路由器级将其挂载到应用程序。下面以 Cookie 解析中间件函数 cookie-parser 为例进行说明。

首先安装相应包：

```
npm install cookie-parser
```

然后在程序中挂载它：

```
var express = require('express');
var app = express();
var cookieParser = require('cookie-parser');
app.use(cookieParser());// 挂载 cookie-parsing 中间件
```

8.4.3 编写自己的中间件

中间件比较标准，开发人员可以通过为 Express 开发中间件来扩展其功能。这里以为示例 8-1 程序添加两个中间件函数为例进行示范，其中一个中间件函数调用 myLogger 打印简单的日志消息，另一个调用 requestTime 显示 HTTP 请求的时间戳。

1. 中间件函数示例一：myLogger

该中间件函数仅打印消息，然后通过调用 next()函数将请求传递到堆栈的下一个中间件。

【示例 8-2】 日志中间件函数（helloworld\hello_mylogger.js）

```
const express = require('express');
const app = express();
// 中间件函数被指派给名为 myLogger 的变量,其功能是在对应用程序的请求通过时输出“已记录”信息
var myLogger = (req, res, next)=> {
   console.log('已记录');
   next();
}
app.use(myLogger);//挂载该中间件函数
app.get('/', (req, res) => res.send('Hello World!'));
app.listen(3000);
```

注意对 next()函数的调用。调用这个函数会调用应用程序中的下一个中间件函数。next()函数不是 Node.js 或 Express API 的一部分，而是传递给中间件函数的第 3 个参数。当然 next()函数可以使用其他名称，但是按照惯例其被命名为“next”。为避免混淆，应当始终使用此约定。

要挂载中间件函数，可调用 app.use()方法指定中间件函数。以上代码会在到根路径（/）的路由之前挂载 myLogger 中间件函数。

每当应用程序收到请求时，它都会向终端输出“已记录”消息。例如，在命令行中执行该程序，当在浏览器中访问 http://localhost:3000 时，命令行中输出以下信息：

```
C:\nodeapp\ch07\helloworld>node hello_mylogger.js
已记录
已记录
```

中间件加载顺序非常重要，先加载的中间件函数也先被执行。如果 myLogger 在到根路径的路由之后加载，则请求将永远由该中间件函数处理，当然应用程序也就不会打印“已记录”消息，因为根路径的路由处理程序会终止“请求—响应”循环。

2. 中间件函数示例二：requestTime

接下来创建一个名为 requestTime 的中间件函数，并将该中间件函数作为一个名为 requestTime 的属性添加到请求对象。

【示例 8-3】 请求时间中间件函数（helloworld\hello_requestime.js）

```
const express = require('express');
const app = express();
// 中间件函数用于获取请求时间
var requestTime = function (req, res, next) {
    req.requestTime = Date.now();
    next();
}
app.use(requestTime);//加载该中间件函数
app.get('/', function (req, res) {
    var responseText = 'Hello World!<br>';
    responseText += '<small>请求时间: ' + req.requestTime + '</small>';
    res.send(responseText);
});
app.listen(3000);
```

应用程序加载 requestTime 中间件函数，在根路径路由的回调函数中可以使用由中间件函数添加到 req（请求对象）的属性。运行该应用程序之后，当向应用程序的根目录发出请求时，应用程序将在浏览器中显示请求的时间戳，如图 8-7 所示。

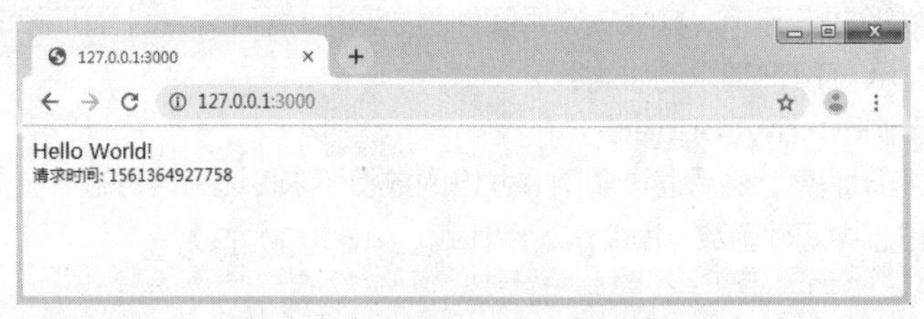

图 8-7 在浏览器中显示请求的时间戳

因为用户可以访问请求对象、响应对象和堆栈中的下一个中间件函数，乃至整个 Node.js API，所以中间件函数具有无限的可能性。

3. 可配置的中间件

如果需要使中间件可配置，则应导出一个接受 options 对象或其他参数的函数，然后根据输入参数返回中间件的实现。例如，my-middleware.js 文件的内容如下：

```
module.exports = function(options) {
  return function(req, res, next) {
    // 根据 options 对象实现中间件功能
    next()
  }
}
```

可以像下面的代码这样使用该中间件。

```
var mw = require('./my-middleware.js');
app.use(mw({ option1: '1', option2: '2' }));
```

8.5 视图与模板引擎

视图与模板引擎

对于以开发 Web 应用程序为主的 Express 框架来说，UI 界面即视图至关重要。虽然可以直接使用响应方法（如 res.send()）向客户端发送响应的内容，但是这种方法大多要采用 JSON 或者拼接字符串的方式，开发效率太低，且会破坏原有的 HTML 结构，代码难以阅读，也不够灵活。上述问题常用的解决方案是使用视图模板。Express 支持通过模板引擎（又称视图引擎）在应用程序中使用静态模板文件。在程序运行时，模板引擎使用实际的值替换模板文件中的变量，并将模板转换为要发送给客户端的 HTML 文件。这种方法使得设计 HTML 页面变得更加容易，轻松实现数据与视图分离（即 HTML 结构与数据分离），还有利于大型项目中的前后端开发的分工协作。

8.5.1 模板引擎概述

Express 推荐的模板引擎主要有 Pug、Mustache 和 EJS。Express 生成器将 Jade 作为默认设置，但它也支持其他几种模板引擎。注意 Jade 现在已更名为 Pug，虽然可以继续在应用程序使用 Jade，但是如果要使用最新的模板引擎，必须用 Pug 代替 Jade。

要渲染模板文件，可在由 Express 生成器创建的项目脚手架中的 app.js 文件中配置以下两个应用程序设置属性。

- views：模板文件所在的目录，默认为应用程序根目录中的 views 目录。例如 app.set('views', './views')表示模板文件位于当前目录的 views 子目录中。
- view engine：要使用的模板引擎类型。例如，app.set('view engine', 'pug')表示要使用 Pug 模板引擎。

当然还要安装相应模板引擎的 npm 包。例如，以下命令会安装 Pug 包：

```
npm install pug --save
```

设置“view engine”属性之后，不必在应用程序中指定引擎或挂载模板引擎模块，Express 会在其内部自动挂载模块。

下面示范一个模板文件应用的完整步骤。

（1）设置要使用的 Pug 模板引擎。

```
app.set('view engine', 'pug')
```

（2）在 views 目录中创建一个名为 index.pug 的 Pug 模板文件，该文件包括以下内容：

```
html
  head
    title= title
  body
    h1= message
```

（3）创建一个路由来渲染 index.pug 文件。注意如果“view engine”属性未设置，则必须指定 view 文件的扩展名。

```
app.get('/', function (req, res) {
  res.render('index', { title: 'Hey', message: 'Hello there!' })
})
```

（4）当向主页发出请求时，该 index.pug 文件将呈现为 HTML 样式。

提 示　**模板引擎缓存并不缓存模板输出的内容，只缓存底层模板本身。即使缓存打开，视图仍然会在每次请求时被重新渲染。**

最后强调一下，Express 并不强制指定必须使用哪种模板引擎。只要模板引擎的设计符合 Express API 规范，就可以将其应用到项目中。符合 Express API 规范的模板引擎（如 Jade 和 Pug）会导出一个名为__express(filePath, options, callback)的函数，它将被 res.render()函数调用来渲染模板代码。一些模板引擎并不是为 Express 专门设计的，因而没有遵循这个约定。可以使用 Consolidate.js 库通过映射所有流行的 Node.js 模板引擎进行适配，使这些模板遵循约定，能够在 Express 中无缝运行。

要呈现纯 HTML 内容，就没有必要使用 res.render()函数。如果有特定的 HTML 文件，则可以通过 res.sendFile()函数直接对外输出 HTML 文件。如果需要对外提供的资源文件很多，可以使用 express.static()中间件函数。

8.5.2 EJS 语法

Pug 是 Express 鼎力推荐的模板引擎，其语法简单，能减少代码量，且代码风格良好但是其与 HTML 的差异比较大。而 EJS 是简单高效的模板引擎，其在 HTML 的基础上拓展了新语法，特别适用于已经熟悉 HTML 语法的开发人员。将 HTML 文件的扩展名改成.ejs 后，它就是一个最基本的 EJS 模板。EJS 相对比较简单，结构清晰，与 ASP、PHP 之类的脚本程序比较相似，更容易上手。除了支持 HTML 外，EJS 还可以为字符串、纯文本创建模板，而且其集成非常简单，它在浏览器和 Node.js 中都能正常工作。

1. EJS 的基本语法

（1）EJS 模板文件的扩展名为.ejs。

（2）使用<%　%>块包含 JavaScript 代码。开始标签为<%，结束标签为%>，其中的代码前后均需要空一格，格式如下：

```
<% 代码 %>
```

以下代码声明一个 JavaScript 变量 title：

```
<% title="EJS 模板引擎" %>
```

（3）使用传统的方式<%= 表达式 %>在模板中输出表达式的值，特殊字符将被转义，输出的是解析过的 HTML 字符串。

例如，对于以下代码：

```
<% var str='<div><div>'; %>
<%= str %>
```

输出的结果是：

```
&lt;div&gt;&lt;div&gt;
```

（4）使用<%- 表达式 %>在模板中直接输出表达式的值，不进行转义。

例如，对于以下代码：

```
<% var str='<div><div>'; %>
<%- str %>
```

输出的结果是：

```
<div><div>
```

（5）使用<% 表达式 -%>删除新的空白行，避免不必要的换行。

（6）使用<%_ 表达式 _%>清除开始标签前面的和结束标签后面的空格符。

（7）使用<%% 表达式 %>输出字符串，将 HTML 代码解析为字符串，但是会在输出的字符串前后加上<% %>。例如，对于以下代码：

```
<%% <div>示范用的字符串</div> %>
```

输出的结果是：

```
<%
示范用的字符串
%>
```

（8）使用<%# 注释内容 %>添加注释，不执行也不输出。

2. 内置的条件判断和循环执行语法

可以使用<% %>块中实现条件判断和循环的 JavaScript 代码。

下面是一个条件判断的示例：

```
<% if(isLogin){ %>
    <p><a href="#">Bob</a> | <a href="#">退出</a></p>
<% }else{ %>
    <p><a href="#">登录</a> | <a href="#">注册</a></p>
<% } %>
```

以下代码示范循环语句的实现：

```
<ul>
    <% for(var i in users){ %>
    <li><%= users[i].username %>--<%= users[i].age %></li>
  <% } %>
</ul>
```

3. 与 Express 过滤器结合使用

Express 内置多个过滤器，可实现对数组和字符串的常用操作。对 EJS 变量进行过滤的方法如下：

```
<%=: 表达式 | 过滤器 %>
```

例如，以下代码将 name 变量的首字母转换为大写：

```
<%=: name | capitalize %>
```

通常情况下，内置过滤器能满足用户的需求，但是有时用户不得不添加自己的过滤器。

4. 模板嵌套

EJS 引擎允许在当前模板中使用另一个 EJS 模板。这样就能对整个模板进行组件拆分复用。例如，将 HTML 的头部和尾部拆分为 header 和 footer 模块，然后在其他模板中进行组合复用。通过 EJS 中的 include 语法，可以在创建模板的同时将其作为组件进行子视图的渲染操作。

模板嵌套的语法格式：

```
<% include 嵌套模板路径 %>
```

例如，已经建立了 head.ejs、header.ejs 和 footer.ejs 等模板文件，在新建的 index.ejs 文件中嵌套这些模板。

```
<!DOCTYPE html>
<html lang="en">
  <head>
    <% include ./head %>
  </head>
  <body>
    <main>
      <% include ./header %>
      <div>main content</div>
      <% include ./footer %>
    </main>
  </body>
</html>
```

8.5.3 EJS 模板引擎的使用

在 Express 中使用 EJS 模板引擎的基本步骤如下。

（1）设置模板引擎类型。

```
app.set("view engine","ejs")
```

（2）配置 EJS 模板文件存放路径。

```
app.set("view",path)
```

（3）准备 EJS 模板文件。

（4）将 EJS 模板渲染成 HTML 页面后返回给浏览器。

```
res.render(path,data)
```

其中 path 参数表示模板文件路径，采用字符串形式。data 参数是渲染模板时需要使用的数据。例如：

```
res.render("404")
res.render("login",{title:"用户登录“})
```

8.6 Express 与数据库集成

Express 与数据库集成

数据存储几乎是所有应用程序都要实现的功能，但是 Express 框架本身并不提供数据持久化功能。要在 Express 应用程序中使用数据库实现持久化存储，只需为所用的数据库系统加载适当的 Node.js 驱动程序。Node.js 支持的数据库主要有 Cassandra、Couchbase、CouchDB、LevelDB、MySQL、MongoDB、Neo4j、Oracle、PostgreSQL、Redis、SQL Server、SQLite 和 ElasticSearch，其中最常用的 MySQL 和 MongoDB 已经在第 7 章介绍过，这里补充介绍一下 Windows 服务器上常用的 SQL Server 的连接方法。

SQL Server 所用的 Node.js 驱动程序由 tedious 包提供，使用之前需要安装该包。

```
npm install tedious
```

下面给出访问 SQL Server 的示例代码。

```
var Connection = require('tedious').Connection;
var Request = require('tedious').Request;
var config = {
  userName: 'your_username', // 用户账号
  password: 'your_password', // 密码
  server: 'localhost'         // 服务器
}
var connection = new Connection(config);
//建立连接并执行语句
connection.on('connect', function(err) {
  if (err) {
    console.log(err);
  } else {
    executeStatement();
  }
});
//执行语句的函数
function executeStatement() {
  request = new Request("select 123, 'hello world'", function(err, rowCount) {
    if (err) {
      console.log(err);
    } else {
      console.log(rowCount + ' rows');
    }
    connection.close();
  });
  request.on('row', function(columns) {
    columns.forEach(function(column) {
      if (column.value === null) {
        console.log('NULL');
      } else {
        console.log(column.value);
      }
    });
  });
  connection.execSql(request);
}
```

8.7 Express 错误处理

错误处理是指 Express 如何捕获和处理同步和异步发生的错误。Express 内置默认的错误处理程序，开发人员刚开始使用 Express 时不必编写自己的错误处理程序。

Express 错误处理

8.7.1 捕获错误

确保 Express 能够捕获运行路由处理程序和中间件时发生的所有错误至关重要。路由处理程序和中间件中的同步代码引发的错误不需要额外的工作。如果同步代码抛出一个错误，则 Express 会捕获和处理它，例如：

```
app.get("/", function (req, res) {
  throw new Error("出问题了"); // Express 自身会捕获此错误
});
```

对于那些由路由处理程序和中间件调用的异步代码返回的错误，必须将它们传递给 next()函数，Express 会捕获和处理它们，例如：

```
app.get("/", function (req, res, next) {
  fs.readFile("/file-does-not-exist", function (err, data) {
    if (err) {
      next(err); // 将错误传递给 Express
    }
    else {
      res.send(data);
    }
  });
});
```

如果成序列的回调函数不提供数据而只提供错误，则必须简化代码，例如：

```
app.get("/", [
  function (req, res, next) {
    fs.writeFile("/inaccessible-path", "data", next);
  },
  function (req, res) {
    res.send("OK");
  }
]);
```

在上述代码中，next()是作为 fs.writeFile 的回调函数提供的，出现错误时会被调用。如果没有出现错误，则第 2 个处理程序会被执行，否则 Express 将捕获和处理这个错误。

必须捕获由路由处理程序和中间件调用的异步代码返回的错误，并将它们传递给 Express 处理，例如：

```
app.get("/", function (req, res, next) {
  setTimeout(function () {
    try {
      throw new Error("出问题了");
    }
    catch (err) {
      next(err);
    }
  }, 100);
});
```

上例使用 try/catch 语句块来捕获异步代码中的错误，并将其传递给 Express。如果省略该语句块，则 Express 不会捕获错误，因为这不是同步处理程序代码的一部分。

使用 Promise 可以避免过度使用 try/catch 语句块，例如：

```
app.get("/", function (req, res, next) {
  Promise.resolve().then(function () {
    throw new Error("BROKEN");
  }).catch(next); // 错误将被传递给 Express
});
```

因为 Promises 可以自动捕获同步错误和被拒绝的 Promise 对象，所以可以简单地提供 next()作为最终的捕获处理程序，Express 会捕获错误，因为捕获处理程序将错误作为第 1 个参数。

也可以通过减少异步代码来使用依赖同步错误捕获的链式处理程序，例如：

```
app.get("/", [
  function (req, res, next) {
    fs.readFile("/maybe-valid-file", "utf8", function (err, data) {
        res.locals.data = data;
        next(err);
    });
  },
  function (req, res) {
    res.locals.data = res.locals.data.split(",")[1];
    res.send(res.locals.data);
  }
]);
```

在上例中，readFile 调用中有几个简单的语句，如果 readFile 发生一个错误，则它将该错误传给 Express，否则，程序就可以快速返回到链中的 next 处理程序中的同步错误处理部分。然后，上述代码尝试处理数据。如果失败，则同步错误处理程序将捕获它。如果在 readFile 回调函数内部完成这些处理，则应用程序可能退出，Express 错误处理程序不能运行。不管使用哪种方法，如果希望 Express 错误处理程序被调用，应用程序能够继续运行，必须确保 Express 接收错误。

8.7.2 默认错误处理程序

Express 自带一个内置的错误处理程序，它处理应用程序中可能遇到的任何错误。这个默认的错误处理中间件函数被添加到中间件函数堆栈的末尾。

如果将一个错误传递给 next()函数，并且没有在自定义的错误处理程序中处理它，它将由内置的错误处理程序来处理，该错误将使用堆栈跟踪写入客户端。不过，生产环境中并不包含堆栈跟踪。

将环境变量 NODE_ENV 设置为 production，可在生产模式下运行应用程序。

如果在开始写入响应（例如，在将响应流式传输到客户端时遇到错误）之后因为发生错误调用 next()，Express 默认错误处理程序将关闭连接并使请求失败。

因此，在自定义错误处理程序中当响应头已经被发送到客户端时，必须将其委派到 Express 中的默认错误处理程序。

```
function errorHandler (err, req, res, next) {
  if (res.headersSent) {
    return next(err);
  }
  res.status(500);
  res.render('error', { error: err });
}
```

注意，如果在代码中不止一次因发生错误调用 next()，即使已挂载自定义错误处理中间件，也可以触发默认错误处理程序。

8.7.3 编写错误处理程序

定义错误处理中间件函数的方法与定义其他中间件函数的方法相同，但错误处理函数有 4 个参数（err、req、res、next），例如：

```
app.use(function (err, req, res, next) {
  console.error(err.stack);
  res.status(500).send('出问题了!');
})
```

在其他 app.use()函数和路由调用之后（也就是在最后）定义错误处理中间件，例如：

```
var bodyParser = require('body-parser');
var methodOverride = require('method-override');
app.use(bodyParser.urlencoded({
  extended: true
}));
app.use(bodyParser.json());
app.use(methodOverride());
app.use(function (err, req, res, next) {
  // 错误处理
})
```

来自中间件函数的响应可以采用任何格式，例如 HTML 错误页面、简单消息或 JSON 字符串。

对于组织或更高级别的框架的应用，可以定义几个错误处理中间件函数，就像使用常规中间件函数一样。

8.8 实战演练——图书信息管理的 REST API 接口

REST 是目前最流行的 API 设计规范，主要用于 Web 数据接口的设计。REST API 又称 HTTP REST API 或 Web API，是目前异构系统之间互联与集成的主要手段。使用 Express 的路由和中间件很容易构建 REST API 程序。这里示范构建一个简单的图书信息管理项目，利用 Express 路由来构建 REST API，可以对外提供增查删改操作接口。

实战演练——图书信息管理的 REST API 接口

8.8.1 了解 REST API

网络应用程序分为前端和后端，两端技术发展都很快，因而必须有一种统一的机制方便不同的前端设备与后端进行通信，由此催生了 API 构架，而 REST 是目前 Internet 应用程序比较成熟的一套 API 软件架构。前端和后端程序员都要了解和使用 REST API。

1. 什么是 REST API

REST 即 Representational State Transfer 的缩写，通常译为表现层状态转化。

表现层（Representation）是指资源的外在表现形式。网络上的任何一个实体都是资源，如一段文本、一张图片、一首歌曲、一种服务等，每个资源都可以用一个特定的 URI（统一资源定位符）来进行标识。客户端和服务器之间传递的是资源的表现形式，访问资源就是调用资源的 URI，获取该资源的表现形式的过程。这个过程中所用的 HTTP 是一个无状态协议，这就意味着，所有的状态都保存在服务器端。

客户端使用 HTTP 提供的方法来操作服务器上的资源，这些操作会使服务器端发生状态转化，而这种转化是建立在表现层之上的，所以就称为表现层状态转化。

总之，面向资源是 REST 最明显的特征，对于同一个资源的一组不同的操作，REST 要求必须通过统一的接口对资源执行各种操作。REST 是所有 Web 应用都应该遵守的架构设计指导原则。REST 架构设计遵循的各项标准和准则就是 HTTP 的表现，也就是说，HTTP 就是属于 REST 架构的设计模式。

2. REST 请求

REST 风格定义了一系列创建 HTTP 服务的惯例，REST 请求的形式为 HTTP 方法（即动作）加资源的 URI，例如 GET /articles 表示获取所有的文章。

常用的 HTTP 方法有 4 个：POST、GET、PUT、DELETE，分别对应资源的 Create（创建）、Read（读取）、Update（更改）、Delete（删除）操作，通常简称为 CRUD。其中 Read 在有的场合也被称为 Retrieve，含义是一样的。大多数的应用程序都会涉及 CRUD 操作，例如，对于一个博客来说，其中涉及文章的所有操作就是典型的 CRUD，

- 用户上传文章的行为对应的是 Create 操作。
- 用户浏览文章的行为对应的是 Read 操作。
- 用户更新文章的行为对应的是 Update 操作。
- 用户删除文章的行为对应的是 Delete 操作。

通过使用不同的 HTTP 方法表达不同的含义，就不需要暴露多个 API 来支持这些基本操作。

URI 部分的资源名称往往有单复数之分，但常见的操作对象是一个集合，建议使用复数，如 GET /articles/1。

资源可能涉及多级分类，在这种情况下并不建议使用多级的 URI 来表达，建议将第一级下面的其他级别改为查询字符串表达，比如获取某作者的某一类文章，可将 GET /authors/3/categories/5 改为 GET /authors/3?categories=5。

3. HTTP 状态码

对于客户端的每一次请求，服务器都必须给出响应。响应包括 HTTP 状态码（Status Code）和数据两个部分。HTTP 状态码就是一个 3 位数，一共分成 5 大类别。

- 1xx：成功接收到请求。
- 2xx：操作成功。
- 3xx：重定向。
- 4xx：客户端错误。
- 5xx：服务器错误。

规范只定义了大约 60 个状态码。每个状态码系列其实都有特定的含义，客户端只需查看状态码就可判断发生的情况，因而服务器应尽可能返回精确的状态码。REST API 并不需要 1xx 状态码。

最常见的状态码是 200，网页成功加载或 JSON 数据成功返回后都会包含状态码 200，但它并不会被展示出来。

4xx 状态码定义得最多，通常表示由于客户端的错误导致请求失败。最常见的就是“404 Not Found”，常用的还有两个，一个是“401 Unauthorized”，表示用户未提供身份验证凭据，或者没有通过身份验证；另一个是“403 Forbidden”，表示用户通过身份验证但不具有访问资源所需的权限。

5xx 状态码表示服务端错误。API 不会向用户透露服务器的详细信息，一般只涉及两个状态码，一个是“500 Internal Server Error”，表示客户端请求有效，服务器处理时发生了意外；另一个是“503 Service Unavailable”，表示服务器无法处理请求，常常用于网站维护状态。

返回这些状态码都是 HTTP 服务器默认的行为，某些情形下可能需要用于自行设置状态码。在 Express 中可通过 res.status()函数传入对应的状态码，例如：

```
res.status(404);
```

该方法可以进行链式调用，例如在它后面使用 res.json()函数设置要返回的数据，例如：

```
res.status(404).json({ error: "未找到所需的文章!" });
```

4. 响应的数据部分

REST API 返回的数据格式，不应该是纯文本，而应该是一个 JSON 对象，有的还支持 XML，并且可以扩展添加其他格式。当然，客户端在发出请求时，可以通过 Accept 头来与服务器协商格式，希望服务器返回 JSON 格式还是 XML 格式。不过，Node.js、Express 和 JavaScript 对 JSON 的支持更理想，同时 JSON 也是使用最广泛的结构化数据标准。

8.8.2 演练目标

这里基于第6章图书信息的MySQL数据库，通过Express快速构建一个实现CRUD操作的REST API程序，提供图书信息管理的操作接口，具体功能见表8-2。

表8-2 REST API示例程序功能

HTTP 方法	URI	操作（Action）
GET	/books	列出所有图书的信息
GET	/books/ID	通过 ID 获取指定图书的信息
POST	/books	添加图书的信息
PUT	/books/ID	通过 ID 修改指定图书的信息
DELETE	/books/ID	通过 ID 删除指定图书的信息

8.8.3 实现思路与技术准备

实现的基本思路是：

（1）将 MySQL 数据库的表操作封装为一个数据操作接口供应用程序调用。

（2）通过 Express 路由、中间件和内置函数解析网络请求，并将 JSON 数据和 HTTP 状态码封装到响应对象，然后返回给客户端。

具体还需要进行一些技术准备。

1. 解析提交的 JSON 数据

在 HTTP 请求方法中，POST 和 PUT 包含有请求体，在 Node.js 的 http 模块中，请求体是要基于流的方式来接收和解析。http 模块将用户请求数据封装到用于请求的对象 req 中，这个对象是一个 http.IncomingMessage 对象，同时也是一个可读流对象。

Express 框架本身并不会对 POST 和 PUT 方法提供专门处理 JSON 数据的机制，而是使用 body-parser 作为请求体解析中间件，使用 body-parser 模块（安装 Express 时会自动安装它）解析 JSON、Raw、文本、URL-encoded 格式的请求体，常见用法如下：

```
// 解析 application/json
app.use(bodyParser.json());
// 解析 application/x-www-form-urlencoded
app.use(bodyParser.urlencoded());
```

可以在项目的应用程序级通过 body-parser 模块处理请求体。它会处理 application/x-www-form-urlencoded 和 application/json 这两种格式的请求体。请求体经过这个中间件处理后，程序就可以在所有路由处理函数的 req.body 属性中访问请求参数。默认情况下，表单数据会被编码为 application/x-www-form-urlencoded 格式。就是说，在发送到服务器之前，所有字符都会进行编码。如果以 JSON 对象的形式提交，则可以使用 application/json 这种编码格式。

从 4.16.0 版本开始，Express 新增两个内置的中间件 express.json()和 express.urlencoded()来完成上述功能。它们都是基于 body-parser 实现的，能够接收请求体的任何 Unicode 编码，并支持 gzip 和 deflate 编码的自动解压缩。本程序的实现准备采用这种新的方法，例如：

```
app.use(express.json());
app.use(express.urlencoded({ extended: true }));
```

2. 将异步操作结果作为函数返回值

在 Node.js 中，数据库操作都是异步执行的，结果一般由回调函数提供，不能直接将回调函数中的结果作为函数值返回。本程序要封装一个数据操作接口供应用程序调用，这个封装的接口要提供对外的接口，需要将操作结果作为函数的返回值，由于不能直接返回异步操作结果，所以需要转变思维方式，将对外接口函数也改成回调形式的。例如，在数据操作接口程序中定义一个含有回调函数参数的接口函数 getall(function(cb))：

```
exports.getall =  function(callback){
  query('SELECT * FROM `bookinfo`',function (err, results, fields) {
    callback(results);// 通过回调函数 callback 返回接口函数操作结果
  });
}
```

在另一个程序中调用该函数，通过回调函数参数获得数据操作结果。

```
app.get('/api/books', (req, res) => {
    dbquery.getall(function(cb){
        res.json(cb).end();//通过回调函数参数获得接口函数操作结果
    });
});
```

提 示　　**MySQL2 项目支持基于 Promise 的 API，它们支持主流的异步编程方案 Promise、co 和 ES2017 async/await。本项目没有采用这些异步编程方案，主要是为了示范最传统的回调异步代码编写方式。**

3. 使用 REST API 测试工具

在 REST API 开发过程中，涉及大量的操作测试。依靠应用程序本身来测试，费时费力，因而一般都选用专门的测试工具。以前大多使用 Chrome 浏览器的相关插件，如 Postman、Advanced REST Client 等，不过这些插件在国内网络环境下安装很不方便。笔者推荐使用专门工具 Wisdom RESTClient，它可以自动化测试 REST API 并生成测试报告，基于测试历史数据生成 REST API 文档，其可以从 GitHub 网站上下载。这是一个 Java 程序，需要安装 Java 1.7 或更高版本的运行环境。从 GitHub 网站下载 JAR 包 restclient.jar 之后，双击它即可运行。

8.8.4 创建项目

这里创建一个名为 restapi 的目录，再在其中创建一个 package.json 文件。在命令行中切换到该目录，执行 npm init 命令，过程如下：

```
C:\nodeapp\ch08>mkdir restapi && cd restapi
C:\nodeapp\ch08\restapi>npm init
```

接着执行以下命令安装 mysql2 和 express 包（这里利用 npm 淘宝镜像）：

```
C:\nodeapp\ch08\restapi>cnpm install mysql2 --save
C:\nodeapp\ch08\restapi>cnpm install express --save
```

该命令会新建一个 node_modules 目录以保存以上两个包。选项--save 将会把安装包的信息添加到 pakage.json 文件的“dependencies”中。默认会安装包的最新版本。

由于项目较为简单，也不涉及 UI 界面，因而没有必要使用 Express 生成器创建脚手架。

为便于演练，还需准备数据库。这里继续使用第 6 章的 MySQL 数据库 testmydb，主要针对其 bookinfo 表进行查询、增加、修改和删除操作。

8.8.5 编写数据库接口程序

为便于模块化，这里将数据库接口程序分成两个文件，一个是数据库连接程序，另一个是数据操作接口程序。数据库连接程序代码如下：

【示例 8-4】 数据库连接程序（restapi\dbconn.js）

```
//定义连接池
const mysql = require('mysql2');
const pool = mysql.createPool({
  host: 'localhost',
  user: 'root',
  password: 'abc123',
  database: 'testmydb',
  dateStrings: true,
  waitForConnections: true,
  connectionLimit: 10,
  queueLimit: 0
});
//定义通用的查询接口并将其导出
var query=function(sql,values,callback){
    pool.getConnection(function(err,conn){
        if(err){
            callback(err,null,null);
        }else{
            conn.query(sql,values,function(qerr,results,fields){
                conn.release();//释放连接
                callback(qerr,results,fields); //事件驱动回调
            });
        }
    });
};
module.exports=query;   //导出模块
```

这里使用连接池来提供数据库连接，其中将连接参数 dateStrings 的值设为 true，是为了使数据查询操作返回的结果中的日期字段以字符串形式表示。

重写一个查询接口来处理数据库连接。注意为兼容各种查询操作，每个查询接口函数提供 3 个参数。图书的数据操作接口程序代码如下。

【示例 8-5】 数据操作接口（restapi\bookquery.js）

```
const query = require("./dbconn.js");
// 返回所有记录
exports.getall =  function(callback){
  query('SELECT * FROM `bookinfo`',function (err, results, fields) {
    if(err){
        console.log('数据查询失败');
        throw err;
    }
    callback(results);
  });
}
// 返回指定记录
exports.get = function(bookid,callback){
  var arr = [];
  arr.push(bookid);
  query('SELECT * FROM `bookinfo` WHERE `id` = ?', arr,function(err, results, fields){
      if(err){
          console.log('数据查询失败');
          throw err;
      }
      callback(results);
    });
}
// 增加一条记录
```

```
exports.add = function(rec,callback){
    var  addSql = ' INSERT INTO `bookinfo`(`isbn`, `name`, `author`, `press`, `price`,
`pubdate`) VALUES(?,?,?,?,?,?)';
        query(addSql,rec,function (err, results,fields) {
            if(err){
                console.log('[插入记录错误] - ',err.message);
                throw err;
            }
            callback(results);
        });
    }
    // 修改一条记录
    exports.update = function(bookid,keys,values,callback){
        var updateSql = 'UPDATE bookinfo SET ';
        console.log(keys);
        for ( var i = 0; i <keys.length; i++){
            if (i==keys.length-1)
                updateSql += keys[i] + '= ? ';
            else
                updateSql += keys[i] + '= ?,';
        }
        updateSql +=' WHERE id = ?';
        values.push(bookid);
        query(updateSql,values,function (err, results,fields) {
            if(err){
                console.log('[修改记录错误] - ',err.message);
                throw err;
            }
            callback(results);
        });
    }
    // 删除一条记录
    exports.del = function(bookid,callback){
        var arr = [];
        arr.push(bookid);
        var  delSql = 'DELETE FROM bookinfo WHERE `id` = ?';
        query(delSql,arr,function (err, results,fields) {
            if(err){
                console.log('[删除记录错误] - ',err.message);
                throw err;
            }
            callback(results);
        });
    }
```

其中定义了5个操作接口，可在其他程序中调用。

8.8.6 编写主入口文件

编写主入口文件app.js，在其中创建应用程序，定义路由，使用中间件函数处理请求。

【示例8-6】　主入口文件（restapi\app.js）

```
const express = require('express');
const bookquery = require('./bookquery.js');
const app = express();
app.use(express.json());
app.use(express.urlencoded());
//获取所有图书信息
app.get('/', function(req, res){
```

```
        res.redirect('/books'); // 重定向
    });
    app.get('/books', (req, res) => {
        bookquery.getall(function(rec){
            res.json(rec).end();
        });
    });
    //获取指定 id 的图书信息，这里用到路由参数 id
    app.get('/books/:id', function(req, res){
        var bookid = parseInt(req.params.id);
        bookquery.get(bookid,function(rec){
            res.json(rec).end();
        });
    });
    //使用 POST 方法添加图书信息
    app.post('/books', function(req, res){
        var reqbody = req.body;
        var arr = [];
        //遍历 JSON 数据中所有的值
        for(var key in reqbody){
            arr.push(reqbody[key]);
        }
        bookquery.add(arr,function(rec){
            res.json(rec).end();
        });
    });
    //使用 PUT 方法修改图书信息,这里用到路由参数 id
    app.put('/books/:id', function(req, res){
        var bookid = parseInt(req.params.id);
        var reqbody = req.body;
        //先判断 ID 是否有效，再执行修改操作
        bookquery.get(bookid,function(rec){
            if (rec.length==0){
                res.status(404).json({msg: '指定 ID 的图书不存在！'});
            }
            else{
                var arr1 = [];
                var arr2 = [];
                for(var key in reqbody){
                    arr1.push(key);  //键
                    arr2.push(reqbody[key]);  //值
                }
                bookquery.update(bookid,arr1,arr2,function(rec){
                    res.json(rec).end();
                });
            }
        });
    });
    //使用 DELETE 方法删除图书信息，这里用到路由参数 id
    app.delete('/books/:id', function(req, res) {
        var bookid = parseInt(req.params.id);
        var reqbody = req.body;
        //先判断 ID 是否有效，再执行删除操作
        bookquery.get(bookid,function(rec){
            if (rec.length==0){
                res.status(404).json({msg: '指定 ID 的图书不存在！'});
            }
            else{
```

```
            bookquery.del(bookid,function(p){
                res.json(rec).end();
            });
        }
    });
});
//主程序监听端口
const port = process.env.PORT || 5000;
app.listen(port, function() {console.log('监听端口：${port}')});
```

可见，使用 Express 路由定义 API 接口非常方便。

8.8.7 运行程序进行测试

在命令行中切换到项目目录，执行 node app.js 命令启动 REST API 服务。使用 Wisdom RESTClient 工具进行测试，例如要获取 id 为 5 的图书信息，如图 8-8 所示，在“Request”选项卡中选择 HTTP 方法“GET”，在地址栏中输入 http://127.0.0.1:5000/books/5，单击 » 按钮执行操作，执行完毕后自动切换到“Response”选项卡，显示查询结果，如图 8-9 所示。

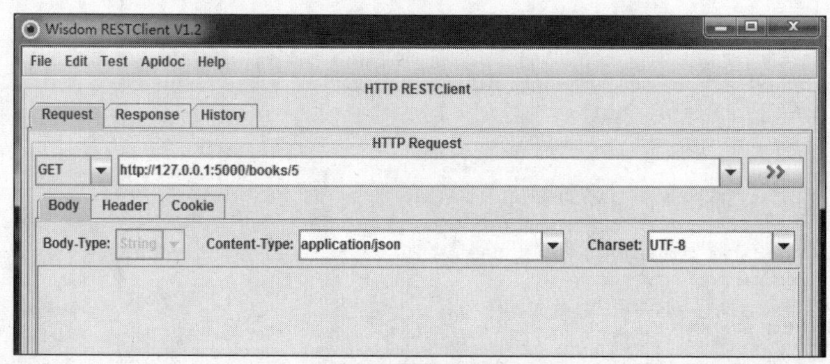

图 8-8　查询操作请求

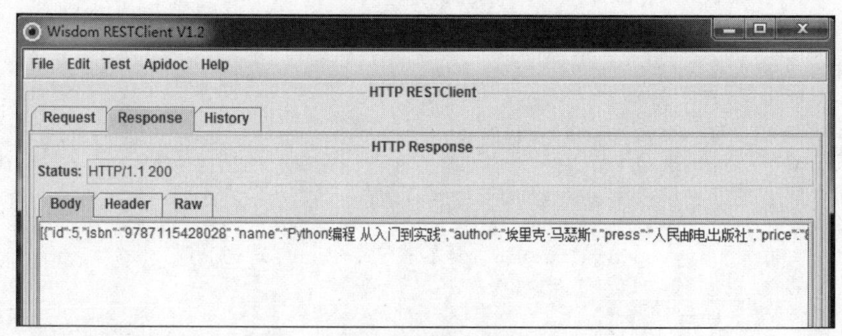

图 8-9　查询操作结果

又比如，要添加图书，如图 8-10 所示，在“Request”选项卡中选择 HTTP 方法“POST”，在地址栏中输入 http://127.0.0.1:5000/books，在下部的“BODY”选项卡中输入以下 JSON 对象：

```
{"isbn":"9787115488435", "name":"人工智能(第2版)", "author":"史蒂芬•卢奇", "press":"人民邮电出版社", "price":"108.00", "pubdate":"2018-09-01"}
```

确认在“Content-Type”下拉列表中选择“application/json”，从“Chartset”下拉列表中选择“UTF-8”，单击 » 按钮执行操作，执行完毕后自动切换到“Response”选项卡，显示添加操作结果，如图 8-11 所示。

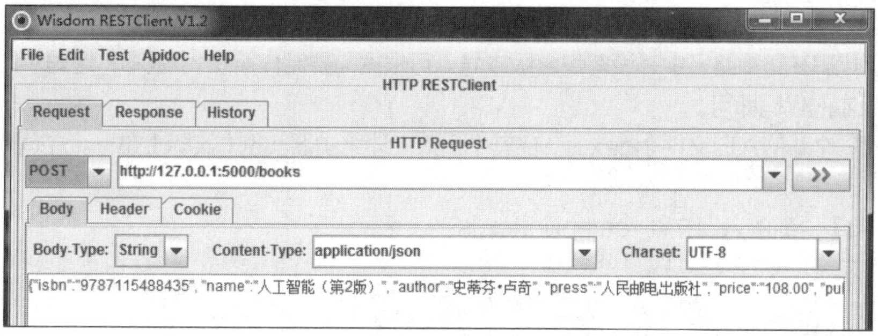

图 8-10　添加操作请求

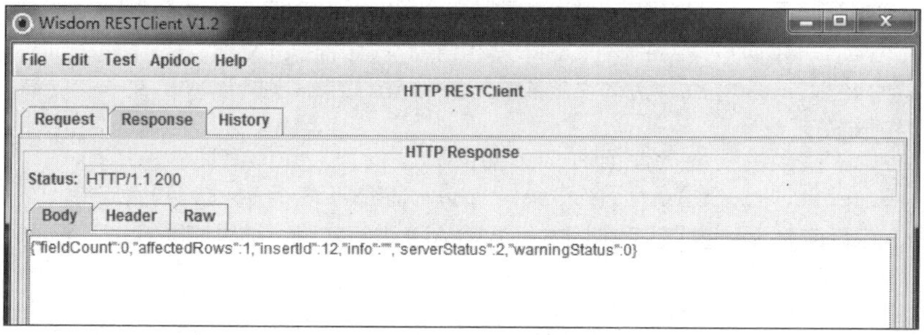

图 8-11　添加操作结果

8.8.8　控制 API 版本

对于 API 调用者来说，REST API 一旦推出，API 变动越少越好，尤其对开放平台而言。但是如果遇到系统改动升级，不可避免地需要添加新的资源，或修改现有资源。要兼顾之前的版本，就需要进行版本控制，常用的方法就是在 URL 中提供版本号来区分不同的 API 版本。例如，原有 API 调用的 URL 如下：

```
http://127.0.0.1:5000/v1/books
```

而新版本 API 请求则可以使用：

```
http://127.0.0.1:5000/v2/books
```

在 Express 中可以使用路由器来实现 API 版本管理，将每个版本作为一个模块。为简化实验，先编写第 1 个版本，将上述主入口程序 app.js 另存为 appv1.js，并调整其中部分内容。

【示例 8-7】　控制 API 版本（restapi\appv1.js）

```
const express = require('express');
const bookquery = require('./bookquery.js');
//const app = express();
var router = express.Router();//创建路由器实例
//以下代码中的 app 都改为 router
router.use(express.json());
router.use(express.urlencoded({ extended: true }));
//获取所有图书信息
router.get('/', function(req, res){
    res.redirect('/books'); // 重定向
});
（此处省略）
//路由器实例不能独立运行
/* const port = process.env.PORT || 5000;
app.listen(port, function() {console.log('监听端口: ${port}')}); */
```

```
module.exports = router;  //导出路由器实例
```

注意以上代码在路由路径中并没有包含版本号。可根据需要制作第 2 个版本，这里仅是示范，直接复制第 1 个版本的代码即可。

这里创建一个新的入口文件 index.js，在其中引入上述路由器实例（实际上是一个中间件）并进行路由映射。

【示例 8-8】 新的入口文件 restapi\index.js

```
const express = require('express');
const apiv1 = require("./appv1.js");//导入版本 1 文件
const apiv2 = require("./appv2.js");//导入版本 2 文件
const app = express();
app.use("/", apiv2);// 将不带版本号的请求交给第 2 个路由器实例处理
app.use("/v1", apiv1);//将版本 1 的请求交给第 1 个路由器实例处理
app.use("/v2", apiv2);//将版本 2 的请求交给第 2 个路由器实例处理
//主程序监听端口
const port = process.env.PORT || 5000;
app.listen(port, function() {console.log('监听端口: ${port}')});
```

接着运行入口程序 index.js，然后带版本号调用 API 进行实测，结果如图 8-12 所示，表明 API 版本控制成功。

图 8-12 带版本号调用 API

提 示 **实际应用中，API 版本不宜过多，否则难以维护，应注意控制 API 使用周期，同时使用的一般不超过 3 个版本，要定期下架老旧的 API 版本。**

8.9 本章小结

使用 Node.js 开发 Web 应用程序时，一般要使用框架。Node.js 提供不同类型的框架，如 MVC 框架、全栈框架、REST API，这些框架支持众多的特性和功能，易于使用，能够缩短大型应用软件系统的开发周期，提高开发质量。本章重点讲解的是经典的 Express 框架，掌握该框架的基本使用方法之后，就可以触类旁通，学习其他框架也不是难事。读者应重点掌握其中的路由、中间件和模板引擎。本章的实战演练是使用 Express 构建 REST API，不带用户界面，没有涉及视图和模板引擎。本书最后一章的综合实例会比较全面地应用 Express 的各种特性，包括视图和模板引擎。

习题

一、选择题

1. 以下关于 Express 框架的说法中，不正确的是（　　）。

A. Express 框架提供了用来开发健壮的 Web 或移动应用，以及 API 的所有功能

B. 许多流行框架是基于 Express 实现的
C. 使用 Express 时就不能使用 Node.js 原生方法
D. Express 通过中间件和路由让应用程序的组织管理更加容易

2. app.get('/ab*cd', function (req, res)不能匹配的路由路径是（　　）。
A. /abcd　　B. /ab123cd
C. /Abdddcd　　D. /abRANDOMcd

3. 以下关于 Express 中间件的说法中，正确的是（　　）。
A. next()函数主要负责将控制权交给下一个中间件
B. 中间件不能对请求和响应对象进行修改
C. 所有的中间件将会依次执行
D. 中间件不能终结“请求—响应”周期

4. REST API 中更新数据的是 Update 操作，对应的 HTTP 方法是（　　）。
A. GET　　B. POST　　C. PUT　　D. DELETE

二、简述题

1. 开发软件为什么要使用框架?
2. 列举几种主流的 Node.js 框架。
3. 简述 Express 的 Web 应用程序架构。
4. 简述 Express 路由的结构。
5. Express 路由器主要有什么作用?
6. 中间件函数执行哪些任务?
7. 为什么要使用模板引擎?

三、实践题

1. 基于 Express 编写一个简单的问候程序并进行测试。
2. 使用 Express 生成器创建一个使用 EJS 模板引擎的 Web 项目脚手架。
3. 参照本章的实战演练，将数据库连接程序和数据操作接口程序中操作数据库的回调方式代码改写为 async/await 方式的代码。

第 9 章 应用程序测试与部署

09

学习目标

① 了解 Node.js 单元测试，会使用 assert 模块编写测试脚本。

② 熟悉 Mocha 测试框架，掌握使用它进行单元测试的方法。

③ 掌握 Node.js 应用程序的部署，学会使用 PM2 管理 Node.js 应用程序的运行。

应用程序测试与部署

测试是编写健壮代码的关键。Node.js 社区很早就开始应用测试，可用于编写测试代码的 Node.js 模块也非常多，从而大大方便了测试代码的编写工作。单元测试是一切测试的基础，这里重点讲解如何为 Node.js 应用程序编写单元测试脚本。开发的应用程序完成测试之后，需要正式部署到服务器上运行，本章第二部分讲解的就是 Node.js 应用程序的部署和运行管理方法。

9.1 Node.js 应用程序的单元测试

Node.js 应用程序的单元测试

应用程序测试的类型非常多，最基本就是单元测试，以完善的单元测试为基础可以很方便地实现持续集成，而持续集成是一个代码从提交到生产的完整流程。持续集成相对比较复杂，这里侧重单元测试，重点介绍 Node.js 内置的 assert 模块和主流的测试框架 Mocha 的使用。

9.1.1 单元测试概述

单元测试（Unit Testing）是对软件中的最小可测试单元进行检查和验证，如针对模块或函数的测试。代码部署之前，进行一定的单元测试是十分必要的，这样能够持续保证代码质量。从某种程度上讲，编写的测试用例也可看作是描述文档，能够改进和扩展项目需求。测试用例还有助于减少项目维护成本，实践表明高质量的单元测试可帮助开发人员完善代码。总的来说，单元测试具有以下作用。

- 验证代码的正确性。
- 避免开发人员以后修改代码时出错。
- 避免其他团队成员修改代码时出错。
- 便于自动化测试与部署。

下面介绍单元测试的有关概念和术语。

1. 断言

断言（Assertion）表示为一些逻辑表达式，其值只能为 true 或 false，只有两种结果，相当于不是对就是错。当值为 false 时，一般会抛出一个错误，否则没有任何反应。单元测试必须使用断言。

Node.js 可以直接支持的特性就是断言。具体到一个项目，断言用于测试模块或函数在传入指定输入时能否输出预期的值，即断言函数执行结果，这就是最基本的单元测试。除了内置的 assert 模块之外，Node.js 还支持许多第三方的断言库，如 should.js、expect.js、chai、better-assert、unexpected 等，这些断言库功能更强大。

要支持断言之外的其他特性，Node.js 需要借助于第三方类库，如 supertest 是一个 HTTP 封装的测试库，用于简化 HTTP 的请求和测试。

2. 测试用例

测试用例（Test Case）是为某个特殊目的而编制的一组测试输入、执行条件以及预期结果，以便测试某个程序路径，或者核实是否满足某个特定需求。可以使用一个或多个断言来实现一个测试用例。

3. 测试装置

测试装置（Testing Apparatus）通常是一个用于设置运行环境并执行测试文件的程序，它能自动整理测试结果。具体到 Node.js 项目，它就是一组用于自动化运行测试用例和整理测试结果的测试文件（包括测试脚本和相关配置文件）。

4. 测试框架

测试框架是由一个或多个测试基础模块、测试管理模块、测试统计模块等组成的工具集合。如在 Node.js 项目开发中要进行单元测试，应选择一个合适的测试框架。推荐使用的 Node.js 单元测试框架有 Mocha、Jasmine、Karma 和 Jest。

5. 测试风格

目前有 TDD 和 BDD 两类流行的测试风格。

TDD（Test Driven Development）可译为测试驱动开发，是一种测试先于编写代码的方法。在开发功能代码之前，先编写单元测试用例代码，测试代码确定需要编写什么代码。基本流程如下。

（1）编写测试代码。

（2）运行测试文件，包括所有的测试用例。此时，没有被测对象，测试会全部失败。

（3）实现被测对象。

（4）重新运行测试文件，修改发现的问题，直至全部通过。

在 TDD 中，即使测试完全通过，也不能保证功能就是用户真正所需要的。

BDD（Behavior Driven Development）可译为行为驱动开发，其关注整体行为是否符合预期，可以根据预期行为逐步构建功能模块。BDD 的重点是软件开发过程中使用的语言和交互，表述方式更接近自然语言，鼓励项目开发人员和其他人员之间的协作。在 Node.js 项目的实际开发中，选择这种风格的开发人员偏多。

6. Node.js 项目的单元测试建议

Node.js 项目的单元测试的重点是接口（无 GUI 图形界面）的自动化测试。

重要的框架底层模块的任何地方出一个小问题，都可能影响到很多服务。对于这种模块，应为每个函数、每种接口编写单元测试代码。

对于对外提供的公共模块，如 API，可以针对其主要的函数和接口编写单元测试代码，以确保模块代码的健壮性。

对于涉及大量业务逻辑的代码，开发人员没必要为每个模块和函数都编写单元测试代码，但是对重要的接口必须提供单元测试代码进行测试。至于其他细节部分通常可以交给专门测试人员实现单元测试。

9.1.2 使用断言编写简单的测试脚本

Node.js 内置的 assert 模块提供了断言测试函数，可用于简单的断言测试，但其功能有限，无法支撑大型应用，目前其主要的应用场合是验证某段代码的返回值。

1. assert 入门示例

assert 模块是内置的，无须安装，直接在脚本中引入即可。这里给出一个简单的入门示例，其用到了两个 assert 方法，分别验证值是否为 true 和函数是否定义正确。为了测试，本例将此函数定义为错误的。

【示例 9-1】 assert 入门示例（asserttest\assert_test.js）

```
const assert = require('assert'); //加载 assert 模块
var actual = square(-3); //实际值
var expected = 9;  //期望值
assert(actual,'square()函数应当返回一个值'); //验证传入的值是否为 true
assert.equal(actual,expected, 'square()函数计算值不正确'); //判断期望值是否与实际值相等
function square(x) {    //要测试的目标，这里是一个计算平方数的函数
  return x * x * x;     //故意算成立方数
}
```

运行该脚本，会抛出一个错误，并给出详细的跟踪堆栈：

```
C:\nodeapp\ch09\asserttest>node assert_test.js
assert.js:85
  throw new AssertionError(obj);
  ^
AssertionError [ERR_ASSERTION]: square()函数计算值不正确
    at Object.<anonymous> (C:\nodeapp\ch09\asserttest\assert_test.js:5:8)//第 5 行
    at Module._compile (internal/modules/cjs/loader.js:688:30)
    at Object.Module._extensions..js (internal/modules/cjs/loader.js:699:10)
    at Module.load (internal/modules/cjs/loader.js:598:32)
    at tryModuleLoad (internal/modules/cjs/loader.js:537:12)
    at Function.Module._load (internal/modules/cjs/loader.js:529:3)
    at Function.Module.runMain (internal/modules/cjs/loader.js:741:12)
    at startup (internal/bootstrap/node.js:285:19)
    at bootstrapNodeJSCore (internal/bootstrap/node.js:739:3)
```

代码中定义了错误的提示信息，抛出错误时会显示该信息，例中为“square()函数计算值不正确”。在跟踪堆栈中关于 assert-test.js 文件中出现错误的地方，assert 模块会给出提示，例中为第 5 行。

2. 两种模式

assert 模块有严格模式（strict）和传统模式（legacy）两种，但建议仅使用严格模式。

当使用严格模式时，任何 assert 函数将使用严格函数模式中使用的相等性。因此，assert.deepEqual()将与 assert.deepStrictEqual()具有一样的效果。最重要的是，涉及对象的错误消息将产生错误的差异比较，而不是显示两个对象。使用以下命令导入 assert 模块时使用的就是严格模式：

```
const assert = require('assert').strict;
```

3. assert.AssertionError 类

这是 Error 的子类，表明断言的失败。assert 模块抛出的所有错误都是 AssertionError 类的实例。

4. 主要方法介绍

assert 模块提供了十几种方法，这里介绍部分常用的方法。

（1）assert(value[,message])与 assert.ok(value[,message])方法。

assert()是 assert.ok()的别名，ok 是 assert 方法的另一个名字，两者完全一致。

assert()方法接受两个参数，当第 1 个参数对应的布尔值为 true 时，不会有任何提示，返回 undefined；如果布尔值为 false 时，则会抛出一个错误，该错误的提示信息就是第 2 个参数设定的字符串，如：

```
const assert = require('assert').strict;
assert(true, '这不是假值');//无提示
```

```
assert.ok(typeof 123 === 'string');//抛出错误
```

如果未定义 message 参数，则会分配默认错误消息。

（2）assert.equal(actual, expected[, message])方法。

该方法使用相等运算符（==）测试 actual 参数与 expected 参数是否相等，如果不相等就抛出 message 表示的错误。也就是说，第 1 个参数是实际值，第 2 个是预期值，第 3 个是错误的提示信息。

在严格模式下等同于 assert.strictEqual(actual, expected[, message])。

（3）assert.notEqual(actual, expected[, message])方法。

该方法使用不等运算符（!=）测试 actual 参数与 expected 参数是否不相等，只有相等时，才会抛出错误。在严格模式下等同于 assert.notstrictEqual(actual, expected[, message])。

（4）assert.strictEqual(actual, expected[, message])方法。

该方法使用全等运算符（===）测试 actual 参数与 expected 参数是否全等。

（5）assert.notstrictEqual(actual, expected[, message])方法。

该方法使用不全等运算符（!==）测试 actual 参数与 expected 参数是否不全等。如果两个值全等，则抛出一个由 message 表示的错误信息。

（6）assert.deepEqual(actual, expected[, message])方法。

该方法用于测试 actual 参数与 expected 参数是否深度相等。原始值使用相等运算符（==）比较。只测试可枚举的自身属性，不测试对象的原型、连接符或不可枚举的属性。下面的代码不会抛出 AssertionError 错误，因为 RegExp（正则表达式）对象的属性不可枚举：

```
assert.deepEqual(/a/gi, new Date());
```

深度相等意味着子对象的可枚举的自身属性也进行递归计算。再来看一个更详细的示例：

【示例 9-2】 assert 深度相等测试（asserttest\assert_deep.js）

```
const assert = require('assert');
const obj1 = {
  a: {
    b: 1
  }
};
const obj2 = {
  a: {
    b: 2
  }
};
const obj3 = {
  a: {
    b: 1
  }
};
const obj4 = Object.create(obj1);
assert.deepEqual(obj1, obj1);// 无提示
// 属性 b 的值不同：
assert.deepEqual(obj1, obj2);//AssertionError: { a: { b: 1 } } deepEqual { a: { b:
2 } }
assert.deepEqual(obj1, obj3);// 无提示
// 原型被忽略：
assert.deepEqual(obj1, obj4);// AssertionError: { a: { b: 1 } } deepEqual {}
```

（7）assert.notDeepEqual(actual, expected[, message])方法。

该方法测试 actual 参数与 expected 参数是否深度不相等。它与 assert.deepEqual()正相反。

（8）assert.deepStrictEqual(actual, expected[, message])与 assert.notdeepStrictEqual (actual, expected[, message])方法。

这两个方法正是 assert.deepEqual()和 assert.not DeepEqual()方法的严格模式。

（9）assert.throws(fn[, error][, message])方法。

期望 fn 参数表示函数抛出错误。error 参数可以是类、正则表达式、验证函数。当 fn 函数调用无法抛出或错误验证失败时，将抛出错误。

（10）assert.ifError(value)方法。

如果 value 为真，则抛出 value 表示的值。该方法可用于测试回调函数的 error 参数。也就是说，它断定某个表达式是否为 false，如果该表达式对应的布尔值等于 true，就抛出一个错误。它对于验证回调函数的第 1 个参数十分有用，如果该参数为 true，就表示有错误。

```
const assert = require('assert');
function sayHello(name, callback) {
  var error = false;
  var str   = "嗨!  "+name;
  callback(error, str);
}
sayHello('小明', function(err, value){
  assert.ifError(err);//出现错误就抛出
  // 其他语句
})
```

5. 断言测试实例

这里结合第 7 章 Mongoose 模块中的验证器示例提供一个完整的断言测试实例。由于要使用 Mongoose 模块，这里直接需要先导入该模块。

【示例 9-3】 断言测试 Mongoose 验证器（asserttest\validation_assert.js）

```
const mongoose = require('mongoose');
const assert = require('assert').strict;
mongoose.connect('mongodb://127.0.0.1:27017/test',    {useNewUrlParser:    true,
useUnifiedTopology: true});
const db = mongoose.connection;
var breakfastSchema = new mongoose.Schema({
  eggs: {
    type: Number,
    min: [6, 'Too few eggs'],     //最小值验证，低于 6 将报出“Too few eggs”消息
    max: 12            //最大值验证
  },
  bacon: {
    type: Number,
    required: [true, 'Why no bacon?']    //必需字段
  },
  drink: {
    type: String,
    enum: ['Coffee', 'Tea'],    //枚举范围
    required: function() {
      return this.bacon > 3;       //必需字段，定制返回值
    }
  }
});
var Breakfast = db.model('Breakfast', breakfastSchema);
var badBreakfast = new Breakfast({
  eggs: 2,
  bacon: 0,
  drink: 'Milk'
});
var error = badBreakfast.validateSync();    //执行同步验证
//下面使用断言测试
```

```
    assert.equal(error.errors['eggs'].message,'Too few eggs');
    assert.ok(!error.errors['bacon']);
    assert.equal(error.errors['drink'].message,''Milk' is not a valid enum value for
path 'drink'.');
    badBreakfast.bacon = 5;
    badBreakfast.drink = null;
    error = badBreakfast.validateSync();
    assert.equal(error.errors['drink'].message, 'Path 'drink' is required.');
    badBreakfast.bacon = null;
    error = badBreakfast.validateSync();
    assert.equal(error.errors['bacon'].message, 'Why no bacon?');
```

运行该脚本，不会抛出任何错误，说明验证器定义正确。如果修改了验证器定义，则应当修改测试用的 bad Breakfast 对象和断言测试语句。

9.1.3 使用测试框架 Mocha 进行单元测试

如果只是使用 assert 模块编写测试脚本，这些脚本是无法自动运行测试的，而且如果有一个 assert 语句抛出错误，则后面的测试也就执行不了。如果有很多测试脚本需要运行，就必须将这些测试脚本全部组织起来，统一执行，并且得到执行结果，这就需要使用专门的测试框架。而 Mocha 是一款功能丰富的 JavaScript 单元测试框架，它既可以运行在 Node.js 环境中，也可以运行在浏览器环境中。使用 Mocha，测试人员只需要专注于编写单元测试本身，然后让 Mocha 去自动运行所有的测试，并给出测试结果。接下来先从一个入门示例着手讲解。

1. Mocha 入门示例

mocha 包是第三方的，首先需要安装它。通常使用全局方法安装：

```
cnpm install --global mocha
```

也可以作为项目的依赖进行安装：

```
cnpm install --save-dev mocha
```

最新的 Mocha 框架要求 Node.js 版本不低于 6.0.0。

（1）采用全局方式安装 mocha 包。

（2）先创建一个 mochatest 示例目录，然后在该目录下创建 test 子目录。

（3）在 test 子目录下创建一个测试脚本，加入以下内容。

【示例 9-4】 Mocha 入门示例（mochatest\test\mochatest.js）

```
const assert = require('assert'); //加载 assert 模块
describe('数组测试', function() {     //测试套件
  describe('#使用 indexOf()方法获取数组元素位置', function() {
    it('如果在数组中没找到林红则返回 -1', function() {                //测试用例
      assert.equal(['王勇', '张莉', '李强'].indexOf('林红'), -1); //断言
    });
  });
});
```

（4）在命令行窗口中切换到 test 子目录的上级目录下，执行 mocha 命令，得到如下结果：

```
C:\nodeapp\ch09\mochatest>mocha
数组测试
    #使用 indexOf()方法获取数组元素位置
      √ 如果在数组中没找到林红则返回 -1
  1 passing (10ms)
```

其中√表示该测试用例测试通过。

还可以采用另一种方法来运行测试。在项目根目录中的 package.json 配置文件中添加以下 npm 命令：

```
{
  "scripts": {
    "test": "mocha"
  }
}
```

然后在项目根目录下执行 npm test 命令运行 Mocha 测试，结果是一样的。

```
C:\nodeapp\ch09\mochatest>npm test
```

2. 测试脚本的结构

Mocha 的作用是运行测试脚本，测试脚本就是用来测试源代码的脚本。测试脚本包括一个或多个 describe 块，每个 describe 块包括若干 it 块。

describe 块被称为测试套件，表示一组相关的测试，也就是测试用例集。它使用函数的形式定义，第 1 个参数是测试套件的名称，用于描述该测试套件；第 2 个参数是一个实际执行的回调函数。

it 块被称为测试用例，表示一个单独的测试，是测试的最小单位。它也以函数的形式定义，第 1 个参数是测试用例的名称，用于描述该用例；第 2 个参数是一个实际执行的回调函数。具体的测试都是在 it 的回调函数中实现的，通常在其中包括断言函数。

describe 声明的是一个测试用例集合，它是可以嵌套的。it 声明定义一个具体的测试用例，一个 it 对应一个实际的测试用例。

3. 测试脚本的组织

为了自动执行测试，需要按一定规则组织所有的测试脚本。

默认情况下，mocha 会搜索./test/*.js 文件，通常将测试脚本放在项目根目录的 test 目录下。mocha 命令会执行 test 目录下的测试脚本，但是若 test 下有子目录，子目录下又存在测试脚本，只使用 mocha 就不能执行全部测试脚本了。这需要使用 mocha --recursive 命令来执行所有测试脚本。

要执行指定的脚本，可将测试脚本作为 mocha 的参数。

要执行某一类测试脚本，可通过通配符匹配要测试的脚本文件。例如 mocha test/**/*.js 命令表示执行 test 目录下所有文件夹中的.js 文件。

还要注意测试脚本的命名。通常，测试脚本与所要测试的源代码文件同名，置于特定的测试目录（默认为 test）中。也可以将其扩展名改为.test.js（表示测试）或者.spec.js（表示规格），比如 add.js 的测试脚本可以命名为 add.test.js。

4. 使用断言

Mocha 允许使用任何断言库。每个测试都需要断言。每个测试用例可以有一个或多个断言。除了内置的 assert 模块之外，Mocha 还可以使用以下断言库。

- should.js：BDD 风格的断言库。
- expect.js：expect()风格的断言库。
- chai：expect()、assert()和 should 风格的断言库。
- better-assert：C 语言风格的自文档化 assert()。
- unexpected：可扩展的 BDD 断言工具包。

5. 异步代码测试

Node.js 应用程序是单线程的，其最显著的特点就是有很多异步代码。同步代码的测试比较简单，直接判断函数的返回值是否符合预期就行，而异步回调函数需要通过测试框架支持回调、Promise 或其他的方式来判断测试结果的正确性。Mocha 可以很好地支持异步的单元测试，会串行地执行编写的测试用例，输出灵活准确的测试结果报告。

使用 Mocha 测试异步代码只需要在测试完成时调用一下回调函数。通过添加一个回调函数（通常命名为 done）给 it()方法，Mocha 就会知道这个函数被调用时才能完成测试。这个回调函数仅能接受一个 Error 实例（或其子类）或者 false 值，其他任何值会导致测试失败，例如：

```
describe('User', function(done) {
    describe('#save()', function(done) {
        it('should save without error', function() {
            var user = new User('小红')
            user.save(function(err) {
                if(err) done(err);
                else done()
            })
        })
    })
})
```

也可以直接使用 done()回调函数（这将处理一个 error 参数），可将上述代码改写为：

```
describe('User', function() {
    describe('#save()', function() {
        it('should save without error', function(done) {
            var user = new User('小红')
            user.save(done)
        })
    })
})
```

6. 同步代码测试

当测试同步代码时，可以省略参数中的回调函数，Mocha 将自动继续进行下一个测试，例如：

```
describe('Array', function () {
    describe('#indexOf()', function () {
        it('should return -1 when the value is not present', function() {
          [1,2,3].indexOf(5).should.equal(-1);
          [1,2,3].indexOf(0).should.equal(-1);
        });
    })
})
```

7. 使用钩子（HOOKS）函数

Mocha 默认使用 BDD 风格的接口，主要提供 6 个接口：before()、after()、beforeEach()、afterEach()、describe()和 it()。其中前 4 个是钩子函数，用于预处理和测试之后的处理。

```
describe('hooks', function() {
    before(function() {
        //在执行所有的测试用例之前，函数会被调用一次
    })
    after(function () {
        //在执行完所有的测试用例之后，函数会被调用一次
    })
    beforeEach(function() {
        //在执行每个测试用例之前，函数会被调用一次
    })
    afterEach(function () {
        //在执行每个测试用例之后，函数会被调用一次
    })
})
```

钩子函数会按照它们被定义的顺序执行。

- 同一个 describe 块中钩子函数的执行顺序为：before()（只运行一次）→beforeEach()→afterEach()→after()（仅运行一次）。
- beforeEach()会对当前 describe 块中的所有子用例生效。
- before()和 after()的代码没有特殊顺序要求。
- 一个 it 块有多个 before()时，执行顺序是从最外围的 describe 块的 before()开始，其他同理。

任何钩子函数在执行时都可以传递一个可选的描述信息，以便更容易地准确指出测试中的错误。如

果钩子函数使用了命名的回调函数，则其名称会被作为默认的描述信息。

```
beforeEach(function () {
    // beforeEach（没有任何的描述信息）
})
beforeEach(function namedFn() {
    // beforeEach:namedFn 会被当作描述信息
})
beforeEach('some description', function () {
    // beforeEach:some description(提供了描述信息)
})
```

8. 测试用例管理

大型项目会有很多测试用例。有时，希望只运行其中的几个，这时可以用 only()方法。describe 块和 it 块都允许调用 only()方法，表示只运行某个测试套件或测试用例，例如：

```
describe('Array', function() {
  describe('#indexOf()', function() {
    it.only('should return -1 unless present', function() {
      // ...
    });

    it('should return the index when present', function() {
      // ...
    });
  });
});
```

还可以使用 skip()方法跳过指定的测试套件或测试用例，例如：

```
describe('Array', function() {
  describe.skip('#indexOf()', function() {
    // ...
  });
});
```

9.2 实战演练——为应用程序进行单元测试

实战演练——为应用程序进行单元测试

在 Web 应用开发中往往要对 API 接口进行单元测试，如果使用断言函数来实现，无疑会非常烦琐，好在可以利用第三方的 HTTP 测试库来简化 HTTP 的请求和测试，supertest 就是这样一个测试库。这里将 supertest 与 Mocha 框架结合起来，为第 8 章实战演练部分的 API 接口编写一个单元测试脚本。

9.2.1 熟悉 supertest 测试库

本节重点是要了解 supertest 测试库。supertest 实际上是直接向 API 接口发起 HTTP 请求并解析结果，然后针对结果进行断言。

1. supertest 的主要特性

supertest 继承 superagent 所有的 API 和用法。superagent 是一个强大并且可读性很好的轻量级 ajax API，也是一个 HTTP 测试库，主要用来抓取网页。supertest 是专门用来配合 Node.js 的 Web 框架（主要是 Express）进行测试的。

使用之前需要确保已安装 Node.js，然后在项目根目录下使用以下命令安装 supertest：

```
cnpm install supertest --save-dev
```

选项-save-dev 表示将包安装到项目目录下，并在 package.json 文件的 devDependencies 节点中写入依赖信息。devDependencies 节点下的模块仅在开发时需要，在项目部署后是不需要的，所以可以使用-save-dev 选项安装。

与 superagent 一样，supertest 需要通过调用.end()方法执行一个 request 请求。

supertest 调用.expect()方法来进行断言，如果其参数为数字，则表示检查 HTTP 请求返回的状态码。

2. supertest 的入门示例

为了实验，先做好准备工作。创建一个名为 supertest 的目录，然后该目录下安装 supertest:

```
C:\nodeapp\ch09\supertest>cnpm install supertest --save-dev
```

如果在系统中，没有全局安装 Express，也要在此安装它:

```
C:\nodeapp\ch09\supertest>cnpm install express --save
```

接下来给出几个示例。可以将一个 http.Server 对象或一个函数作为参数传递给 request()方法。如果服务器还没有侦听连接，则它将被绑定到一个临时端口，这样就不必跟踪端口了。

supertest 可以与任何测试框架一同工作，下面给出一个不用测试框架的例子，代码如下。

【示例 9-5】 supertest 的入门示例（supertest\noframework.js）

```
const request = require('supertest');
const express = require('express');
const app = express();
app.get('/user', function(req, res) {
  res.status(200).json({ name: 'john' });
});
request(app)
  .get('/user')
  .expect('Content-Type', /json/)
  .expect('Content-Length', '15')
  .expect(200)
  .end(function(err, res) {
    if (err) throw err;
  });
```

直接在 supertest 目录运行该脚本，不会抛出任何错误，测试通过。

```
C:\nodeapp\ch09\supertest>node noframework.js
```

如果修改部分代码，例如将 app.get()方法中的第 1 个参数进行修改，则会保存抛出错误。

大多数情况下，应使 supertest 与 Mocha 测试框架一同工作，下面是一个简单的例子，注意可以将 done 回调函数直接传递给任何.expect()调用。

【示例 9-6】 supertest 与 Mocha 测试框架协同（supertest\supertest_mocha.js）

```
//开头部分代码同上，这里省略
describe('GET /user', function() {
  it('responds with json', function(done) {
    request(app)
      .get('/user')
      .set('Accept', 'application/json')
      .expect('Content-Type', /json/)
      .expect(200, done);
  });
});
```

由于使用了 Mocha 测试框架，不能直接在 supertest 目录下运行该脚本，而要使用 mocha 命令执行测试脚本。结果如下，说明测试通过。

```
C:\nodeapp\ch09\supertest>mocha supertest_mocha.js
  GET /user
    √ responds with json
  1 passing (33ms)
```

没有必要每次都传递 app 或 url 参数，如果要测试同一主机，只需简单地重新指定使用初始化 app 或 url 的 request 变量，每次调用 request.VERB()（VERB()是 HTTP 方法）将创建新的测试，例如:

```
request = request('http://localhost:5555');
request.get('/').expect(200, function(err){
  console.log(err);
});
request.get('/').expect('heya', function(err){
  console.log(err);
});
```

3. supertest 的方法

supertest 可以使用 superagent 方法，包括.write()、.pipe()等。supertest 必须调用.expect()方法进行断言，下面列出其用法。

- .expect(status[, fn])：断言响应状态码。
- .expect(status, body[, fn])：断言响应状态码和响应体。
- .expect(body[, fn])：断言响应体，使用字符串的文本、正则表达式或解析的对象。
- .expect(field, value[, fn])：使用字符串或正则表达式的断言头部字段值。
- .expect(function(res) {})：传递一个自定义的断言函数，这将给定一个用于检查的响应对象，如果检查失败，抛出一个错误。

supertest 需要通过调用.end()方法执行请求，并在该方法的回调函数参数中执行断言测试以满足更低层次的需求，用法如下。

- .end(fn)：执行请求并调用 fn(err, res)。

接下来再对 supertest 常用的其他 superagent 方法进行简要介绍。

（1）请求基本用法。

通过调用请求对象上合适的方法发起请求，然后调用.then()或.end()方法发送请求。最简单的请求方法是 GET，用法示范如下：

```
request.get('/search')
.then(res => {
    // res.body, res.headers, res.status
  })
  .catch(err => {
    // err.message, err.response
  });
```

或者

```
request('GET', '/search').then(success, failure);
```

也可使用 DELETE、HEAD、PATCH、POST 和 PUT 请求，只需简单地替换方法名即可。注意 DELETE 请求应使用.del()方法。

（2）设置请求头部字段。

使用.set()方法，将字段名称和值作为参数，例如：

```
request.get('/search').set('Accept', 'application/json').then(callback);
```

（3）GET 请求。

使用查询字符串的 GET 请求可使用.query()方法来接收对象。例如处理请求路径/search?query=Manny&range=1..5&order=desc：

```
request.get('/search')
  .query({ query: 'Manny' })
  .query({ range: '1..5' })
  .query({ order: 'desc' })
  .then(res => {   });
```

（4）POST/PUT 请求。

这类请求通常使用 JSON 格式提交数据，这可使用.send()方法，例如：

```
request.post('/user')
    .set('Content-Type', 'application/json') //设置请求头部 Content-Type 字段
    .send('{"name":"tj","pet":"tobi"}')
```

```
    .then(callback)
    .catch(errorCallback)
```

（5）设置内容类型（Content-Type）。

例如，要设置以 JSON 格式提交数据，可以使用.set()方法：

```
    .set('Content-Type', 'application/json')
```

也可以改用快捷方法.type()，例如：

```
    .type('application/json')
```

还可以仅简单地使用扩展名，例如：

```
    .type('json')
```

（6）解析响应体。

superagent 能够解析常见的响应体数据，支持 application/x-www-form-urlencoded、application/json 和 multipart/form-data 格式。还可以设置其他类型数据的自动解析，例如：

```
request.parse['application/xml'] = function (res, cb) {
    //在此解析响应文本并设置 res.body 属性
    cb(null, res);
};
```

（7）响应属性。

可以设置响应对象属性，包括响应文本（res.text）、已解析的响应体（res.body）、头部字段（res.header['content-length']）、状态标志（res.status）等。

（8）管道操作数据。

Node.js 客户端可以对请求数据进行管道操作，即使用.pipe()方法代替.end()和.then()方法。

（9）错误处理。

回调函数总是传递两个参数：error（错误）和 response（响应）。如果没有错误发生，则第 1 个参数将为 null。

9.2.2 编写测试脚本

第 8 章已经创建了一个名为 restapi 的项目，这里转到第 8 章 restapi 项目目录下进行实验。为了使用 supertest 包，还需在该项目目录下安装该包。

```
C:\nodeapp\ch08\restapi>cnpm install supertest --save-dev
```

接下来直接在 restapi 目录中创建一个名为 test 的子目录，用于集中存放测试脚本。

在 test 目录中创建测试脚本文件 app.js，针对项目中 app.js 主程序的各个 API 接口编写相应的测试脚本，完整的内容如下。

【示例 9-7】 Restapi 项目测试脚本（ch08\restapi\test\app.js）

```
const request = require('supertest')('http://localhost:5000');
describe('GET /', function() {
  it('重定向到/books', function(done) {
    request.get('/')
      .expect(302, done);
  });
});
describe('GET /books', function() {
  it('以 JSON 形式返回所有记录', function(done) {
    request.get('/books')
      .set('Accept', 'application/json')
      .expect('Content-Type', /json/)
      .expect(200, done);
  });
});
describe('GET /books/:id', function() {
  it('以 JSON 形式返回所有记录', function(done) {
```

```
      var id = '2';
      request.get('/books/'+id)
        .expect('Content-Type', /json/)
        .expect(200, done);
    });
  });
  describe('POST /books', function() {
    it('添加记录（JSON 形式）', function(done) {
      request.post('/books')
        .set('Content-Type', 'application/json')
        .send('{"isbn":"9000000000", "name":"测试书名", "author":"测试作者", "press":"测试出版社", "price":"0.00", "pubdate":"2019-01-01"}')
        .expect(200)
        .end(function(err) {
          done(err);
        });
    });
  });
  describe('PUT /books', function() {
    it('修改指定记录（JSON 形式）', function(done) {
      var id = '10';
      request.put('/books/'+id)
        .set('Content-Type', 'application/json')
        .send('{"isbn":"9787115488435", "name":"人工智能（第 2 版）", "price":"98.00"}')
        .expect(200)
        .end(function(err) {
          done(err);
        });
    });
  });
  describe('DELETE /books', function() {
    it('删除指定记录', function(done) {
      var id = '11';
      request.delete('/books/'+id)
        .expect(200)
        .end(function(err) {
          done(err);
        });
    });
  });
```

其中第 1 行直接将 app 作为参数传递给 require('supertest')，用法如下：

```
const request = require('supertest')(app);
```

之后调用 requset.get('/path')时，就可以对 app 的 path 路径进行访问了。

另外，读者在测试时可根据需要修改测试用例中的 id 值。

9.2.3 执行自动化测试

例中测试脚本要访问 http://localhost:5000，必须先运行项目中的 app.js 主程序，再打开另一个命令行窗口，执行 mocha 命令，结果如下：

```
C:\nodeapp\ch08\restapi>mocha
  GET /
    √ 重定向到/books
  GET /books
    √ 以 JSON 形式返回所有记录
  GET /books/:id
    √ 以 JSON 形式返回所有记录
  POST /books
```

```
    √ 添加记录（JSON 形式）
  PUT /books
    √ 修改指定记录（JSON 形式）
  DELETE /books
    √ 删除指定记录
  6 passing (91ms)
```

也可以不用先运行项目的 app.js 主程序，直接执行 mocha 命令自动启动程序并运行自动化测试。这需要先将 app.js 程序作为模块导出，在 app.js 主程序的末尾加上以下语句：

```
module.exports = app;
```

然后在 test 目录下的测试脚本 app.js 中将第 1 行语句改为以下两行代码：

```
const app = require("../app.js");
const request = require('supertest')(app);
```

这样执行 mocha 命令时，将自动启动 app.js 主程序，并执行测试。

9.3 Node.js 应用程序的部署和运行管理

一旦完成了 Node.js 应用程序开发，并进行了测试，接着就需要进行最后的部署工作了。目前有一些 PaaS（平台即服务）云服务提供商已经让部署变得非常简单，用户还可以选择自己的服务器来部署 Node.js 应用程序。部署好应用程序之后，还需要确保它稳定地运行。

Node.js 应用程序的部署和运行管理

9.3.1 Node.js 应用程序的部署方式

Node.js 应用程序的部署方式有多种，这里进行简单的介绍。

1. 将 Node.js 应用程序部署到自己的服务器上

这是最基本的部署方式，自己的服务器可以是本地服务器，也可以是远程服务器。可以在 Windows 平台上开发，然后在 Linux 服务器上部署，反之亦然。下面列出基本的部署步骤。

（1）在目标服务器（用于部署的服务器）上安装 Node.js 包以部署运行环境，Node.js 版本应不低于开发机器上的软件版本。

（2）将本地的项目目录及其子目录和文件（node_modules 子目录除外）复制到目标服务器指定的目录下。通常使用 Git 工具或者文件上传工具。

（3）根据需要安装应用程序运行环境，如数据库服务器、代理服务器等，并做好相应配置。

（4）根据需要安装 cnpm 包，便于通过淘宝镜像安装 Node.js 包，以更好地适应国内网络环境。

```
npm install -g cnpm --registry=https://registry.npm.taobao.org
```

（5）在目标服务器上安装所需的 Node.js 包。打开命令行窗口，切换到项目根目录，执行以下命令根据项目目录中 package.json 文件查找该文件列出的依赖包并下载最新版本。

```
cnpm install
```

（6）启动 Node.js 应用程序。

通常使用以下方式启动项目。

```
node 主程序
```

如果程序是基于生成器产生的脚手架，则有些脚手架会提供快捷方式启动项目。例如，对于由 Express 生成器 express-generator 创建的应用程序脚手架，会在 package.json 文件加入以下代码：

```
"scripts": {
   "start": "node ./bin/www"
  },
```

可以直接运行 npm start 命令，相当于执行 node ./bin/www 命令。在 Windows 平台上则要执行：

```
SET DEBUG=myapp:* & npm start
```

其中 myapp 是 Express 应用程序的名称。

（7）根据需要使用 PM2 进程管理工具接管应用程序。

2. 将 Node.js 应用程序部署到云平台上

将 Node.js 应用程序部署到云平台上的解决方案有两类，一类是云主机（IaaS），另一类是 PaaS 平台。

部署到云主机（IaaS）的步骤与部署到自己的服务器上类似。部署项目之后，通常使用类似 PM2 工具进行管理，并且配置 Nginx 反向代理，有的还要配置负载均衡。

适合部署 Node.js 应用程序的 PaaS 平台主要有 Heroku 和 Nodejitsu，这些都是免费的解决方案，根据其提供的使用说明能够实施。

3. 通过 Docker 发布 Node.js 应用程序

Docker 是世界领先的软件容器平台，是传统虚拟化的替代解决方案。Node.js 应用程序非常适合以容器的形式在生产环境中部署，基本步骤如下。

（1）开发 Node.js 应用程序。

（2）测试 Node.js 应用程序。

（3）创建 Node.js 应用程序的镜像。

（4）基于该镜像运行容器。

4. Node.js 项目打包

可以使用自动化构建工具 gulp 实现源代码内部文件合并和压缩，减少网络文件传输量。

还可以使用 jxCore 工具进行项目工程打包，生成两个文件，.jxp 文件是一个中间件文件，包含需要编译的完整项目信息；.jx 文件是一个完整包信息的二进制文件，可运行在客户端上。将这两个文件复制到目标服务器上，并在目标服务器上配置 jxCore 和 Node.js 环境，使用以下命令即可启动 Node.js 应用程序：

```
jx 文件名.jx
```

9.3.2 让 Node.js 应用程序更稳定地运行

Node.js 支持多种方式的错误处理。与大多数编程语言一样，在 Node.js 中可以通过 throw 语句抛出一个异常。try/catch 的错误处理非常简单，但只能用于同步调用，无法捕获异步回调函数中的异常。为了处理异步回调的错误，Node.js 的回调函数通常包含一个 err 参数，用于返回错误信息。

随着项目代码增多，异步嵌套更复杂，经常会有异常未被捕获的情况发生。Node.js 应用程序没有很强的健壮性，往往会因为一个未捕获的异常使进程直接退出，导致服务不可用。最简单的解决方案是使用 uncaughtException 事件机制。

顾名思义，uncaughtException 就是未捕获的异常。它实际上是 Node.js 进程的一个事件，如果进程里产生了一个异常而没有被任何错误处理程序捕获，就会触发这个事件。Node.js 对于未捕获异常的默认处理方式是：触发 uncaughtException 事件，如果 uncaughtException 事件没有被监听，那么输出异常的堆栈信息并触发进程的 exit 事件，从而导致进程退出。为 uncaughtException 事件添加处理程序会覆盖此默认行为。为此，可以在应用程序中添加 uncaughtException 事件的处理程序来避免进程因异常退出。通常在 Node.js 主程序文件末尾加上以下代码：

```
process.on('uncaughtException', function(err) {
   console.error('未捕获的异常：%s',err.stack);
});
```

要注意的是，正确使用 uncaughtException 事件的方式是用其在进程结束前执行一些已分配资源（比如文件描述符、handles 等）的同步清理操作。而触发 uncaughtException 事件后，用它来尝试恢复应用程序正常运行的操作是不安全的。

要让一个已经崩溃的应用程序正常运行，更可靠的方式是启动另外一个进程来监测或探测应用程序是否出错，无论 uncaughtException 事件是否被触发，如果监测到应用程序出错，则恢复或重启应用程序。PM2 就是具有此功能的进程管理器。通过 PM2 启动 Node.js 应用程序，当进程异常退出时，PM2 会尝试重新启动该进程，从而保证应用程序稳定地运行。

具备这种监控功能的工具还有 supervisor、nodemon 和 forever。supervisor 是开发环境使用的，nodemon 也是被开发环境使用，可用于修改自动重启。forever 可以管理多个站点。而 PM2 除了保证 Node.js 应用程序持续运行之外，还具有服务配置、负载均衡、日志监控等更高级功能，下面重点讲解其应用。

9.3.3 使用 PM2 管理 Node.js 应用程序

通过命令行运行 Node.js 应用程序之后，如果关闭命令行窗口或终端窗口，则该程序也随之关闭。另外，Node.js 应用程序往往会因为一个错误而导致进程终止，从而导致整个 Node.js 应用程序关闭。因此，在生产环境中部署 Node.js 应用程序时，往往需要以服务（守护进程）的方式来启动它。PM2 正是这样的 Node.js 进程管理工具，其可以保证进程始终运行。它可以用来简化很多 Node.js 应用程序管理的繁琐任务，如性能监控、自动重启、负载均衡等，而且使用非常简单。

1. 安装 PM2 包

PM2 可以在 Linux、macOS 和 Windows 平台上运行。要使用它，应以全局方式安装该包：

```
npm install -g pm2
```

2. 启动应用程序

应用程序最简单的启动方式是在项目目录下直接启动，如图 9-1 所示。

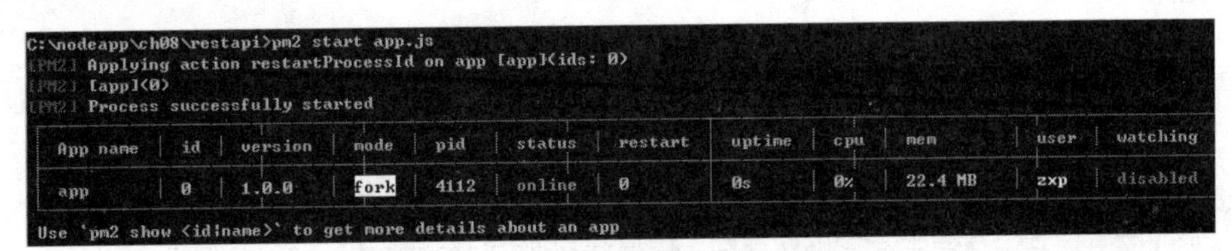

图 9-1　在项目目录直接启动应用程序

其中 App name 列表示应用程序名，id 列为自动分配的标识符，version 列表示版本，mode 列表示进程模式，pid 列表示进程 ID，status 列表示当前状态，restart 列表示重启次数，uptime 列表示运行时间，cpu 表示 CPU 占用率，mem 列表示占用的内存，watching 列表示是否处于源码变更监控状态。

根据提示，使用以下命令能够获取应用程序更详细的信息。

```
pm2 show <id|name>
```

例如，查看上述程序的详细信息，可以执行以下命令：

```
pm2 show 0
```

或者

```
pm2 show app
```

如果不在项目根目录下执行 pm2 start 命令，需要明确指定 Node.js 主程序文件的路径。其他 pm2 命令的参数如果不涉及目录路径，可以在任意目录下执行。

3. 常用的 PM2 命令、参数和选项

常用的 PM2 命令如下。

pm2 list：列出 PM2 启动的所有应用程序。

pm2 monit：显示每个应用程序的 CPU 和内存占用情况。

pm2 logs：显示应用程序的日志。

pm2 stop：停止应用程序。

pm2 restart：重启应用程序。

pm2 delete：关闭并删除应用程序。

其中部分命令可以使用不同的参数，例如参数 id 表示应用程序的标识符，name 表示应用程序的名称，all 表示所有应用程序。有些参数还可以使用 JSON 数据。

常用选项（有的选项有短格式和长格式）列举如下。

--watch：监听应用程序目录源代码的变化，一旦发生变化，自动重启。

--ignore-watch：排除监听的目录或文件，可以是特定的文件名，也可以用正则表达式来表示。

-i（--instances）：启用的实例数，可用于负载均衡。-i 0 或-i max 表示根据当前机器核数确定实例数目，这可以弥补 Node.js 缺陷。

-n（--name）：指定应用程序的名称。查看应用信息时可以使用名称。

-o（--output） <path>：标准输出日志文件的路径，有默认路径。

-e（--error） <path>：错误输出日志文件的路径，有默认路径。

例如，使用选项启动应用程序：

```
pm2 start app.js --watch          # 当源文件变化时自动重启应用
pm2 start app.js --name="api"     # 启动应用程序并将其命名为 "api"
```

另外所有脚本参数 process.argv 都必须放在双重短划线之后，例如：

```
pm2 start abc.js -- arg1 arg2 arg3
```

PM2 启动的每个应用程序就是一个进程。下面简介 PM2 的进程管理。

4. 管理应用程序状态

作为一个进程管理器，PM2 可以管理应用程序状态，可以启动、停止、重启或删除进程。下面给出简单的示范命令。

（1）启动一个进程：

```
pm2 start app.js --name "my-api"
pm2 start web.js --name "web-interface"
```

（2）停止 web-interface：

```
pm2 stop web-interface
```

可以发现该进程并没有消失，它仍然存在，只是状态变为 stopped。

（3）重启 web-interface：

```
pm2 restart web-interface
```

（4）从 PM2 进程列表中删除应用程序：

```
pm2 delete web-interface
```

从 PM2 2.4.0 版本开始，也可以通过正则表达式来重启、删除、停止或重载应用程序。例如下面的命令仅重启 http-1 和 http-2，不会重启 http-3：

```
pm2 restart /http-[1,2]/
```

注意正则表达式以“/”作为起止符号，只能匹配应用程序名称，不能匹配进程 ID。

5. 进程列表

对于 PM2 启动的多个应用程序，可以使用以下命令列出所有正在运行的进程：

```
pm2 list
```

或

```
pm2 [list|ls|l|status]
```

也可获取指定进程的详细信息，如：

```
pm2 show 0
```

还可以对进程列表进行排序，以下命令按名称降序列出进程：

```
pm2 list --sort name:desc
```

默认是按名称升序列出进程，还可以使用其他属性作为排序依据：

```
pm2 list --sort [name|id|pid|memory|cpu|status|uptime][:asc|desc]
```

6. 达到内存限值重启应用程序

PM2 可以根据内存限值重启应用程序。

可采用命令行方式，例如以下命令表示当内存占用超过 20MB 时重启该应用程序：

```
pm2 start big-array.js --max-memory-restart 20M
```

还可以通过配置文件定义，例如与以上命令等效的 JSON 定义为：

```
{
  "name"   : "max_mem",
  "script" : "big-array.js",
  "max_memory_restart" : "20M"
}
```

7. 重新加载

重启命令 restart 会杀死并重启进程，而重载命令 reload 用于实现 0 秒停机重新加载。

```
pm2 reload app.js           //重新启动所有进程，始终保持至少一个进程在运行
pm2 gracefulReload all      //优雅地以集群模式重新加载所有应用程序
```

8. 查看应用程序日志

执行 pm2 logs 命令可查看所有应用程序的日志，如图 9-2 所示。

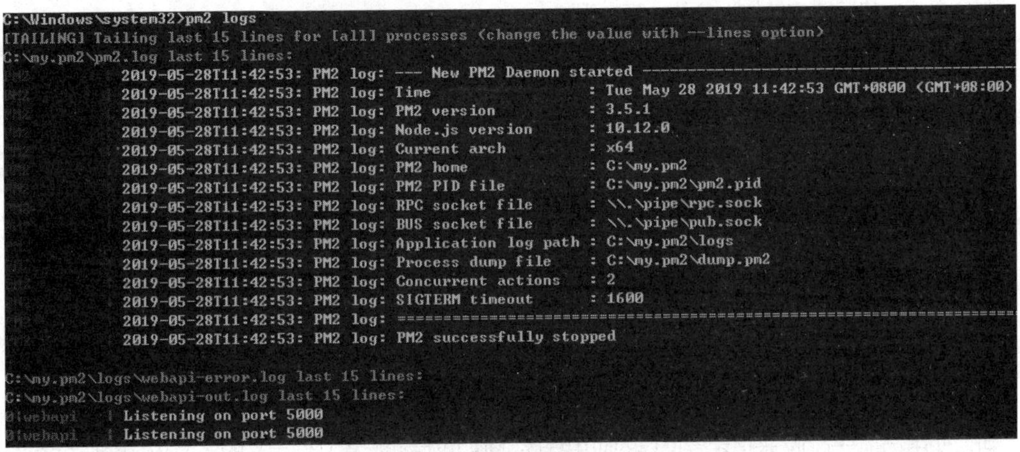

```
C:\Windows\system32>pm2 logs
[TAILING] Tailing last 15 lines for [all] processes (change the value with --lines option)
C:\my.pm2\pm2.log last 15 lines:
          2019-05-28T11:42:53: PM2 log: --- New PM2 Daemon started ----------------------
          2019-05-28T11:42:53: PM2 log: Time                 : Tue May 28 2019 11:42:53 GMT+0800 (GMT+08:00)
          2019-05-28T11:42:53: PM2 log: PM2 version          : 3.5.1
          2019-05-28T11:42:53: PM2 log: Node.js version      : 10.12.0
          2019-05-28T11:42:53: PM2 log: Current arch         : x64
          2019-05-28T11:42:53: PM2 log: PM2 home             : C:\my.pm2
          2019-05-28T11:42:53: PM2 log: PM2 PID file         : C:\my.pm2\pm2.pid
          2019-05-28T11:42:53: PM2 log: RPC socket file      : \\.\pipe\rpc.sock
          2019-05-28T11:42:53: PM2 log: BUS socket file      : \\.\pipe\pub.sock
          2019-05-28T11:42:53: PM2 log: Application log path : C:\my.pm2\logs
          2019-05-28T11:42:53: PM2 log: Process dump file    : C:\my.pm2\dump.pm2
          2019-05-28T11:42:53: PM2 log: Concurrent actions   : 2
          2019-05-28T11:42:53: PM2 log: SIGTERM timeout      : 1600
          2019-05-28T11:42:53: PM2 log: ==========================================
          2019-05-28T11:42:53: PM2 log: PM2 successfully stopped

C:\my.pm2\logs\webapi-error.log last 15 lines:
C:\my.pm2\logs\webapi-out.log last 15 lines:
0|webapi   | Listening on port 5000
0|webapi   | Listening on port 5000
```

图 9-2　查看应用程序日志

9.3.4　使用 PM2 的配置文件管理应用程序

PM2 支持进程管理工作流，可以通过进程文件来调整每个应用程序的行为、选项、环境变量和日志文件，这对基于微服务的应用尤其有用。它支持的配置格式有 JavaScript、JSON 和 YAML。

1. 生成配置文件

执行以下命令在当前目录生成一个名为 ecosystem.config.js 的配置样例文件。

```
pm2 ecosystem
```

要生成不含任何注释的 ecosystem 文件，需要执行以下命令：

```
pm2 ecosystem simple
```

2. 配置文件格式

默认生成的是 JavaScript 格式的配置文件，样例文件内容如下：

```
module.exports = {
  apps : [{
    name      : "worker",           //应用程序名称
    script    : "./worker.js",      //应用程序文件路径
    watch     : true,    //是否启用监控模式
```

```
    env: {                           //环境变量
      "NODE_ENV": "development",
    },
    env_production : {
       "NODE_ENV": "production"
    }
  },{
    name      : "api-app",
    script    : "./api.js",
    instances  : 4,
    exec_mode  : "cluster"
  }]
}
```

在上述 JavaScript 格式中，“apps”部分实际上就是一个 JSON 格式的数组，可以定义多个应用程序，每个应用程序使用 JSON 对象格式定义。

配置文件可以直接使用 JSON 格式或 JSON5 格式。还可以使用 YAML 格式，不过并不推荐这种格式。

3. 使用配置文件

在命令行中将配置文件作为参数，基本用法：

```
pm2 命令 配置文件名
```

这里以 ecosystem.config.js 配置文件为例进行示范。

启动配置文件定义的所有应用程序：

```
pm2 start ecosystem.config.js
```

停止配置文件定义的所有应用程序：

```
pm2 stop ecosystem.config.js
```

重启配置文件定义的所有应用程序：

```
pm2 restart ecosystem.config.js
```

重新加载配置文件定义的所有应用程序：

```
pm2 reload ecosystem.config.js
```

删除配置文件定义的所有应用程序：

```
pm2 delete ecosystem.config.js
```

可以使用选项--only 来指定要操作的应用程序，例如仅启动配置文件定义的名为 worker-app 的应用程序：

```
pm2 start ecosystem.config.js --only worker-app
```

4. 配置文件的选项定义

配置文件里的选项与命令行选项基本上是一一对应的，这里列出部分常用的选项。

- apps：采用 JSON 结构包括所有应用，apps 是一个数组，每一个数组成员对应一个在 PM2 中运行的应用。
- name：应用程序名称。
- cwd：应用程序所在的目录。
- script：应用程序的脚本路径。
- log_date_format：日志日期格式。
- error_file：自定义应用程序错误日志文件。
- out_file：自定义应用程序日志文件。
- pid_file：自定义应用程序的 pid 文件。
- instances：启动的应用程序实例数。
- min_uptime：最小运行时间。如果应用程序在这个时间段内退出，PM2 会认为程序异常退出，此时触发重启。它具体受 max_restarts 值限制。

- max_restarts：设置应用程序异常退出重启的次数，默认为 15 次（从 0 开始计数）。
- cron_restart：定时启动，解决重启能解决的问题。
- watch：是否启用监控模式，默认是 false。如果设置成 true，当应用程序变动时，PM2 会自动重载。这里也可以设置要监控的文件。
- exec_interpreter：应用程序的脚本类型，默认是 Node.js。
- exec_mode：应用程序启动模式，默认是 fork。它可以设置为 cluster_mode（集群）。
- autorestart：启用或禁用应用程序崩溃或退出时自动重启。

5. 通过配置文件实现环境切换

正式的应用开发往往分为不同的环境，如开发环境、测试环境、生产环境，部署和运行应用程序时需要根据不同的环境进行切换。PM2 通过在配置文件中使用 env 或 env_<environment_name>选项来声明不同环境的配置，然后在启动应用时，通过--env 选项指定要运行的环境。这里给出一个环境定义的示例：

```
"env": {
  "NODE_ENV": "development",
  "ID": "10"
},
"env_test": {
  "NODE_ENV": "test",
  "ID": "20"
},
"env_production": {
  "NODE_ENV": "production",
  "ID": "30"
}
```

假如上述代码保存在名为 mysystem.json 的配置文件中，默认将使用 env 指定的环境：

```
pm2 start ecosystem.json
```

如果要使用生产环境，执行以下命令：

```
pm2 start ecosystem.json --env production
```

env 选项指定的是默认的环境，env_< environment_name>指定的是特定环境，其中 environment_name 指环境名称，在 pm2 命令中其作为--env 选项的参数来引用该环境。

在 env 或 env_<environment_name>选项中可以定义属性，这些属性值在应用程序中需要通过 process.env.属性名来读取，例如 process.env.ID。

9.3.5 在 Windows 平台上配置开机自动启动 Node.js 应用程序

绝大多数 Node.js 应用程序都是以服务（守护进程）的形式运行的，在生产环境中一般要求开机自动运行，这在 Linux 等平台上实现较为容易，而在 Windows 平台上需要借助第三方工具。这里介绍两种典型的解决方案，一种是使用 PM2 结合 pm2-windows-service 包，另一种是直接使用 NSSM 工具。

1. 通过 PM2 设置开机自动启动服务

PM2 在 Linux 和 macOS X 平台上可通过生成启动脚本来设置开机自动启动，但在 Windows 系统上不能这么做。为此 PM2 官方网站推荐使用两个包 pm2-windows-service 或 pm2-windows-startup 来创建 Windows 启动脚本。这里以 pm2-windows-service 为例讲解实现方案，它可以将 PM2 安装成 Windows 服务以达到开机自动运行的目的。

（1）确认已安装好 PM2。

（2）以全局方式安装 pm2-windows-service 包。

```
cnpm i -g pm2-windows-service
```

（3）添加一个系统环境变量。

```
PM2_HOME = C:\my.pm2
```

这个路径可以自行指定，但要求管理员具备完全访问权限。

（4）以管理员身份打开一个命令行窗口，执行以下命令安装服务。

```
C:\Windows\system32>pm2-service-install
```

出现“Perform environment setup ?”提示信息，输入 n 继续，此时 PM2 服务已安装成功并已启动。可以通过“服务”管理控制台来查看，安装的服务名称为 PM2 且启动类型为“自动”，如图 9-3 所示。

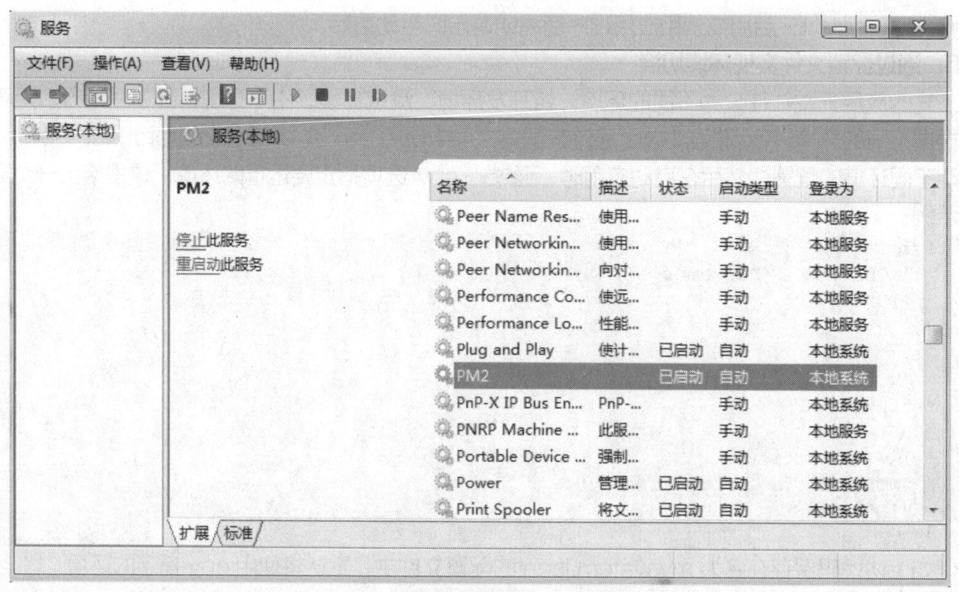

图 9-3　PM2 服务已安装成功并已启动

至此完成了操作环境准备，接下来配置要自动启动的应用程序。

（5）以管理员身份打开另一个命令行窗口，设置要自动启动的应用程序。切换到要启动的项目目录下，使用 pm2 启动服务程序，例如：

```
C:\nodeapp\ch08\restapi>pm2 start app.js -n webapi
```

可以运行多个应用程序，例如：

```
C:\nodeapp\ch08\myapp>pm2 start app.js -n myapp
```

可以执行 pm2 list 命令查看当前的进程列表，如图 9-4 所示。

C:\Windows\system32>pm2 list

App name	id	version	mode	pid	status	restart	uptime	cpu	mem	user	watching
myapp	1	0.0.0	fork	3540	online	12	3s	0%	33.3 MB	zxp	disabled
webapi	0	1.0.0	fork	3700	online	0	94s	0%	28.6 MB	zxp	disabled

图 9-4　查看当前进程列表

（6）继续执行以下命令保存当前 PM2 正在管理的 Node.js 应用程序。

```
C:\nodeapp\ch08\myapp>pm2 save
[PM2] Saving current process list...
[PM2] Successfully saved in C:\my.pm2\dump.pm2
```

这个命令很重要，用于将当前的进程列表保存到系统环境变量 PM2_HOME 所设置的目录路径中，供开机自动启动 PM2 服务恢复这些进程（Node.js 应用程序）。

（7）进行实际测试。重启 Windows 操作系统，以管理员身份打开一个命令行窗口，执行 pm2 monit 命令可以发现上述两个 Node.js 应用程序已经自动运行，如图 9-5 所示。

如果要修改自动启动的 Node.js 应用程序列表，只需使用 pm2 命令开启或关停自动启动，然后执行

pm2 save 保存进程列表即可。

如果不希望再使用 PM2 开机服务方式，则可以执行 pm2-service-uninstall 命令卸载 Windows 中的 PM2 服务。

2. 通过 NSSM 设置开机自动运行 Node.js 应用程序

NSSM 是可将 Node.js 项目注册为 Windows 系统服务的通用工具，也可用来将 Node.js 应用程序注册为 Windows 服务进行部署。这样做的好处是启动、停止、重启皆由 Windows 系统管理。下面进行简单的示范。

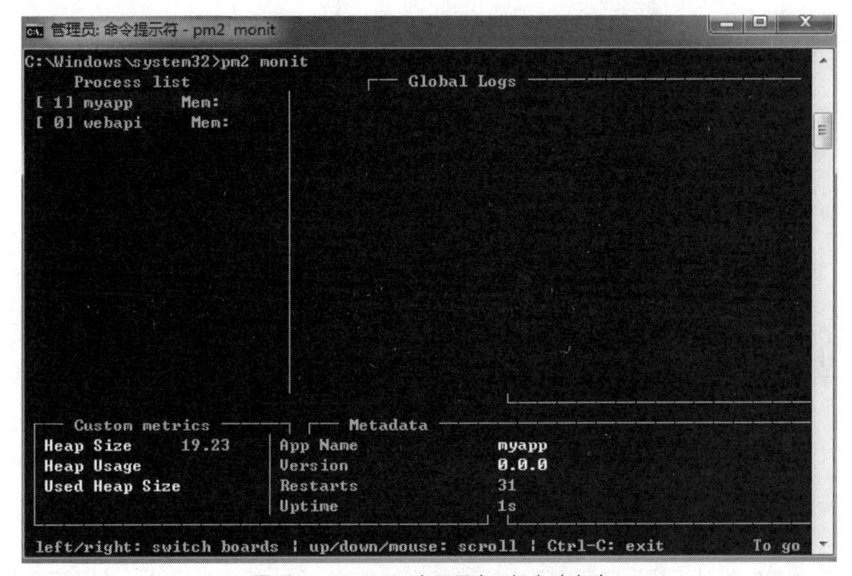

图 9-5　Node.js 应用程序开机自动启动

（1）从 NSSM 官网下载 NSSM 软件包，例中使用的是 nssm-2.24.zip。

（2）根据平台类型解压缩其中的 win32 或 win64 目录，这里选择 win64 目录。

（3）打开命令行窗口，切换到上述解压缩的 win64 目录（例中为 C:\nodeapp\ch09\nssm-2.24\win64），其中有一个 nssm.exe 文件。

（4）执行以下命令注册一个 Windows 服务，例中 mywebapi 为服务名称。

```
nssm install mywebapi
```

（5）注册过程中弹出 NSSM 配置对话框，如图 9-6 所示。

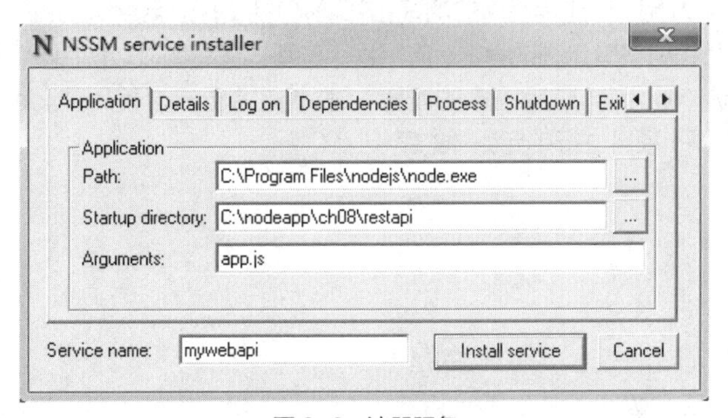

图 9-6　注册服务

在“Application Path”文本框输入系统安装的 node.exe 的完整路径，可以单击右侧的按钮弹出文件选择对话框进行选择；在“Startup directory”文本框中输入 Node.js 项目的根目录；在“Arguments”

文本框中输入启动参数，这里输入要启动的文件，还可以带上命令参数。完成设置之后单击“Install service”按钮，成功注册服务之后将弹出服务成功注册的提示对话框，关闭该对话框。

（6）在“服务”管理控制台中找到已成功注册的服务，双击它即可打开其管理界面，可以像管理其他 Windows 服务一样来管理该 Node.js 应用程序的启动、停止和重启，如图 9-7 所示。

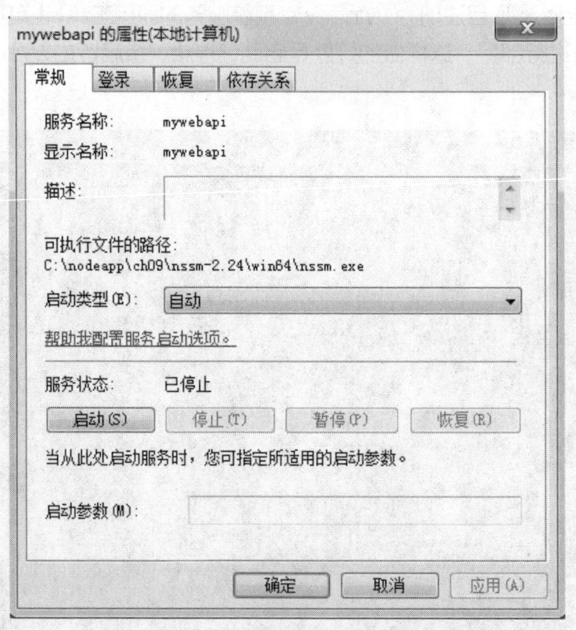

图 9-7　管理 Windows 服务

注册之后服务的默认设置为自动启动，但服务此时没有启动，单击“启动”按钮即可启动该服务。此时可以实测刚注册的服务是否启动正常。

成功注册的服务，除了可以通过服务管理控制台管理外，还可以通过 NSSN 命令管理，例如 nssm start 用于启动服务，nssm stop 用于暂停服务，nssm restart 用于重启服务，nssm remove 用于删除服务，它们的参数都是已注册的服务名称。

9.4　本章小结

本章的主要内容是 Node.js 应用程序的测试和部署，包括使用 assert 模块的断言方法编写测试脚本、使用 Mocha 框架编写和组织单元测试脚本、应用程序的不同部署方式、使用 PM2 工具部署和管理应用程序及开机自动启动 Node.js 应用程序的配置。本章还给出一个使用 Mocha 框架和第三方模块 supertest 为 REST API 项目进行单元测试的案例。

习题

一、选择题

1. 以下关于单元测试的叙述，不正确的是（　　）。

   A. 针对模块或函数的测试是单元测试

   B. 可以使用一个或多个断言来实现一个测试用例

   C. 单元测试可以不使用断言

   D. Node.js 项目的单元测试重点是接口的自动化测试

2. 以下关于Mocha框架的叙述，不正确的是（　　）。
   A. Mocha自动运行所有的测试，并给出测试结果
   B. 测试脚本中包括一个或多个describe块
   C. 每个describe块只能包括一个it块
   D. 自动执行测试需要按一定规则组织所有的测试脚本
3. 以下关于supertest测试库的说法，不正确的是（　　）。
   A. supertest可以用来配合Express框架测试HTTP
   B. supertest直接向API接口发起HTTP请求并解析结果，然后针对结果进行断言
   C. supertest必须与Mocha测试框架一同工作
   D. supertest调用.expect()方法进行断言
4.（　　）能够保证Node.js应用程序在生产环境中稳定地运行。
   A. try/catch错误处理
   B. 使用uncaughtException事件机制
   C. 通过PM2启动Node.js应用程序
   D. 使用nodemon
5. PM2的配置文件不支持的格式是（　　）。
   A. JavaScript　　B. JSON　　C. XML　　D. YAML

二、简述题

1. 什么是断言?
2. 什么是测试用例?
3. 简述Mocha测试脚本的组成结构。
4. 在项目中如何组织Mocha测试脚本?
5. Node.js应用程序有哪几种部署方式?
6. 如何让Node.js应用程序更稳定地运行?

三、实践题

1. 分析本章的测试脚本示例，掌握Mocha的基本用法。
2. 熟悉PM2工具的基本操作。
3. 在Windows系统中使用NSSM工具为应用程序注册服务。

第 10 章 综合实例——构建博客网站

10

学习目标

① 了解 Node.js 项目的开发流程，熟悉 MVC 设计模式。
② 进一步熟悉 Express 框架，掌握中间件、路由和视图的使用方法。
③ 了解用户认证和会话控制，学会使用 Express 中间件实现它们。
④ 掌握 Express 与 MongoDB 数据库的整合方法，能够构建完整的 Web 应用程序。

综合实例——构建博客网站

我国互联网上网人数达十亿三千万人。人民群众获得感、幸福感、安全感更加充实、更有保障、更可持续，共同富裕取得新成效。这些离不开以互联网为基础的应用开发，尤其是 Web 应用开发。前面的章节从基础知识讲起，系统讲解了 Node.js 应用程序的开发、测试和部署的基本方法，本章讲解如何综合运用前面所学的知识和掌握的技能来实现一个完整项目的开发。博客网站是非常具有代表性的 Node.js 应用程序，本章选择它作为综合实例进行示范。

10.1 项目准备

项目准备

整个项目采用 MVC 软件设计模式，将应用程序按照“模型-视图-控制器”的方式进行分离，以便分组开发、测试和未来扩展。Express 框架支持通过 MVC 模式设计 Web 应用程序。

10.1.1 项目概述

博客是以网络作为载体，使用户能够便捷地发布自己的心得，及时有效地与他人进行交流，集丰富多彩的个性化展示于一体的综合性平台。本项目旨在示范 Web 开发中主要功能模块的实现方式，以及一个软件项目的开发流程，因而是一个比较简单的个人博客系统。该系统的主要功能如图 10-1 所示。

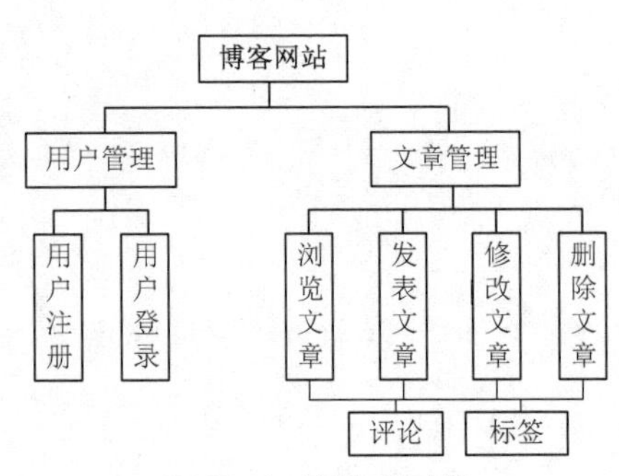

图 10-1 博客网站功能

本项目涉及的主要技术栈如下。

- Express——搭建 Web 应用框架。
- MongoDB——存储数据和 session（会话）。
- Mongoose——组织数据模型，连接和操作 MongoDB

数据库。

- EJS——模板引擎和视图渲染。
- Bootstrap——前端框架。
- Passport——实现用户认证。

10.1.2 创建项目脚手架

为提高开发效率，使用 Express 生成器快速创建一个本项目的脚手架。确认已经以全局方式安装 express-generator，然后执行以下命令创建项目（采用 EJS 模板引擎）：

```
C:\nodeapp\ch10>express --view=ejs blogsite
```

创建完毕，根据提示进入项目目录，安装项目依赖：

```
C:\nodeapp\ch10>cd blogsite
C:\nodeapp\ch10\blogsite>cnpm install
```

执行 npm start 命令运行该项目，打开浏览器访问网址 http://127.0.0.1:3000 进行测试。

生成的项目脚手架的基本结构如下：

```
app.js              主文件
bin                 启动项目脚本目录
node_modules        第三方模块
package.json        项目配置文件
public              静态资源文件［前端］
routes              路由文件［后端］
views               视图模板文件 ［前端］
```

目前这个项目是一个空项目，自带了一个简单的例子。其中 app.js 是主文件，笔者为它加上了中文注释：

```
var createError = require('http-errors'); //HTTP 错误处理中间件
var express = require('express'); //express 模块
var path = require('path');  //path 模块
var cookieParser = require('cookie-parser'); //cookie 解析模块
var logger = require('morgan');    //日志模块
//导入路由文件
var indexRouter = require('./routes/index');
var usersRouter = require('./routes/users');
//得到 express 实例
var app = express();
//视图引擎设置
app.set('views', path.join(__dirname, 'views'));
app.set('view engine', 'ejs');
//使用一系列中间件
app.use(logger('dev'));  //日志记录
app.use(express.json()); //解析带有 JSON 有效负载的传入请求
app.use(express.urlencoded({ extended: false }));
app.use(cookieParser()); //cookie 解析
app.use(express.static(path.join(__dirname, 'public')));//设置静态资源位置
//使用路由
app.use('/', indexRouter);
app.use('/users', usersRouter);
// 捕获 404 错误并将其转发到错误处理程序
app.use(function(req, res, next) {
  next(createError(404));
});
```

```
// 错误处理程序
app.use(function(err, req, res, next) {
  // 设置本地错误信息，仅在开发环境中提供
  res.locals.message = err.message;
  res.locals.error = req.app.get('env') === 'development' ? err : {};
  // 渲染错误处理
  res.status(err.status || 500);
  res.render('error');
});
module.exports = app;  //导出 app
```

接下来在此项目脚手架的基础上按照 MVC 模式构建一个完整的博客网站。

10.2 数据库设计与实现

在 MVC 模式中，模型代表一个存取数据的对象，主要是同数据库打交道。作为示范，本项目的数据库比较简单，仅涉及 articles（文章）和 users（用户）两个集合（表），还有一个 sessions（会话）集合是自动生成的。

数据库设计与实现

10.2.1 数据存储和组织技术

1. 选择 MongoDB 数据库和 Mongoose 对象模型库

MongoDB 是 Node.js 推荐的 NoSQL 数据库，非常适合作为 Web 应用的可扩展的高性能数据库后端。它采用的是面向文档的方式，可以内嵌文档或数组，用一条记录就可以表示复杂的层次关系。对于博客网站来说，最主要的是文章信息，使用 MongoDB 只需要一个文章集合就可以包括文章标题、正文、评论（一篇文章有若干评论）、图片等属性。另外，Web 应用程序的会话（session）控制用到的 session 对象也可存储到 MongoDB 中。

Mongoose 是封装了 MongoDB 常用操作方法的一个对象模型库，其使 Node.js 应用程序操作 MongoDB 数据库变得更加灵活简单，而且有助于提高开发效率。首先需要安装 Mongoose 包：

```
npm install --save mongoose
```

第 7 章讲解了 Mongoose 的用法，这里再补充介绍一下本项目要用到的虚拟属性（Virtuals）。

2. 使用 Mongoose 的虚拟属性

Mongoose 可以对模式设置虚拟属性，这是一种可以读取或设置的文档属性，但是该属性不会被保存到 MongoDB 数据库中。比如，前端传到后台的参数 fullName 表示用户的姓名全名，但是在数据库中保存的是姓氏和名字两个字段，就可以考虑使用虚拟属性。

虚拟属性的 get()方法可以用于格式化和组合字段数据，下面来看一个例子。

```
var personSchema = new Schema({  //定义模式
    name: {
      first: String,
      last: String
    }
});
var Person = mongoose.model('Person', personSchema); //编译模型
var doc = new Person({     //创建文档
    name: { first: 'Bill', last: 'Gates' }
});
```

要输出全名，可以进行以下操作：

```
console.log(doc.name.first + ' ' + doc.name.last); // Bill Gates
```

但是每次都进行拼接操作比较麻烦，如果改用虚拟属性的 get()方法，则可以定义一个名为 fullName 的虚拟属性，但不必将其保存到数据库，例如：

```
personSchema.virtual('fullName').get(function () {
  return this.name.first + ' ' + this.name.last;
});
```

这样 Mongoose 就可以调用 get()方法访问 fullName 属性：

```
console.log(doc.fullName); // Bill Gates
```

虚拟属性的 set()方法能够有效地将一个字段拆解为多个字段来存储到数据库。下面的例子通过名为 fullName 的虚拟属性设置 first（名字）和 last（姓氏）字段：

```
personSchema.virtual('fullName').
  get(function() { return this.name.first + ' ' + this.name.last; }).
  set(function(v) {
    this.name.first = v.substr(0, v.indexOf(' '));//存储到数据库
    this.name.last = v.substr(v.indexOf(' ') + 1); //存储到数据库
  });
axl.fullName = 'William Rose'; // 现在 axl.name.first 值为"William"
```

注意虚拟属性不能用于查询和字段选择，因为虚拟属性值并没有保存到 MongoDB 数据库中。

10.2.2 定义存储文章信息的模型

Mongoose 通过模型来组织数据。这里在项目根目录下创建一个 models 目录，再在该目录下创建一个名为 article.js 的文件来为文章定义模式并创建模型，完整的代码如下：

【示例 10-1】 文章模型（blogsite\models\article.js）

```
const fs = require('fs');
const mongoose = require('mongoose');
//获取标签函数，join()方法用于把数组中的所有元素放入一个字符串
const getTags = function(tags){
   return tags.join(',');
}
//设置标签函数，split()方法用于把一个字符串分割成字符串数组
const setTags =  function(tags){
   return tags.split(',').slice(0, 10);
}
/**  定义 Article 模式  */
const Schema = mongoose.Schema;
const ArticleSchema = new  Schema({
  title: { type: String, default: '', trim: true, maxlength: 400 },
  body: { type: String, default: '', trim: true, maxlength: 1000 },
  user: { type: Schema.ObjectId, ref: 'User' },
  comments: [
    {
      body: { type: String, default: '', maxlength: 1000 },
      user: { type: Schema.ObjectId, ref: 'User' },
      createdAt: { type: Date, default: Date.now }
    }
  ],
  tags: { type: [], get: getTags, set: setTags },
  imageUri: { type: String },
  createdAt: { type: Date, default: Date.now }
});
/** 定义验证器 */
ArticleSchema.path('title').required(true, '文章标题不能为空');
ArticleSchema.path('body').required(true, '文章正文不能为空');
/** 删除之前的钩子 */
ArticleSchema.pre('remove', function(next) {
  if (this.imageUri){
    const image = './public'+this.imageUri;
    fs.unlinkSync(image);  //删除关联的图片文件
```

```
    }
    next();
  });
  /** 自定义实例方法 */
  ArticleSchema.methods = {
    /** 保存文章和上传图像，参数 image 为对象 */
    uploadAndSave: function(image) {
      const err = this.validateSync();
      if (err && err.toString()) throw new Error(err.toString());
      if (image)  this.imageUri='/uploads/'+image.filename;
      return this.save();//  这里的 this 指的是具体文档上的 this
    },
    /** 添加评论，参数 user 和 comment  */
    addComment: function(user, comment) {
      this.comments.push({
        body: comment.body,
        user: user._id
      });
      return this.save();
    },
    /** 删除评论，参数 commentId  */
    removeComment: function(commentId) {
      const index = this.comments.map(comment => comment.id).indexOf(commentId);
      if (~index) this.comments.splice(index, 1);
      else throw new Error('Comment not found');
      return this.save();
    }
  };
  /**  自定义静态方法 */
  ArticleSchema.statics = {
    /** 通过 id 获取文章  */
    load: function(_id) {
      return this.findOne({ _id })   //这里的 this 指的就是 Model
        .populate('user', 'name email username')
        .populate('comments.user')
        .exec();
    },
    /** 根据条件列出文章  */
    list: function(options) {
      const criteria = options.criteria || {};
      const page = options.page || 0;
      const limit = options.limit || 30;
      return this.find(criteria)
        .populate('user', 'name username')  //使用用户的 name 和 username 字段填充
        .sort({ createdAt: -1 })  //排序
        .limit(limit)
        .skip(limit * page)   //分页
        .exec();
    }
  };
  //基于模式定义生成一个模型类，对应于 MongoDB 集合
  module.exports = mongoose.model('Article', ArticleSchema);
```

例中为文章的信息存储定义了一个名为 ArticleSchema 的模式，并基于该模式创建模型。

在模式定义中，大部分字段都定义了默认值，有的还设置了内置的验证器。其中用到了 Mongoose 的填充功能，user 字段使用 ref 选项来引用 User（用户）集合的文档。

comments 字段存储的是文章的评论信息，其类型为数组，可以存储若干条评论信息，每条评论使用 JSON 对象表示，包括多个字段，相当于一个子文档。其中的 user 字段也用 ref 选项来引用 User（用户）集合的文档。

tags 字段存储文章的标签信息，每篇文章可能有多个标签，因此该字段的类型是数组。另外还为该字段指定了 get 和 set 函数，用来存取标签信息，具体的函数已在开头部分定义。

还为 ArticleSchema 模式自定义了两个验证器，要求必须提供文章标题和正文。

为确保删除文章时删除关联的图片文件，本例定义了一个 pre 钩子，并绑定到文章的 remove 方法。

接着是自定义文档操作方法，本例分别定义了一组自定义实例方法和自定义模型静态方法。自定义实例方法有 3 个：uploadAndSave、addComment 和 removeComment，分别用于保存文章的上传图像、添加文章的评论和删除文章的评论。

自定义模型静态方法有两个。load 方法用于通过 id 获取文章，使用 Model.populate()方法实现填充，这里使用 User 文档的 name、email 和 username 3 个字段来填充 Article 文档的 user 字段，使用 User 文档的所有字段填充 Article 文档的 comments.user 字段。

list 方法用于根据条件获取文章，其中用到了填充、排序和分页，以解决记录较多的问题。

10.2.3 定义存储用户信息的模型

在 models 目录下创建一个名为 user.js 的文件来为用户定义模式并创建模型，主要代码如下：

【示例 10-2】 文章模型（blogsite\models\user.js）

```
const mongoose = require('mongoose');
const crypto = require('crypto');//引入 crypto 模块
/* 定义 User 模式 */
const Schema = mongoose.Schema;
const UserSchema = new Schema({
  name: { type: String, default: '' },
  email: { type: String, default: '' },
  username: { type: String, default: '' },
  hashed_password: { type: String, default: '' },
  salt: { type: String, default: '' },
  authToken: { type: String, default: '' }
});
/* 检测值是否存在 */
const validatePresenceOf = function(value) {
   return value && value.length;
}
/* 设置虚拟属性 */
UserSchema.virtual('password')
  .set(function(password) {
    this._password = password;
    this.salt = this.makeSalt();
    this.hashed_password = this.encryptPassword(password);
  })
  .get(function() {
    return this._password;
  });
（此处省略 5 个验证器，这些验证器对用户的名字、Email、密码等提出了要求）
/* 保存之前的钩子 */
UserSchema.pre('save', function(next) {
  if (!this.isNew) return next();
  if (!validatePresenceOf(this.password)) {
    next(new Error('无效密码'));
  } else {
```

```
    next();
  }
});
/* 自定义实例方法 */
UserSchema.methods = {
  /*验证——检查密码是否相同，参数 plainText 表示明文 */
  authenticate: function(plainText) {
    return this.encryptPassword(plainText) === this.hashed_password;
  },
  /* 产生“盐值”*/
  makeSalt: function() {
    return Math.round(new Date().valueOf() * Math.random()) + '';
  },
  /* 对密码进行加密 */
  encryptPassword: function(password) {
    if (!password) return '';
    try {
      return crypto
        .createHmac('sha1', this.salt)
        .update(password)
        .digest('hex');
    } catch (err) {
      return '';
    }
  }
};
/* 自定义静态方法 */
UserSchema.statics = {
  /* 根据条件加载用户信息   */
  load: function(options, cb) {
    options.select = options.select || 'name username';
    return this.findOne(options.criteria)
      .select(options.select)
      .exec(cb);
  }
};
//基于模式定义生成一个模型类,对应于 MongoDB 集合
module.exports =mongoose.model('User', UserSchema);
```

首先导入 crypto 模块，这是 Node.js 提供加密功能的内置模块。这个模块中打包了 OpenSSL hash、HMAC（哈希信息验证码）、cipher（加密）、decipher（解密）、sign（签名）以及 verify（验证）等功能。这里要用它对用户的密码进行加密。

在 User 模式定义中，每个字段都定义了默认值，除了常规的用户字段外，还有几个特色字段。存储密码的 hashed_password 字段值为加密之后的密码，salt 字段存储的是加密用的所谓“盐值”，authToken 字段用于存储自动产生的令牌，目的是保护用户账户验证 cookie 的安全性。

提 示　在密码学中，通过在密码任意固定位置插入特定的字符串，让哈希（Hash，又译为散列）计算后的哈希值与使用原始密码的哈希值不相符，这个过程被称为“加盐”。盐值（Salt）可以是任意字母、数字或字母与数字的组合，但必须是随机产生的，每个用户的盐值都不一样。采用盐值加密用户密码时，数据库中存入的不是明文密码，也不是明文密码的哈希值，而是明文密码加上盐值之后的哈希值。由于加了盐值，即便数据库泄露了，传统的数据字典方法也无法破解密码。

接着为用户密码设置虚拟属性。使用 set()方法获取用户密码之后，通过自定义的 makeSalt()方

法得到一个盐值，再通过自定义的 encryptPassword()方法计算出密码加上盐值的哈希值，盐值和这个哈希值都会保存到用户集合中，这样数据库中保存的就不是原始的用户密码。get()方法用于获取用户密码。

保存用户文档之前的 pre 钩子首先检查要登录的用户是否为新用户，检查密码是否有效。

最后是自定义文档操作方法，分别定义了一组自定义实例方法和自定义模型静态方法。自定义实例方法有 3 个：authenticate 用于验证检查密码是否相等；makeSalt 根据当前日期产生随机的"盐值"；encryptPassword 用于对密码进行加密，这里使用 crypto 模块的加密功能，采用的是 Hmac 算法。Hmac 是一种较高级的加密算法，全称 Hash-based message authentication code，利用哈希算法，可基于 一个密钥和一个消息生成一个消息摘要。例中进行以下链式操作：

.createHmac('sha1', this.salt)：将盐值 this.salt 作为密钥，调用 createHmac()方法，通过 sha256 算法得出盐值的 Hmac 对象。

.update(password)：在上述 Hmac 对象的基础上加上明文密码 password，作为更新之后的 Hmac 对象。

.digest('hex')：计算 Hmac 对象的 Hmac 摘要，结果表示为十六进制。

本项目的用户密码"加盐"实现过程如图 10-2 所示。

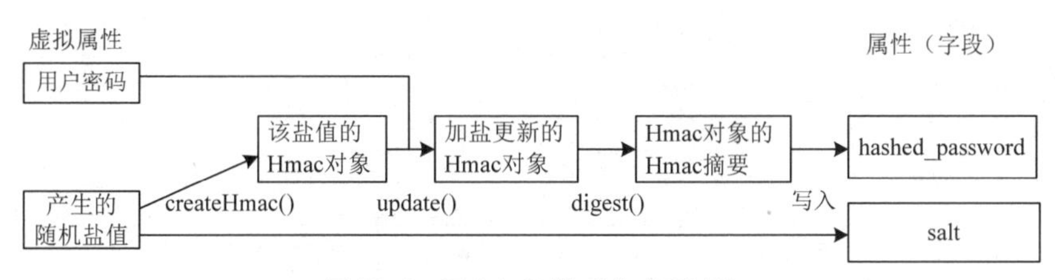

图 10-2 用户密码"加盐"实现过程

自定义模型静态方法 load 用于根据条件获取用户信息。

10.3 用户界面设计与实现

在 MVC 模式中，视图表示的是模型所包含的数据的可视化，主要用于实现用户界面。本项目的主界面如图 10-3 所示，采用简单的上下布局，上部是固定的导航栏，下部是自动填满的内容区。

用户界面设计与实现

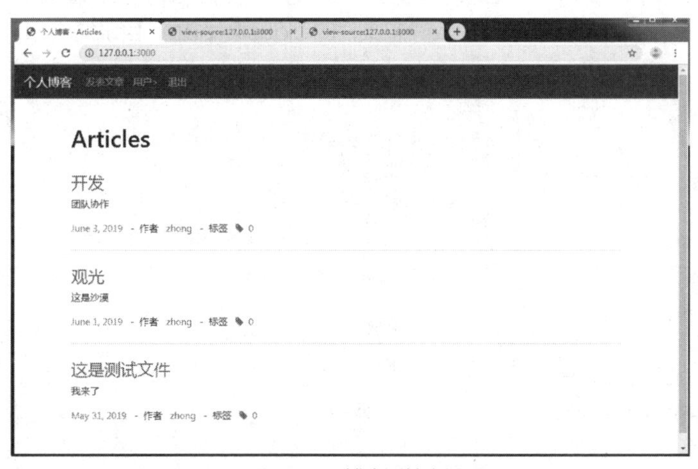

图 10-3 博客网站主界面

10.3.1 前端技术

Express 支持通过模板引擎在应用程序中使用静态模板文件，实现数据与视图分离。考虑到初学者，这里选择简单高效的模板引擎 EJS，在 HTML 页面的基础上通过编写 EJS 模板文件来提供用户界面。

用户界面设计时采用了 Bootstrap 框架。它是一个基于 HTML、CSS 和 JavaScript，用于快速开发 Web 应用程序和网站的前端框架，得到了所有主流浏览器的支持，其响应式 CSS 能够自适应于台式机、平板电脑和手机。只要具备 HTML 和 CSS 的基础知识，就可以快速掌握 Bootstrap。

Bootstrap 的环境至少需要 3 个文件：bootstrap.min.css、jquery.min.js、bootstrap.min.js。在 HTML 页面中引入这 3 个文件的顺序不能乱，一般将 jquery.min.js、bootstrap.min.js 这两个文件放入页面的最底部。

除了功能强大的内置组件外，Bootstrap 还支持第三方插件。本项目涉及文章标签，使用了 Bootstrap-Tagsinput，这是一个基于 jQuery 和 Bootstrap 实现的用于管理标签的插件。

本项目还用到了 Font-Awesome，这是一套为 Bootstrap 而设计的图标字体库及 CSS 框架，包含了常规 Web 开发所需的几乎所有图标（如图 10-4 所示），并且免费授权使用，从官方网站即可下载。

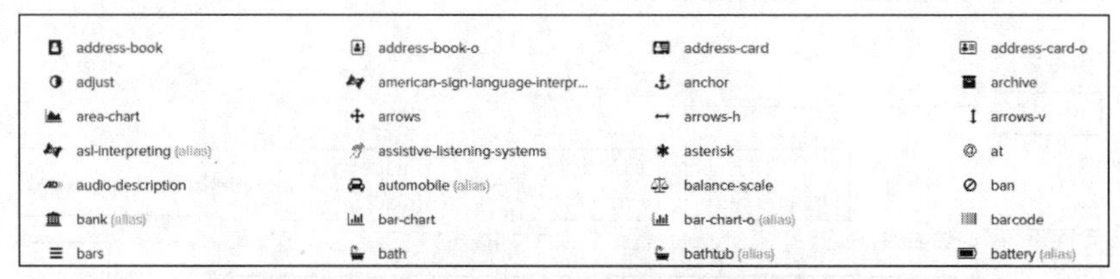

图 10-4 Font-Awesome 提供的部分 Web 应用图标

在网页中嵌入图标非常简单，例如以下代码表示嵌入地址簿图标：

```
<i class="fa fa-address-book" aria-hidden="true"></i>
```

各种图标的引入方法请参见官方网站的指南。

10.3.2 静态文件

上述 Bootstrap 框架及其插件、Font-Awesome 图标库，以及自定义的 CSS 文件和 JavaScript 脚本（前端）如果要在 Express 框架中使用，必须使用内置的 express.static 中间件提供静态资源服务。这些文件统一保存在项目根目录下的 public 子目录中。另外，本项目中发表文章提交的图片文件也统一放在 public 目录下的 uploads 子目录中。本项目存放静态文件的 blogsite\public 目录结构如下：

```
├─css
│      app.css                          #自定义 CSS
│      bootstrap.min.css                #Bootstrap 核心 CSS 文件压缩版
│      bootstrap.min.css.map            #对应的源映射文件
│      font-awesome.min.css             #图标字体库和 CSS 框架
│      jquery.tagsinput.css             #Bootstrap-Tagsinput 标签的 CSS 文件
├─fonts                                 #Font-Awesome 图标字体库目录
│      fontawesome-webfont.eot
│      fontawesome-webfont.svg
│      fontawesome-webfont.ttf
│      fontawesome-webfont.woff
│      fontawesome-webfont.woff2
│      FontAwesome.otf
```

```
├─js
│     app.js                          #自定义 JavaScrip 脚本
│     bootstrap.min.js                #Bootstrap 核心 JavaScript 文件压缩版
│     bootstrap.min.js.map            #对应的源映射文件
│     jquery.min.js                   #jQuery 库压缩版
│     jquery.tagsinput.min.js         #Bootstrap-Tagsinput 插件的 JavaScript 文件压缩版
└─uploads                             #上传图片文件目录
```

这里从 Font-Awesome 官网下载的是 font-awesome-4.7.0.zip 包，解压该压缩包，将其中的 css 目录和 fonts 目录复制到 blogsite\public 目录。

自定义的 JavaScrip 脚本 js/app.js 使用了 Bootstrap-Tagsinput 插件：

```
$(document).ready(function () {
  $('#tags').tagsInput({
    'height':'60px',
    'width':'280px'
  });
});
```

10.3.3 公共模板

EJS 引擎允许模板嵌套，即在当前模板中使用另一个 EJS 模板，以便对整个模板进行组件拆分复用。本项目将页面上部和下部拆分为多个模块，在 views 目录下的 includes 目录中建立了 5 个公共模板，在其他模板文件中可以嵌套这些模板，从而实现模板重用，保持用户界面的整体风格。

head.ejs 模板定义网页的头部，主要是引用相关的 CSS 文件。

【示例 10-3】 网页头部模板（blogsite\views\includes\head.ejs）

```
<head prefix="og: http://ogp.me/ns# nodejsexpressdemo: http://ogp.me/ns/apps/nodejsexpressdemo#">
  <meta charset="utf-8">
  <meta http-equiv="X-UA-Compatible" content="IE=edge,chrome=1">
  <meta name="viewport" content="width=device-width,initial-scale=1">
  <title>个人博客 - <%= title %></title>
  <link href="/css/bootstrap.min.css" rel="stylesheet">
  <link href="/css/jquery.tagsinput.css" rel="stylesheet">
  <link href="/css/font-awesome.min.css" rel="stylesheet">
  <link href="/css/app.css" rel="stylesheet">
</head>
```

foot.ejs 模板定义网页的底部，主要引用相关的 JavaScript 脚本。

【示例 10-4】 网页底部模板（blogsite\views\includes\foot.ejs）

```
<script src="/js/jquery.min.js"></script>
<script src="/js/bootstrap.min.js"></script>
<script src="/js/jquery.tagsinput.min.js"></script>
<script src="/js/app.js"></script>
```

其中要注意 JavaScript 脚本的顺序，在底部加载 Bootstrap 框架及其插件的脚本文件，目的是防止整个网页未加载完毕而这些框架文件先加载可能产生的问题。

header.ejs 模板定义网页上部导航栏，这里使用了 Bootstrap 导航栏布局组件，例如第 1 行代码表示导航栏黑底（bg-dark）白字（navbar-dark），固定在页面顶部（fixed-top），可折叠响应式（navbar-expand-md）。

【示例 10-5】 网页导航栏模板（blogsite\views\includes\header.ejs）

```
<nav class="navbar navbar-expand-md navbar-dark fixed-top bg-dark">
  <a class="navbar-brand" href="/">个人博客</a>
  <button class="navbar-toggler" type="button" data-toggle="collapse" data-target="#navbarCollapse" aria-controls="navbarCollapse" aria-expanded="false"
```

```
aria-label="Toggle navigation"><span class="navbar-toggler-icon"></span></button>
      <div class="collapse navbar-collapse" id="navbarCollapse">
        <ul class="navbar-nav mr-auto">
          <li class="<%= isActive('/articles/new') ? 'active nav-item' : 'nav-item' %>" >
            <a class="nav-link" href="/articles/new" title="发表新文章">发表文章</a></li>
          <% if(req.isAuthenticated()){ %>
          <li class="nav-item<%= isActive('/users/${req.user.id}') && 'active' %>" >
            <a class="nav-link" href="/users/<%= req.user.id %>" title="用户">用户></a>
          </li>
          <li class="nav-item">
            <a class="nav-link" href="/logout"  title="退出">退出</a>
          </li>
          <% } else { %>
          <li class="<%= isActive('/login') ? 'active nav-item' : 'nav-item' %>" >
            <a class="nav-link" href="/login" title="登录">登录</a>
          </li>
          <% } %>
        </ul>
        <ul class="nav navbar-nav navbar-right">
        </ul>
      </div>
    </nav>
```

footer.ejs 模板定义网页底部状态栏，示例非常简单。

还有一个 messages.ejs 模板，定义的是网页中要显示的消息。

10.3.4 内容模板

用户界面设计的主体部分是内容模板，本项目在 blogsite\views 目录下创建以下内容模板。

```
├─articles              #关于文章的模板
│      article.ejs      #文章条目
│      edit.ejs         #修改文章
│      form.ejs         #文章表单
│      index.ejs        #文章列表
│      new.ejs          #添加（发表）文章
│      show.ejs         #显示文章详细内容
├─comments              #关于文章评论的模板
│      comment.ejs      #管理评论
│      form.ejs         #评论表单
└─users                 #关于用户的模板
│      login.ejs        #登录页面
│      show.ejs         #显示用户信息
│      signup.ejs       #注册页面
├─errors                #错误处理模板
│      404.ejs
│      422.ejs
│      500.ejs
```

这里分析一下比较典型的文章列表模板：

【示例 10-6】 文章列表模板（blogsite\views\articles\index.ejs）

```
<!DOCTYPE html>
<html lang="zh-cn">
<head>
  <%- include("../includes/head.ejs")%>
```

```
</head>
<body>
  <%- include("../includes/header.ejs")%>
  <div class="container">
    <div class="page-header">
      <h1><%= title %></h1>
    </div>
    <div class="messages">
      <%- include("../includes/messages.ejs")%>
    </div>
    <div class="content">
        <% if(articles.length){ %>
          <% for(var i=0; i<articles.length; i++) { %>
            <div class="<%= 'py-4 ${i && 'border-top'}' %>">
              <% article = articles[i] %>
              <%- include("./article.ejs")%>
            </div>
          <% } %>
          <% if(pages > 1){ %>
            <ul class="pagination">
              <% pagearr=paginate({ currentPage: page, totalPages: pages }) %>
              <% for(var i=0; i<pagearr.length; i++) { %>
                <li class="page-item <%= (pagearr[i].isActive && pagearr[i].type ===
'PAGE' && 'active') %>">
                  <a class="page-link" href="<%= '?page=${pagearr[i].value}' %>">
                      <% switch(pagearr[i].type){
                        case 'FIRST_PAGE_LINK': %>
                          | 首页
                          <% break; %>
                        <% case 'PREVIOUS_PAGE_LINK': %>
                          | 上一页
                          <% break; %>
                        <% case 'PAGE': %>
                          | <%= pagearr[i].value %>
                          <% break; %>
                        <% case 'ELLIPSIS': %>
                          | ...
                          <% break; %>
                        <% case 'NEXT_PAGE_LINK': %>
                          |  下一页
                          <% break; %>
                        <% case 'LAST_PAGE_LINK': %>
                          |  末页
                          <% break; %>
                        <% } %>
                  </a>
                </li>
              <% } %>
            </ul>
          <% } %>
        <% }else{ %>
          <h4 class="text-muted">还没有文章!  <a href="/articles/new">发表文章
</a></h4>
        <% } %>
    </div>
  </div>
  <%- include("../includes/footer.ejs")%>
  <%- include("../includes/foot.ejs")%>
</body>
</html>
```

该模板嵌入上述公共模板，使用了 Bootstrap 分页组件，所用的分页信息来自基本配置文件 blogsite\express.js 中的 res.locals.paginate 变量（参见 10.4.3 小节）。代码还直接使用了 Bootstrap 内置的 CSS 样式 py-4。

该模板中嵌入的 article.ejs 模板用于显示文章条目，其中代码：

```
<i class="text-muted fa fa-tag"> </i>
```

用于显示标签图标🏷，所用的就是 Font-Awesome 字体。

10.4 业务逻辑设计与实现

业务逻辑设计与实现

前几节讲解的是模型和视图部分，这里讲解业务部分，除了控制器之外，用户认证、会话（session）控制、中间件挂载与配置、路由定义等都在本节进行讲解。

10.4.1 使用 passport 实现用户认证

passport 是一个用于用户登录认证的 Node.js 中间件，可与 Express 框架无缝集成。其功能仅限于登录认证，但非常强大，支持本地账号验证和第三方账号登录验证（如 GitHub 等 OAuth 认证）。作为示范，本项目使用经典的认证方式，即通过后台数据库的用户名和密码进行本地认证。

1. 安装所需的包

本项目需要安装 passport 和 passport-local（用于本地认证）包：

```
cnpm install --save passport
cnpm install --save passport-local
```

2. 挂载 passport 中间件

本项目在 Express 基本配置文件（blogsite\express.js）中初始化 passport：

```
app.use(passport.initialize());
app.use(passport.session());
```

在 Express 应用程序中，要求使用 passport.initialize()中间件来初始化 passport。如果应用程序需要使用持久的登录 session 信息，则必须使用 passport.session()中间件。如果启用 session 支持，应在 passport.session()之前使用 session()，以确保登录 session 按正确的顺序恢复。

3. 配置认证策略和 session

认证过程中 passport 需要配置认证策略和 session，session 配置是可选的。本项目在项目根目录下新建一个名为 passport.js 的文件来配置 passport 认证选项，代码如下：

【示例 10-7】 配置 passport 认证（blogsite\passport.js）

```
const mongoose = require('mongoose');
const LocalStrategy = require('passport-local').Strategy;
const User = mongoose.model('User');
module.exports = function(passport) {
  //序列化，用户提交后会把 id 作为唯一标识储存在 session 中，同时存储在用户的 cookie 中
  passport.serializeUser(function(user, cb) {
    return cb(null, user.id);
  });
  //验证用户是否登录时需要用到此方法，session 根据 id 取回用户的登录信息并存储在 req.user 中
  passport.deserializeUser(function(id, cb) {
     User.load({ criteria: { _id: id } }, cb);
  });
  //创建本地策略,通过 MongoDB 数据库来验证
  passport.use(new LocalStrategy(
    {
      usernameField: 'email',//以电子邮件地址作为用户名字段
```

```
        passwordField: 'password'
      },
      function(email, password, done) {
        //查询用户的条件，以 Email 作为入口
        const options = {
          criteria: { email: email },
          select: 'name username email hashed_password salt'
        };
        //读取用户信息进行比对
        User.load(options, function(err, user) {
          //验证未通过
          if (err) return done(err);
          if (!user) {
            return done(null, false, { message: '未知用户' });
          }
          //调用用户模型中的自定义实例方法 authenticate
          if (!user.authenticate(password)) {
            return done(null, false, { message: '无效密码' });
          }
          //验证通过，返回用户信息
          return done(null, user);
        });
      })
    );
  };
```

passport 旨在满足不同的认证需求，这是通过被称作策略的认证机制来实现的。passport 模块本身不能进行认证，所有的认证方法都以策略形式封装为插件，需要某种认证时将其导入即可。例中使用的是基于用户名和密码认证的本地策略，需要引入本地策略插件：

```
const LocalStrategy = require('passport-local').Strategy;
```

然后通过 passport.use()方法创建本地策略：

```
passport.use(new LocalStrategy())
```

在策略定义中，通过设置需要验证的字段定义验证回调函数。passport 本身不处理验证，具体验证方法在策略配置的回调函数里由用户自行设置。也就是说策略中需要验证回调，以查找拥有认证凭据的用户。

当 passport 验证一个请求时，会解析请求中的凭据，然后调用验证回调函数，将这些凭据（用户名和密码）作为该函数的参数。如果凭据有效，验证回调函数将触发 done 函数将已认证的用户信息提供给 passport。

```
return done(null, user);
```

如果凭据无效（比如密码不正确），done 函数同样也会被触发，但是返回的是 false 而不是 user。

```
return done(null, false);
```

可以提供一些附加消息来指示认证失败原因，这对呈现闪现消息（flash message，又译闪存消息）来提示用户重新尝试认证非常有用。在 Web 应用程序中，闪现消息是指那些在处理表单或其他类型的用户输入后，向用户展示的一次性通知消息。

```
return done(null, false, { message: '无效密码' });
```

最后，如果在验证凭据过程中出现异常（比如数据库不能访问），done 函数可以传递一个 Node 风格的错误信息。

```
return done(err);
```

注意区分以上两种验证失败的原因，如果是服务器异常（系统级异常时），done 函数的参数 err 设置为非空值；而验证条件的失败要确保 err 为 null。

采用这种委派方式，验证回调确保了 passport 与数据库的分离，应用程序可任意选择用户信息存储的方式。

在典型的 Web 应用中，登录请求中包含用户认证的凭据。如果认证成功，一个 session 会被创建，

并可以使用用户浏览器中设置的 cookie 来维持。随后所有的请求不再需要提供凭据，而是通过唯一的 cookie 识别该 session。为支持登录 session，passport 可以将 session 中的用户信息进行序列化（使用 passport.serializeUser()方法）或反序列化（使用 passport.deserializeUser()）。

上述代码中，只有用户 ID 被序列化到 session 中，目的是减少 session 数据的存储容量。收到请求后，用户 ID 可以查找用户，并将其存入 req.user 中。

序列化和反序列化的逻辑由应用程序提供，便于选择适合的数据库或对象映射，不受认证层面的限制。

4. passport 的认证方法

完成以上 passport 配置之后，通过调用 passport.authenticate()方法及配置相应的策略，就可实现请求认证。authenticate()方法是标准的 Connect 中间件，在 Express 应用程序中其可以非常方便地作为路由中间件使用。下面是一段简单的示例代码：

```
app.post('/login',
  passport.authenticate('local'),
  function(req, res) {
    // 如果认证通过，将触发该函数。req.user 对象包括已通过认证的用户名
    res.redirect('/users/' + req.user.username);
  });
```

默认情况下，认证失败后 passport 会返回“401 Unauthorized”状态的响应，其后面的处理函数也不会被触发。当然认证成功后，处理函数被触发并将已通过认证的用户信息赋值给 req.user。

通常在认证请求后需要处理的事务就是重定向。在 authenticate()方法中可通过第 2 个参数（以对象形式定义的选项）中的 successRedirect 或 failureRedirect 来设置认证成功或失败时的跳转链接。

重定向后的网页经常会显示一些状态提示信息（如登录失败），这就需要区分登录网页是认证失败后的重定向还是首次访问，具体方法是将消息写入 session 对象中被称为 flash（闪现）的特殊区域，这些消息也被称为闪现消息（flash message），能够确保将认证成功或失败的消息返回。使用闪现消息需要使用 req.flash()方法，在 Express 4.x 中要使用 connect-flash 中间件来提供闪现消息，后面将进一步介绍。在 authenticate()方法中可通过第 2 个参数中的 successFlash 或 failureFlash 来设置认证成功或失败时的闪现消息。

本项目在路由控制文件blogsite\routes.js 中的用户路由部分定义 passport 认证的重定向和闪现消息：

```
app.post(
  '/users/session',
  passport.authenticate('local', {          //采用本地认证策略
    failureRedirect: '/login',              //认证失败跳转到/login
    failureFlash: '无效的 Email 或密码！'      //认证失败写入闪现消息
  }),
  users.session
);
```

由于 HTTP 是无状态协议，所以在认证成功后通常将登录信息保存在 session 中。但某些应用并不需要 session，如 API 服务需要证书来认证，此时禁用 session，具体是在 authenticate()方法中将第 2 个参数设置为{ session: false }。

通过 passport.authenticate()方法处理认证请求时，还可自定义回调函数来处理成功或失败的认证。要使用自定义回调函数，必须建立一个 session（可通过 req.logIn()）并发送响应。

5. passport 对 HTTP 请求方法的扩展

passport 扩展了 HTTP 请求方法，添加了以下 4 种方法，这些方法可看作是 passport 内置的。

（1）req.login(user, options,callback)方法。

passport 通过暴露给 req 的 login()（别名 logIn()）方法创建登录 session。登录操作完成后，用户信息被赋给 req.user 对象。passport.authenticate()中间件会自动触发 req.login()。此方法主要是在

用户注册时使用，注册过程中调用 req.login()方法自动记录新注册的用户。

（2）req.logout()方法。

passport 通过暴露给 req 的 logout()（别名 logOut()）方法终止登录 session。可从任何路由处理函数调用 logout()方法来删除 req.user 属性并清除登录 session。

（3）req.isAuthenticated()与 req.isUnauthenticated()方法。

这两个方法都不带参数，req.isAuthenticated()用于测试该用户是否存在于 session 中，即是否已登录。若存在则返回 true。在 session 持续期间判断用户是否已登录使用此方法非常实用。req.isUnauthenticated()与 isAuthenticated()的作用正好相反，如用户存在于 session 中则会返回 false。

本项目在示例 10-11 用户控制器文件中使用了 req.login()方法和 req.logout()方法，在示例 10-5 网页导航栏模板和示例 10-9 控制用户认证路由文件中使用了 req.isAuthenticated()方法。

本项目与 passport 用户认证相关的程序文件如图 10-5 所示。

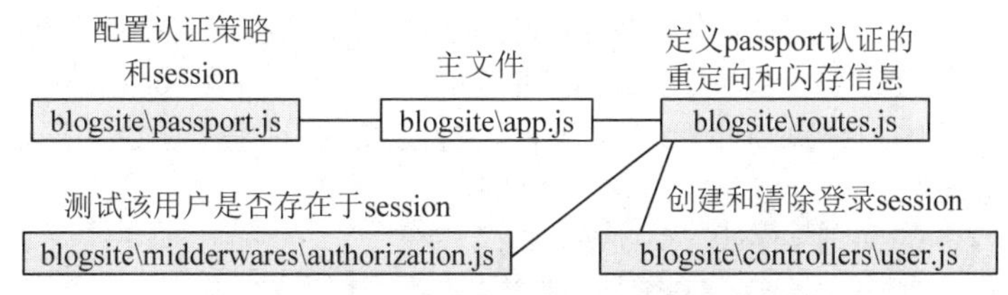

图 10-5　与 passport 用户认证相关的程序文件

10.4.2　session 控制

前几节在讲解用户认证时多次提到 session，可见用户认证和 session 是不可分的。使用 session 可实现一次认证即可多次访问需要登录的页面，减少了不必要的重复认证。

1. 理解 session

保存在服务器端的 session 对象存储特定用户会话所需的属性及配置信息，当用户在应用程序的网页之间跳转时，存储在该对象中的变量将不会丢失，而是在整个用户会话中一直存在下去。session 的作用就是在 Web 服务器上保持用户的状态信息，以供用户在任何时间从任何设备上的页面进行访问。cookie 是另一种在客户端保持用户状态的机制。它是服务器存储在客户端浏览器的小块文本，并随每个请求发送到同一服务器。当浏览器访问服务器并发送第一次请求时，服务器端会创建一个 session 对象，生成一个键值对，然后将 key(cookie)返回到浏览器端，浏览器下次再访问该服务器端时，携带 key(cookie)，找到对应的 session(value)。客户的信息都保存在 session 对象中。

2. 使用 express-session 和 connect-mongo 中间件管理 session

要在 Express 框架中实现 session 控制，必须使用第三方中间件。express-session 是基于 Express 框架专门用于处理 session 的中间件，执行以下命令安装该模块：

```
cnpm install express-session  --save
```

session 认证机制离不开 cookie，sessionID 保存在 cookie 中，但是 session 数据存储在服务器端。express-session 1.5.0 之前的版本需要同时使用 cookieParser 中间件，express-session 可以直接读写请求和响应的 cookie。

express-session 提供的 session 默认保存在内存中，并不适用于生产环境，实际应用中应配置其为使用数据库存储。如果使用 MongoDB 数据库，则可以使用 connect-mongo 中间件来为 Express 应用程序保存 session 数据，因此本项目需要安装该模块：

```
cnpm install connect-mongo  --save
```

本项目在 Express 基本配置文件（blogsite\express.js）中导入以上两个模块：

```
const session = require('express-session');
const mongoStore = require('connect-mongo')(session);
```

接着配置该中间件：

```
app.use(
  session({
    resave: false,           //强制保存session，建议设置成false
    saveUninitialized: true,  //强制保存未初始化的内容，建议设置成true
    secret: pkg.name,         //加密字符串也可以写数组
    store: new mongoStore({   //将session存进数据库
      url: db,                // MongoDB数据库路径
      collection: 'sessions'   //集合名称
    })
  })
);
```

一旦将express-session中间件挂载，就可以很方便地通过req参数来存储和访问session对象的数据。req.session是一个JSON格式的JavaScript对象，可以在使用的过程中随意增加成员，这些成员会自动地被保存到挂载express-session所指定的存储位置（例中为数据库中的sessions集合）。本项目在用户控制器（blogsite\controllers\user.js）文件定义的用户登录函数中记录来自req.session.returnTo的重定向路径：

```
function login(req, res) {
  const redirectTo = req.session.returnTo ? req.session.returnTo : '/';
  delete req.session.returnTo;
  res.redirect(redirectTo);
}
```

而req.session.returnTo值是由自定义的中间件（blogsite\midderwares\authorization.js）设置的。

3. 使用connect-flash中间件管理闪现消息

前面提到过，闪现（flash）是session中一个用于存储信息的特殊区域。消息写入到闪现区域后，跳转目标网页就能显示该消息。闪现是与配置重定向（redirect）一同使用的，目的是确保消息在目标网页中可用。闪现值使用过一次便被清空，特别适合一次性的消息提示，如注册、登录页面。当用户再次刷新网页时，就没有之前的提示消息了。在Express 4.x中使用闪现消息需要使用connect-flash中间件，执行以下命令安装connect-flash模块：

```
cnpm install --save connect-flash
```

该中间件依赖express-session，需要在它之后引用：

```
flash = require('connect-flash');
```

应在express-session中间件挂载之后再挂载connect-flash中间件：

```
app.use(flash());
```

挂载connect-flash中间件之后就可以使用req.flash()方法来设置闪现消息值，例如：

```
req.flash('success', '发表文章成功！');
```

在页面跳转之前给success和error赋值，就可以让它们获得相应的变量，显示给用户后，这些变量会被清空。

10.4.3 使用Express中间件

对于Express应用程序来说，中间件是必不可少的。本项目使用一些现成的通用中间件，还编写了一个中间件用于实现用户认证路由控制。

1. 使用现成的Express中间件

将由express-generator生成的项目脚手架的主文件app.js中的中间件抽出来，在项目根目录下创建一个名为express.js的文件来设置Express应用程序的基本配置，重点是挂载要使用的中间件。

【示例 10-8】 Express 基本配置（blogsite\express.js）

```
const express = require('express');
const session = require('express-session');
const compression = require('compression');
const morgan = require('morgan');
const cookieParser = require('cookie-parser');//cookie 解析模块
const methodOverride = require('method-override');
const csurf = require('csurf');
const cors = require('cors');
const helmet = require('helmet');
const multer = require('multer');//文件上传中间件
const upload = multer({ dest: 'public/uploads/' });//指定上传目的路径
const mongoStore = require('connect-mongo')(session);
const flash = require('connect-flash');
const helpers = require('view-helpers');
const ultimatePagination = require('ultimate-pagination');
const pkg = require('./package.json');
const db = 'mongodb://localhost/blog';//数据库路径
let log = 'dev';
module.exports = function(app, passport) {
  app.use(helmet());
  // 压缩中间件（应置于 express.static 之前）
  app.use(
    compression({
      threshold: 512
    })
  );
  app.use(
    cors({
      origin: 'http://localhost:3000',//只有该网站能够访问
      optionsSuccessStatus: 200, // 提供用于成功的选项请求的状态码
      credentials: true  //配置是否传递 Access-Control-Allow-Credentials 的 CORS 头
    })
  );
  app.use(express.static('./public'));// 静态文件中间件
  app.use(morgan(log));  //记录日志
  // 设置视图路径、模板引擎
  app.set('views', './views');
  app.set('view engine', 'ejs');
  // 将 package.json 暴露给视图
  app.use(function(req, res, next) {
    res.locals.pkg = pkg;
    next();
  });
  app.use(express.json());
  app.use(express.urlencoded({ extended: true }));
  app.use(upload.single('image'));//接收单个文件上传，参数为表单中的文件字段名称
  //增加请求类型
  app.use(
    methodOverride(function(req) {
      if (req.body && typeof req.body === 'object' && '_method' in req.body) {
        // 在 POST 请求体寻找 _method ，然后删除它
        var method = req.body._method;
        console.log(method);
        delete req.body._method;
        return method;
```

```
        }
      })
    );
    //cookie 解析器应在 session 之前
    app.use(cookieParser());
    //设置会话（session）
    app.use(
      （此处请参见 10.4.2 节中的第 2 小节）
    );
    // 使用passport 的 session
    app.use(passport.initialize());
    app.use(passport.session());
    // 闪现（flash）消息（应当在 session 之后声明）
    app.use(flash());
    app.use(helpers(pkg.name));
    app.use(csurf());//应用 csurf 中间件
    app.use(function(req, res, next) {
      res.locals.csrf_token = req.csrfToken();//在请求地址中添加令牌并验证以防止 CSRF 攻击
      res.locals.paginate = ultimatePagination.getPaginationModel;//获取分页对象
      next();
    });
};
```

以上代码除了设置视图路径和模板引擎之外，都是指定要挂载的各种中间件，一定要注意这些中间件的挂载顺序。其中有 3 个内置的 Express 中间件，分别是 express.static（提供静态资源服务）、express.json（解析带有 JSON 有效负载的传入请求）和 express.urlencoded（解析带有使用 URL 编码的有效负载的传入请求）。

至于第三方中间件，关于 passport 认证和 session 控制的中间件已在前面介绍过，这里用到的其他中间件有些是由 Express 团队维护的，下面对这些中间件进行简单介绍。

（1）compression。

用于压缩 HTTP 响应内容，加速网页的加载。

（2）morgan。

用于记录 HTTP 请求日志。

（3）method-override。

重写 HTTP 请求方法以增加除浏览器自带的 GET 或 POST 以外的伪请求类型。客户端在 GET 或者 POST 请求中，增加一个_method 字段，设置其值为真实的请求类型。下面是本项目视图文件（blogsite\views\new.ejs）中的相关代码：

```
<% if (!article.isNew) { %>
    <input type="hidden" name="_method" value="PUT">
<% } %>
```

这段代码的含义是如果不是新文档，则将请求类型改为“PUT”。

method-override 中间件的原理就是获取到_method 字段，并且覆盖掉原有的 req._method。在服务器端使用该中间件的代码请参见上述 express.js 文件中的相关代码。

（4）cors。

这个中间件用于解决 CORS（Cross Origin Resource Sharing）跨域问题。Web 程序具有同源策略限制，AJAX 是不允许跨域的，XmlHttpRequest 只允许请求当前源（域名、协议、端口）的资源，如果 XmlHttpRequest 要请求其他源的数据，则需要跨域。这种同源策略将每个网站进行隔离，每个网站互相访问不到数据，只有用户和网站开发者可以访问数据，目的就是确保安全。但实际应用中总会涉及跨域访问，当一个资源向与本身所在服务器不同的域或者端口发起请求时，会发起一个跨域 HTTP 请求。CORS可译为跨域资源共享，是一种允许Web服务器进行跨域访问控制的机制，以降低跨域HTTP请求所带来的风险。HTML5本身就支持跨域。

在Express应用程序中可使用cors模块来支持CORS选项设置，以更灵活地控制跨域访问。最简单的用法是使用语句app.use(cors())允许所有的跨域访问。本项目配置CORS选项，仅允许访问网站本身。

（5）csurf。

csurf用于防范跨域请求伪造（CSRF）攻击。这种攻击是指攻击者盗用了用户的身份，以被盗者的名义发送恶意请求。csurf要求使用会话中间件或cookie-parser。如果将其cookie选项设置为非false值，必须在应用csurf之前使用cookie-parser，否则必须在csurf之前使用express-session或cookie-session中间件。

本项目在挂载csurf中间件之后，express.js文件的末尾部分是一个没有挂载路径的中间件函数，其中在请求地址中添加CSRF令牌用于认证，使用一个客户端公共变量来储存此令牌值：

```
res.locals.csrf_token = req.csrfToken();
```

提 示　可以将Expess用于渲染模板的两个对象，app.locals和res.locals相当于客户端公共变量。app.locals上通常加载常量信息（如博客名、描述、作者信息），res.locals上通常加载变量信息，每次请求的值可能不同（如网站访问的用户名）。这两种locals对象会被传递至网页，在模板中可以直接引用该对象的属性（如<p><%= name %></p>），也可以通过该对象引用（如<p><% = locals.name %></p>）。

req.csrfToken()函数创建的令牌是随时变化的，在客户端页面中可以用隐藏字段_csrf保存此值，例如视图文件（blogsite\views\new.ejs）中请求表单的相关代码如下：

```
<input type="hidden" name="_csrf" value="<%= csrf_token %>">
```

CSRF令牌根据访问者的session和cookie验证。在HTTP请求中以参数的形式加入一个随机产生的CSRF令牌，并在服务器端建立一个拦截器来验证这个令牌，如果请求中没有令牌或令牌内容不正确，则该请求被视为CSRF攻击而拒绝该请求。

csurf中间件会参与用户认证与session控制流程。例如首次访问网站的流程变为：客户端访问登录网页→服务器端由express-session生成sessionID→由express-session将该sessionID对应的session保存在数据库中→由cursf在session中添加CSRF令牌→由express-session将sessionID和CSRF令牌返回给客户端→客户端保存cookie→客户端输入登录凭据。

（6）helmet。

这是增强Web应用安全的中间件，可以避免XSS跨站脚本、脚本注入等攻击。

（7）multer。

Express默认并不处理HTTP请求体中的数据，对于普通请求体（JSON、二进制、字符串）数据，可以使用body-parser中间件，而文件上传（multipart/form-data请求），可以使用multer中间件。multer在解析完请求体后，会向Request对象中添加一个body对象和一个file或files对象（上传多个文件时使用files对象），其中body对象包含所提交表单中的文本字段（如果有），而file（或files）对象包含通过表单上传的文件。

本项目将上传目录设置为public/uploads/，需确认该目录具有写入权限。

（8）view-helpers。

该中间件提供视图的通用帮助器方法，例如使用formatDate()读取Mongoose日期对象：

```
<span class="text-muted"><%= formatDate(article.createdAt) %></span>
```

（9）ultimate-pagination。

该模块提供通用的分页模型生成算法，可为任何基于平台或框架的JavaScript构建UI组件。在末尾部分未挂载路径的中间件函数中，ultimatePagination.getPaginationModel 将返回可用于分页组件的条目数组，该数组赋给 res.locals.paginate 变量后可被传递至网页，被文章列表模板（blogsite\views\articles\index.ejs）作为分页依据。

注意要安装上述第三方中间件的包。

2. 自定义 Express 中间件

为便于控制用户认证路由，本项目编写一个自定义中间件的文件，主要代码如下：

【示例 10-9】 控制用户认证路由（blogsite\midderwares\authorization.js）

```
/** 要求登录路由中间件 */
exports.requiresLogin = function(req, res, next) {
//已通过认证（调用 password 的 req.isAuthenticated()）则跳到下一个中间件
  if (req.isAuthenticated()) return next();
//记录 GET 请求的 URL
  if (req.method == 'GET') req.session.returnTo = req.originalUrl;
//所有未通过认证的访问都将重定向到登录页面
  res.redirect('/login');
};
/** 用户访问授权路由中间件 */
exports.user = {
  hasAuthorization: function(req, res, next) {
    if (req.profile.id != req.user.id) {
      req.flash('info', '您未被授权！');
      return res.redirect('/users/' + req.profile.id);
    }
    next();
  }
};
（此处省略文章和评论访问授权路由中间件）
```

这个文件定义的两个中间件将由路由控制文件调用。

10.4.4 定义控制器处理具体业务

控制器作用于模型和视图上，控制数据流向模型对象，并在数据变化时更新视图。这里新建目录 controllers 用于存放控制器，共有以下 4 个文件来处理相应的业务。

- articles.js：定义文章处理逻辑。
- comments.js：定义文章评论的处理逻辑。
- tags.js：定义文章标签的处理逻辑。
- users.js：定义用户处理逻辑。

这里重点介绍一下文章和用户的处理逻辑。处理文章的控制器代码如下：

【示例 10-10】 文章控制器（blogsite\controllers\articles.js）

```
const mongoose = require('mongoose');
const only = require('only');
const Article = mongoose.model('Article');
const assign = Object.assign;
/**加载文章 */
exports.load = async function(req, res, next, id) {
  try {
    req.article = await Article.load(id);
    if (!req.article) return next(new Error('文章未找到！'));
  } catch (err) {
    return next(err);
  }
```

```
  next();
}
/**文章列表 */
exports.index = async function(req, res) {
  const page = (req.query.page > 0 ? req.query.page : 1) - 1;
  const _id = req.query.item;
  const limit = 15;
  const options = {
    limit: limit,
    page: page
  };
  if (_id) options.criteria = { _id };
  const articles = await Article.list(options);
  const count = await Article.countDocuments();
  res.render('articles/index', {
    title: '文章',
    articles: articles,
    page: page + 1,
    pages: Math.ceil(count / limit)
  });
};
/** 进入发表新文章界面（表单） */
exports.new = function(req, res) {
  res.render('articles/new', {
    title: '发表新文章',
    article: new Article()
  });
};
/**添加新文章到数据库中 */
exports.create = async function(req, res) {
  const article = new Article(only(req.body, 'title body tags'));
  article.user = req.user;
  try {
    await article.uploadAndSave(req.file);
    req.flash('success', '发表文章成功！');
    res.redirect('/articles/${article._id}');
  } catch (err) {
    res.status(422).render('articles/new', {
      title: article.title || '发表新文章',
      errors: [err.toString()],
      article
    });
  }
};
/**进入修改文章界面（表单） */
exports.edit = function(req, res) {
  res.render('articles/edit', {
    title: '修改 ' + req.article.title,
    article: req.article
  });
};
/**更新文章到数据库中 */
exports.update = async function(req, res) {
  const article = req.article;
  assign(article, only(req.body, 'title body tags'));
  try {
    await article.uploadAndSave(req.file);
    res.redirect('/articles/${article._id}');
```

```
  } catch (err) {
    res.status(422).render('articles/edit', {
      title: '修改 ' + article.title,
      errors: [err.toString()],
      article
    });
  }
};
/**显示文章 */
exports.show = function(req, res) {
  res.render('articles/show', {
    title: req.article.title,
    article: req.article
  });
};
/**删除文章 */
exports.destroy = async function(req, res) {
  await req.article.remove();
  req.flash('info', '删除文章成功！');
  res.redirect('/articles');
};
```

这里用到了 only 模块，这个模块用于返回一个对象中指定的部分属性及其值。例如 new Article(only(req.body, 'title body tags'))表示从 req.body 对象中获取 title、body 和 tags 的属性及其值。使用它需要先安装该模块：

```
cnpm install --save only
```

Object.assign()方法用于将所有可枚举属性的值从一个或多个源对象复制到目标对象，它将返回目标对象。

对于异步嵌套操作，使用 async/await 来编写具有“同步风格”的代码。例中关于文章列表操作的具体实现方法是，在渲染视图之前，使用两个 await 语句获取文章列表和文章数量以便于分页。

处理用户的控制器代码如下：

【示例 10-11】 用户控制器（blogsite\controllers\users.js）

```
const mongoose = require('mongoose');
const User = mongoose.model('User');
/**加载用户信息 */
exports.load = async function(req, res, next, _id) {
  const criteria = { _id };
  try {
    req.profile = await User.load({ criteria });
    if (!req.profile) return next(new Error('未找到用户！'));
  } catch (err) {
    return next(err);
  }
  next();
};
/**创建用户（注册） */
exports.create = async function(req, res) {
  const user = new User(req.body);
  try {
    await user.save();
    req.login(user, err => {   //调用 passport 的 req.login()方法建立 session
      if (err) req.flash('info', '抱歉！您的注册未通过！');
      res.redirect('/');
    });
  } catch (err) {
    const errors = Object.keys(err.errors).map(
```

```
      field => err.errors[field].message
    );
    res.render('users/signup', {
      title: '注册',
      errors,
      user
    });
  }
};
/**显示用户信息 */
exports.show = function(req, res) {
  const user = req.profile;
  res.render('users/show', {
    title: user.name,
    user: user
  });
};
exports.signin = function() {};
/**认证回调 */
exports.authCallback = login;
/**显示登录表单 */
exports.login = function(req, res) {
  res.render('users/login', {
    title: '登录'
  });
};
/**显示注册表单 */
exports.signup = function(req, res) {
  res.render('users/signup', {
    title: '注册',
    user: new User()
  });
};
/**退出 */
exports.logout = function(req, res) {
  req.logout();    //调用 passport 的 req.logout()方法终止 session
  res.redirect('/login');
};
/**处理 session */
exports.session = login;
/**登录函数 */
function login(req, res) {
  const redirectTo = req.session.returnTo ? req.session.returnTo : '/';
  delete req.session.returnTo;
  res.redirect(redirectTo);
}
```

除了用户信息提取、用户注册、登录、退出之外，还有 session 处理。

10.4.5 路由控制

由 express-generator 生成的项目脚手架比较简单，只在主文件 app.js 中提供了两个路由。本项目由于涉及的路由较多，所以将路由控制文件独立出来，在项目根目录下新建一个名为 routes.js 的文件，定义所有的路由路径，包括用户、文章、评论和标签等路由路径，主要代码如下：

【示例 10-12】 路由控制（blogsite\routes.js）

```
const users = require('./controllers/users');
```

```
const articles = require('./controllers/articles');
const comments = require('./controllers/comments');
const tags = require('./controllers/tags');
const auth = require('./middlewares/authorization');//导入自定义中间件
/**路由中间件  */
const articleAuth = [auth.requiresLogin, auth.article.hasAuthorization];
const commentAuth = [auth.requiresLogin, auth.comment.hasAuthorization];
/**对外导出路由 */
module.exports = function(app, passport) {
  // 用户路由
  app.get('/login', users.login);
  app.get('/signup', users.signup);
  app.get('/logout', users.logout);
  app.post('/users', users.create);
  app.post(
    '/users/session',
    passport.authenticate('local', {
      failureRedirect: '/login',
      failureFlash: '无效的Email或密码! '
    }),
    users.session
  );
  app.get('/users/:userId', users.show);
  app.param('userId', users.load);
  // 文章路由
  app.param('id', articles.load);
  app.get('/articles', articles.index);
  app.get('/articles/new', auth.requiresLogin, articles.new);
  app.post('/articles', auth.requiresLogin, articles.create);
  app.get('/articles/:id', articles.show);
  app.get('/articles/:id/edit', articleAuth, articles.edit);
  app.put('/articles/:id', articleAuth, articles.update);
  app.delete('/articles/:id', articleAuth, articles.destroy);
  // 主页路由
  app.get('/', articles.index);
  // 评论路由
  app.param('commentId', comments.load);
  app.post('/articles/:id/comments', auth.requiresLogin, comments.create);
  app.get('/articles/:id/comments', auth.requiresLogin, comments.create);
  app.delete(
    '/articles/:id/comments/:commentId',
    commentAuth,
    comments.destroy
  );
  // 标签路由
  app.get('/tags/:tag', tags.index);
（此处省略错误处理代码）
```

其中使用了自定义的中间件authorization来处理文章和评论路由的认证。

10.4.6 主文件

将原来的主文件app.js精简为一个简单的主文件，作为入口程序：

【示例10-13】 新的主文件（blogsite\app.js）

```
const express = require('express');
const mongoose = require('mongoose');
const passport = require('passport');
```

```
require("./models/article.js");  //导入文章模型
require("./models/user.js"); //导入用户模型
const app = express();//得到 express 实例
require('./passport')(passport);//导入认证配置
require('./express')(app, passport);//导入 Express 基本配置（中间件）
require('./routes')(app, passport);//导入路由控制
const db = 'mongodb://localhost/blog';//数据库路径
const port = 3000;//HTTP 端口
connect();//连接数据库
function listen() {
  app.listen(port);
  console.log('网站运行端口： ' + port);
}
function connect() {
  mongoose.connection
    .on('error', console.log)
    .on('disconnected', connect)
    .once('open', listen);//运行 Express
  return mongoose.connect(db, { keepAlive: 1, useNewUrlParser: true });
}
```

导入模型文件之后，依次导入认证配置、Express 基本配置和路由控制等自定义模块，这些模块都以 passport 实例作为参数，以便贯穿用户认证。最后是启动 Express 的 HTTP 服务并连接数据库。

由于将 app.js 作为入口程序，需要将 package.json 文件中的启动脚本修改如下：

```
"scripts": {
    "start": "node ./app.js"
  },
```

最后删除项目脚手架中不需要的文件和目录，然后执行 npm start 命令运行该项目：

```
C:\nodeapp\ch10\blogsite>npm start
> blogsite@0.0.0 start C:\nodeapp\ch10\blogsite
> node ./app.js
网站运行端口： 3000
```

打开浏览器访问网址 http://127.0.0.1:3000 进行实际测试即可。

10.5 本章小结

本章通过一个简单的个人博客网站示范了基于 Express 框架和 MongoDB 数据库的 Web 应用程序开发，目的是让读者掌握 Web 网站基本功能的实现，熟悉 Node.js 软件项目的开发流程。读者可以根据需要进一步完善该项目，如增加支持 Markdown 风格的文章发表功能、改进博客图片管理功能、使用配置文件来管理参数等。

习题

一、选择题

1. 有关 Mongoose 虚拟属性的叙述中，正确的是（　　）。

   A. Mongoose 对模型设置虚拟属性

   B. 虚拟属性能够有效地将一个字段拆解为多个字段来存储到数据库

   C. 虚拟属性可以用于查询和字段选择

   D. 虚拟属性可以被保存到 MongoDB 数据库中

2. 关于密码“加盐”的说法中，不正确的是（　　）。
   A. 密码是加了盐值之后的哈希值
   B. 盐值可以是自行指定的，不一定要随机产生
   C. 传统的数据字典方法无法破解“加盐”后的密码
   D. “加盐”需要使用哈希算法
3. 当passport验证一个请求的凭据时，如果网络中断，则会触发（　　）。
   A. done(null, false)
   B. done(null, false, { message: '网络中断' })
   C. done(null,err)
   D. done(err);
4. 以下关于session控制的说法中，不正确的（　　）。
   A. session作用就是在Web服务器上保持用户的状态信息
   B. session与cookie无关
   C. Express框架使用第三方中间件express-session实现session控制
   D. 可用connect-mongo中间件通过MongoDB数据库保存session数据

二、简述题

1. Mongoose的虚拟属性有什么用?
2. 给用户密码“加盐”要解决什么问题?
3. Bootstrap作为前端技术具有什么优势?
4. passport对HTTP请求方法提供了哪些扩展?
5. 为什么要使用闪现消息（flash messages）?
6. csurf模块有什么作用?

三、实践题

1. 分析本项目的主要源代码。
2. 增加一个配置文件来管理HTTP端口、数据库连接等参数。